全国高职高专园林类专业“十二五”规划教材

园林 Photoshop 辅助设计

主　编　尚　存　吕　慧
副主编　马金萍　王乾宏　于化强
主　审　闫洪亮

黄河水利出版社
·郑州·

内 容 提 要

全书深入浅出地介绍了计算机辅助设计软件 Photoshop 在园林景观效果图后期图像处理上的基础知识、基本操作技能和案例训练，吸收了当前园林景观计算机辅助设计的最新成果。本书以实用为原则，基础知识以够用为度，重点进行操作技能的训练。部分习题仅给出了操作提示，没有给出详细的操作步骤，目的是可以留出更多的思考和发挥的空间。

本书可以作为园林艺术设计、环境艺术设计、城镇规划及计算机相关专业的教材，也可以作为图形图像制作爱好者的自学用书。

图书在版编目(CIP)数据

园林Photoshop辅助设计/尚存，吕慧主编. —郑州：黄河水利出版社，2010.2 （2014.8 重印）

全国高职高专园林类专业“十二五”规划教材

ISBN 978－7－80734－624－1

Ⅰ.①园… Ⅱ.①尚… ②吕… Ⅲ.①园林设计：计算机辅助设计－应用软件，Photoshop－高等学校－教材 Ⅳ.①TU986.2－39

中国版本图书馆 CIP 数据核字(2010)第 009644 号

策划编辑：李洪良 电话：0371－66026352 E-mail：hongliang0013@163.com

出 版 社：黄河水利出版社

地址：河南省郑州市顺河路黄委会综合楼 14 层 邮政编码：450003

发行单位：黄河水利出版社

发行部电话：0371－66026940、66020550、66028024、66022620(传真)

E-mail：hhslcbs@126.com

承印单位：河南承创印务有限公司

开本：787 mm×1 092 mm 1/16

印张：17

字数：393 千字　　印数：11 101—14 000

版次：2010 年 2 月第 1 版　　印次：2014 年 2 月第 4 次印刷

定价：35.00 元

全国高职高专园林类专业“十二五”规划教材

编审委员会

参编院校

出版说明

近年来，随着社会的进步和人们生活水平的提高，人类对生存环境的质量要求越来越高，园林作为生态环境建设的重要组成部分和提高人类生存环境质量的重要凭借手段，越来越受到环境决策者和建设者的重视，特别是在城市，生态园林建设已成为解决社会快速发展所带来的环境问题的主要方式之一，因而以服务和改造室内外环境为基本内容的园林专业也随之迅速发展，新观念、新技术不断涌现，社会对园林工程专业高素质技能型人才的要求也不断提高。

为了配合全国高职高专园林类专业的教学改革与教材建设规划，按照国家对高职高专园林专业人才培养目标定位和市场对园林专业人才生态知识及实践技能的要求，在对现有园林工程专业教材出版情况进行深入调研并充分征求了各课程主讲老师意见的基础上，我社组织出版了这套“全国高职高专园林类专业‘十二五’规划教材”。教材的编写立足于高起点、出精品，本着知识传授与能力培养并重的原则，以培养园林高级专业技术人才为目标，着重加强职业教育的技能培养特色，重点突出实验、实训教学环节。

本系列教材的编写和出版得到了全国20多所园林类高职高专院校的大力支持，我们特别邀请了多所高等院校相关专业的老师对稿件进行了严格审查把关。正是由于他们的辛勤工作和无私奉献，才使得这些教材能够在最短的时间内付梓印刷，并有效保证了教材的整体水平和质量。在此，对推进此次教材编写与出版工作的各院校领导、参编和审稿的老师表示衷心的感谢和诚挚的敬意。

诚然，人才的培养需要教育者长期坚持不懈的努力，好的教材也需要经过时间的考证和实践的检验。希望各院校在使用这些教材的过程中提出改进意见与建议，以便再版时不断修改和完善。

黄河水利出版社

前　言

随着科学技术的发展，计算机辅助设计技术给建筑设计、室内设计和城市规划等领域带来了快捷、准确和方便，特别是在景观规划设计中也得到了广泛的应用和发展。在相关设计领域，计算机辅助设计软件 AutoCAD 是相对专业的制图软件，在其具体的方案实施和操作当中，客户并不能很直观地去了解设计方案，而需借助计算机辅助设计软件在后期进行更形象的设计表达与沟通。

由 Adobe 公司推出的 Photoshop 软件是目前采用最广泛的图像处理和编辑软件，也是标准的图像编辑解决方案。Photoshop 界面直观且富有人性化，操作简单实用，具有较强的灵活性。其处理的景观效果图能够更加真实地刻画出各景观要素的色彩、质感，能够营造出极其真实的环境，还能进行精细的修改并能通过计算机运算来进行各种复杂的后期加工，取得了人工设计所无法比拟的巨大效益。因此，其在风景景观工程、场地规划、城市设计、场地设计、环境艺术、园林设计等工程设计后期处理中具有画龙点睛的效果。

本书分上、下两篇，共 9 章内容：上篇为基础知识，其中，第一章主要对景观效果图后期处理进行概述，第二章主要介绍图像处理基础知识，第三章主要介绍 Photoshop 的操作基础和操作环境，第四章主要讲解 Photoshop 景观辅助设计中的常用工具，第五章主要讲解图层、通道和蒙版的应用，第六章主要对滤镜和图像色彩处理进行讲解；下篇为案例实训，其中，第七章主要讲解 Photoshop 在园林景观辅助设计中的综合应用，第八章主要介绍广场平面彩色效果图制作的一般步骤和常用技巧，第九章主要对园林透视图的后期处理进行了详细讲解。

本书具有两个突出特点：①针对性较强，主要针对园林设计、环境艺术设计、城镇规划及其相关专业的学生，也可作为成人教育计算机辅助设计及相关专业的教材，还可供从事园林或环境艺术设计工作的人员阅读参考，并且能够根据这些人员的特点及其在学习过程中经常会遇到的困难进行内容的选择和编排，具有很强的实用性。②采用了理论联系实际的案例驱动的教学方法，结合案例进行基本知识、基本操作和操作技巧的介绍。

全书深入浅出地介绍了计算机辅助设计软件 Photoshop 在园林景观效果图后期图像处理上的基础知识、基本操作技能和案例训练，吸收了当前园林景观计算机辅助设计的最新成果。本书以实用为原则，基础知识以够用为度，重点进行操作技能的训练。部分习题仅给出了操作提示，没有给出详细的操作步骤，目的是可以留出更多的思考和发挥的空间。

本书由尚存、吕慧担任主编，马金萍、王乾宏、于化强担任副主编。参加本书编写工作的人员还有马辉、何靓。其中，第一章和第八章由王乾宏负责编写，第二章和第三章由尚存负责编写，第四章由马金萍负责编写，第五章由马辉负责编写，第六章由何靓负责编写，

第七章由于化强负责编写，第九章由吕慧负责编写。全书由尚存统稿，由河南城建学院闫洪亮教授担任主审。

本书可以作为园林艺术设计、环境艺术设计、城镇规划及计算机相关专业的教材，也可以作为图形图像制作爱好者的自学用书。

受作者水平所限，书中不足之处在所难免，望读者批评指正。

编　者

2009 年 10 月

目 录

下篇　案例实训

上篇　基础知识

第一章　景观效果图后期处理概述

第一节　景观效果图后期处理的色彩常识

园林景观是绚丽的色彩世界,色彩以它神奇的力量把我们生活的世界装点得多姿多彩。在园林景观效果图处理中,色彩是非常重要且富有艺术魅力的语言。

一、色彩与光

色彩和光有着不可分割的联系。园林中绚丽多彩的景色,都是由于光的作用才被我们所感觉和认识。正是有了光,我们才能看到一切物体的色彩与形态。没有光就没有色彩,光是人们感知色彩存在的必要条件,色彩来源于光。

太阳的光谱由不同波长的色光组成。色彩是人们对色光的感觉,即通过发光体的辐射光线或不发光体的反射光线在空气中以不同速度和长度的光波运动,作用在人的视网膜上的结果。日光中包含不同波长的可见光,当这些可见光混合在一起并同时刺激我们的眼睛时,我们看到的是白光。英国科学家牛顿发现,太阳光经过三棱镜折射,投射到白色屏幕上,会呈现出一条美丽的光谱,依次为红、橙、黄、绿、青、蓝、紫七色。人眼可见色光的波长在400～700nm(十亿分之一米)。按波长大小顺序排列为红、橙、黄、绿、青、蓝、紫。在可见光谱内,不同波长的辐射引起不同的色彩感知。

任何物体对光线都有吸收和反射的本能,物体的色彩是对光线吸收和反射的结果。若物体吸收了其他色光,只将红色反射出来,则物体表现为红色。物体将色光全部反射则表现为白色,将色光全部吸收则表现为黑色。

二、色彩的混合

在自然界中,正是由于各种色彩的不同混合,才呈现出五彩缤纷的色彩世界。

(一)三原色

三原色是指无法用色彩(或色光)混合出来的色。色光的三原色是红、绿、蓝紫,色光的三原色相混可得白光;色料的三原色是品红、柠檬黄、湖蓝,色料的三原色相混合可得灰黑色。

(二)间色、复色与补色

三原色的任何两色等量混合而得的颜色为间色。红与黄混合得橙色;黄与蓝混合得绿色;红与蓝混合得紫色。橙、绿、紫三种颜色叫三间色。

复色是用原色与间色相混或用间色与间色相混而成的。复色是最丰富的色彩家族,复色千变万化、丰富异常,包括除原色和间色以外的所有颜色。

三原色中两原色产生的间色与另一原色为互补色,习惯称为对比色,如红与绿互为补色等。互补色对比关系最强。

(三)色彩的三要素

色彩的三要素是色相、明度和纯度。

1. 色相

色相就是色彩的相貌,是色彩之间相互区别的名称。我们认识的基本色相为红、橙、黄、绿、蓝、紫。如果将这些单色按光谱顺序环形排列,就形成了色相环。12 色相环按光谱顺序为红、橙红、黄橙、黄、黄绿、绿、绿蓝、蓝绿、蓝、蓝紫、紫、红紫。

2. 明度

明度指色彩的明暗程度,也称亮度、深浅度等。明度最亮是白,最暗是黑。如六种标准色相的明度依次降低的顺序为黄、橙、绿、红、蓝、紫。色彩可以通过加减黑、白来调节明度。任何颜色如果加白,其明度就增高;如果加黑,其明度就降低。

3. 纯度

纯度指色彩的鲜艳度,也称彩度、饱和度。黑白灰属无彩色系,任何一种单纯的颜色,若加入无彩色系中的任何一色的混合即可降低它的纯度。在色环上,纯度最高的是三原色(红、黄、蓝),其次是三间色(橙、绿、紫),再次为复色。在同一色相中,纯度最高的是该色的纯色,而随着渐次加入其他色,其纯度则逐渐降低。

在艺术设计中,色彩的三要素变化是综合存在的,同一画面在色彩三要素上的不同变化会带来不同的色彩表现力。

三、色彩的感情与应用

不同的色彩会对人们产生不同的心理影响和生理影响,这些影响总是在不知不觉中发生作用,影响我们的情绪。色彩对人的影响随着人的年龄、性别、经历、民族、个人爱好及所处环境等不同而有所差异。但由于人类生理构造和生活环境等方面存在共性,因此在色彩的心理方面,对大多数人还是具有很多共性的感觉特征。在进行景观效果图后期处理时,应根据容易引起人们感情变化的客观反映和一般规律去选择色彩。

(一)色彩的冷暖

红、橙、黄色常常使人联想到阳光、火热等,因此有温暖的感觉;蓝、青色则常常使人联想到碧海蓝天,因此有寒冷的感觉。因此,凡是带红、橙、黄色调的都带暖感;凡是带蓝、青色调的都带冷感。

(二)色彩的轻重感

色彩的轻重感一般由明度决定。高明度具有轻感,低明度具有重感。白色最轻,而黑色最重。色调中,低明度的配色具有重感,高明度的配色具有轻感。

(三)色彩的前进感与后退感

暖色和亮色给人前进的感觉,冷色和暗色给人后退的感觉。对比度强的色彩具有前进感,对比度弱的色彩具有后退感等。

(四)色彩的膨胀感与收缩感

同一面积、同一背景的物体,由于色彩不同,造成大小不同的视觉效果。凡明度高的色彩,看起来面积大些,有膨胀的感觉;凡明度低的色彩,看起来面积小些,有收缩的感觉。

（五）色彩的软硬感

色彩的软硬感与明度、纯度有关。明度较高的含灰色系具有软感，明度较低的含灰色系具有硬感。纯度越高越有硬感，纯度越低越有软感。强对比色调具有硬感，弱对比色调具有软感。

（六）色彩的强弱感

高纯度色有强感，低纯度色有弱感；有彩色系比无彩色系更有强感；对比度高的有强感，对比度低的有弱感。

（七）色彩的明快感与忧郁感

色彩的明快感与忧郁感往往与纯度有关。明度高而鲜艳的色具有明快感，深暗而浑浊的色具有忧郁感。低明度的色调易产生忧郁感，高明度的色调易产生明快感。强对比色调具有明快感，弱对比色调具有忧郁感。

（八）色彩的兴奋感与沉静感

色彩的兴奋感与沉静感和色相、明度、纯度都有关系，其中纯度的作用最为明显。在色相方面，暖色如红、橙等色彩具有兴奋感，而蓝、青等冷色则具有沉静感；在明度方面，明度高的色彩有兴奋感，明度低的色彩有沉静感；在纯度方面，纯度高的色彩有兴奋感，纯度低的色彩有沉静感。因此，暖色系中明度最高且纯度也最高的色彩兴奋感最强，冷色系中明度低且纯度也低的色彩具有沉静感。强对比色调具有兴奋感，弱对比色调具有沉静感。

（九）色彩的华丽感与朴素感

纯度关系中，鲜艳而明亮的色彩具有华丽感，浑浊而深暗的色彩具有朴素感；有彩色系具有华丽感，无彩色系具有朴素感。明度关系中，强对比色调具有华丽感，弱对比色调具有朴素感。

四、景观效果图的色彩处理

景观效果图的色彩处理中常用的艺术处理手法有单色或类似色处理、对比色处理、多色处理等。在多色处理中既有调和色，又有对比色，调和色应用是大量的。同时，在色彩处理中，一定要注重主次，避免杂乱。

天空的色彩往往做背景，以远看为主。若天空以明色调为主，则主景宜采用暗色调或与蔚蓝天空有对比的白色、金黄色、橙色、灰白色。用天空做背景的主景，形象要简洁，轮廓要清晰。

天然山石、地面在色彩构图中一般也做背景，以远看为主。常见的天然山石的色彩以灰白、灰、灰黑、灰绿、紫、红、褐红、褐黄等为主，大部分属暗色调。因此，在以暗色调山石为背景布置园林主景时，主景色彩宜采用明色调。

道路和广场一般多为灰、灰白、灰黑、青灰、黄褐等色，色调比较暗淡、沉静，其色彩处理不要刺目、突出，要简洁、淡雅，采用暗色调。

假山石色彩宜以灰、灰白、黄褐等为主，给人沉静、古朴、稳重的感觉。

园林建筑、构筑物的色彩设计与环境的色彩既要协调，又要取得对比。树丛、树群中宜选用红、橙、黄等暖色调。山边宜选用与山体土壤、裸岩表面相似的色彩。水边宜选用米黄、灰白、淡绿等以淡雅和顺为主的色彩。

色彩是一件设计作品获取注意力的首要印象,设计师最容易通过色彩表达自己的设计理念和对作品的理解。但对配色的掌握并非一日之功,需要在掌握色彩基本理论的基础上,留心观察并注重经验的积累。

第二节　景观效果图后期处理的基础知识

一、园林景观设计若干基本概念

(一)园林的概念

园林的发展历史源远流长,在中国古籍里,园林被称为囿、园、苑、庭园、园圃、山池、池馆、山庄、山居、别业、草堂等;日本称为造园;英、美等国则称为 Garden、Park、Landscape Architecture。古今中外,园林的性质、规模虽不完全一样,但都具有一个共同的特点,即在一定的地域范围内,根据功能要求、经济技术条件和艺术布局规律,利用并改造天然山水地貌或人工创造山水地貌,结合植物栽培和建筑、道路的布局,从而构成一个供人们观赏、游憩、居住的环境。

园林包括各类公园、花园、动物园、植物园、森林公园、风景名胜区、自然保护区和休疗养胜地等。现代园林的释义,不仅表明园林是个游憩、居住之所,还包含保护和改善自然环境之意,也就是说,现代园林的内容甚至包括了更大范围的区域性或国土性的生态景观,发展成为一门综合性的环境学科。

(二)园林的构成要素

园林的规模有大有小,内容有繁有简,但都包含四种基本要素:山水地貌、道路广场、建筑小品和植物。因此,堆山、理水、植物配置和建筑营造便相应成为园林建设的四项主要内容。园林既是一种社会物质财富,同时也是一种社会精神财富。

(三)园林景观艺术的特征

园林景观艺术是对环境加以艺术处理的理论与技巧,有其自身的特点。

(1)园林景观艺术是与功能相结合的艺术。在考虑园林景观艺术性的同时,还要考虑环境效益、社会效益、经济效益等多方面的要求,做到艺术性与功能性的高度统一。

(2)园林景观艺术是有生命的艺术。园林中利用植物造景,从而使得园林景观艺术有了生命。

(3)园林景观艺术是与科学相结合的艺术。一个优秀的园林,从规划设计、施工及养护管理,无一不依靠科学。

(4)园林景观艺术是融汇多种艺术于一体的综合艺术。园林景观艺术是多种艺术的综合,有着广阔的艺术综合能力,如文学、绘画、雕塑、工艺美术、书法艺术等,有时还要借助音乐渲染气氛。因此,园林景观艺术是将多种艺术结合在一起,产生一种综合效果,形成园林有机整体的美。

(5)园林景观艺术以美好的、正面的艺术形象出现。园林景观艺术不反映自然和生活中丑的东西,它所反映的形象应是经过提炼令人心旷神怡的部分,应能给人心理上和情绪上的美感与喜悦,利于身心健康,利于精神文明建设。比如,园林景观能给人优美的视觉形象、美妙的声响、醉人的芳香等。

(四)世界园林流派和体系

世界园林有东方、西亚、欧洲三大体系。东方园林体系以中国园林为代表,影响日本、朝鲜及东南亚,主要是写意山水园。西亚园林以阿拉伯地区的叙利亚、伊拉克及伊朗为代表,主要是花园和教堂园。欧洲园林以意大利、法国、英国及俄罗斯为代表,各有特色,基本以规则式建筑布局为主,自然式景物为辅。

二、中国传统园林景观的艺术特点

综观中国古典园林发展史,园林形式由囿起源,历经建筑宫苑、自然山水园到写意山水园的演变过程。从园林主要内容的属性来看,中国园林艺术是一个由自然到人工、再到自然,以及由低级向高级呈螺旋式上升发展的演进过程。

中国古典园林根据其性质和隶属关系分为皇家园林、私家园林和寺观园林,它们具有以下特点。

(一)效法自然的布局

中国古典园林以自然山水为蓝本,在造园活动中,有山水者加以改造和利用,无地利者则人工创造山水间架,挖湖堆山、凿渠引水,将园林建筑与山水树石有机地融为一体,成为“虽由人作,宛自天开”的自然山水园。

中国古典园林布局追求自然和谐之美,与西方国家的规则、几何图案式园林相比,在形式、内容和风格上截然不同,表现出独特的民族风格。

(二)诗情画意的构思

中国古典园林将诗词、书画艺术融入其中,使园林充满诗情画意。造园家将自己的主观情感赋予园林之中,寓情于景,寓意于景。游人在赏园时,触景生情,联想生意,再加上匾额、楹联等形式的点景,达到处处富有诗情画意,情景交融、妙不可言的审美境界。这就是园林的立意和意境。

(三)园中有园、景中有景的手法

在园林空间组织上,中国古典园林将其划分为景区、景点,使景与景之间通过造园素材(建筑、墙体、水体、道路、植物等)的处理,既分隔又联系,从而形成蜿蜒曲折、高低错落、时敞时闭、层次丰富、幽静深邃的园中小园,从而在咫尺山林中开拓空间,达到小中见大的艺术效果。

(四)建筑美与自然美的融糅

园林建筑是人工之物,但在中国古典园林中,建筑却能与山、水、植物有机地融糅在一系列优美的自然风景画面之中,达到人工与自然高度统一协调的艺术境界。其具体表现在巧于因借、相融相生的园林建筑布局,灵活精微的木框架结构,融糅于天然的造型,寓情于景的建筑题名。

三、园林景观美的内容与创造

(一)园林景观美的内容

园林景观美源于自然,又高于自然,是大自然造化的典型概括,是自然美的再现。因此，园林景观美是以自然美为主要特征，融自然美、社会美、艺术美于一体的综合性环境艺术，是园林景观设计师对自然、生活的审美意识（如感情、趣味、理想等）和优美的园林形式的有机统一。

（二）园林景观美的创造

园林景观美的创造首先需要“师法自然”、“外师造化”，需要设计师对大自然中的优美景观多观察、多思考，勤动手、勤记录。其次园林景观美的创造来自于创作者的意境。创作者通过借景传情，使园林景观的创造达到“象外之象、景外之景”、“境生于象外”的境界。

四、园林景观规划布局的形式

园林景观规划布局的形式是为园林绿地的性质、功能服务的，是为了表现园林绿地的内容，其受工程技术和各民族的爱好、习惯等因素的影响。中外园林布局形式可以归纳为三大类，即规则式、自然式和混合式。

（一）规则式园林

规则式园林又称为整形式、建筑式、图案式、几何式园林。其整个平面布局、立体造型及建筑、广场、道路、水面、花草、树木等都要求严整对称，给人以庄严、雄伟、整齐之感，显示出人工美。这种形式一般用于气氛较严肃的纪念性园林或有对称轴的建筑庭园中。

（二）自然式园林

自然式园林又称为风景式、不规则式、山水式园林。它以自然山水为蓝本，体现着本于自然、高于自然的生态观，不追求对称的平面布局，立体造型及园林要素布置均较自然和自由，相互关系较隐蔽含蓄。这种形式较适合于有山有水地形起伏的环境，以含蓄、幽雅、意境深远见长。

（三）混合式园林

严格地讲，在现实园林中绝对的规则式和绝对的自然式是不可能做到的。园林景观规划布局中，如果规则式与自然式比例差不多，可称为混合式园林。在混合式园林中，常把园林构成要素中某些要素表现为自然式，而把另一些要素表现为规则式。例如，园路布局中，主园路为规则式布置，穿插小道为自然式布置；植物配置中，外围种植采用规则式的行列栽植，内部采用丛植等自然式栽植；建筑布局中，主体建筑采用规则式布置，小建筑和单体建筑采用自然式布置。

五、园林造景常用艺术手法

（一）对景

对景是指与观赏点相对的景物。园路、长廊、河流、溪涧的转折点宜设置各种对景，增加景点，移步换景，尤以框景为对景，更引人入胜。

（二）障景

障景是指能抑制视线、引导空间、转变方向的屏障景物。障景能够屏障景物，提高主景艺术魅力。障景本身就是景，要有景观效果，如山石障、树丛障、影壁障、组雕障等。

(三)隔景

隔景是指把园林空间分隔成不同景区、不同空间的景物。隔景具有分隔空间,使各空间各具特色、互不干扰;增加层次,丰富景观内容,使园景深不可测的作用。例如,园林中用水体、道路、山体、堤岸、花墙等分隔空间。

(四)借景

"俗则屏之,嘉则收之"。借景是指将园外好的景色组织到园内游人的观赏视线中的处理方式。借景具有扩大园林空间感、丰富游赏内容、收无限于有限之中的作用。借景的艺术处理手法有:①因所借景物距离不同分为远借和邻借。②因游人赏景角度不同分为仰借和俯借。③因所借景物时间变化又称为应时而借,如朝借晨曦、晚借夕阳等。其实,"因借无由,触情俱是"。借景作为一种艺术创作理念,它更多地强调园林内外空间环境的相融相生、融会贯通,以及得景随形、巧于因借的艺术构思。

园林景观效果图的制作应该以体现景观设计效果和意境为基础,掌握园林景观设计的基本概念,有助于园林景观效果图的创造和升华。

第三节　Photoshop 在景观效果图后期制作中的应用

园林景观设计是一个专业性较强的工作,设计师需要通过大量的专业性术语和符号来表达自己的设计意图和思想,而这些专业性术语和符号对一般人来说较难理解,因此就需要一个更直观、更真实、更形象的表达方式,园林景观设计效果图就是其中的一种重要表现形式。

一、园林景观效果图制作概述

(一)园林景观透视效果图制作

园林景观透视效果图(或表现图)的制作一般分 3 个步骤。

(1)建模:建立效果图中所需的构景要素如水体、道路、地形、建筑等三维模型,根据这些模型得到所需要的园林景观透视效果图。建模常用的软件有 AutoCAD、3DSMAX、Sketchup 等。比较而言,Autodesk 公司的 AutoCAD 与 3DSMAX 产品占据建模的主流,而且由于 AutoCAD 与 3DSMAX 同为 Autodesk 公司的产品,在文件的传递方面也非常方便。

(2)渲染:将得到的线条透视图赋材质并渲染,得到实景彩色影像。

(3)后期处理:将渲染所得的实景彩色影像与植物、人物、交通工具及天空等配景合成,得到最终景观效果图。制作过程中需要的常用软件有 AutoCAD、3DSMAX、Photoshop。

景观效果图后期处理过程类似于画手绘表现效果图的上色及加配景的过程。由于渲染所得透视图的影像文件还有很多内容尚未完成,如植物、天空及其他必要配景尚未添加,因而这些大都依赖 Photoshop 软件来处理。在 Photoshop 中进行后期制作,设计者需要有很好的美术基础和表现技法,依据设计者本人对设计效果的预期把握和美术感觉将设计效果予以呈现,否则,做出的设计效果会因为缺乏美感而大打折扣。一般后期处理中,需要将合适的图片加入到用 3DSMAX 渲染好的图片，如天空、远景树木、配景楼、草坪、中景和近景的树木及石品人物、水体等。最后对整体效果进行处理。

（二）鸟瞰效果图远景部分制作

在 Photoshop 中鸟瞰图远景部分，可以模仿手绘园林景观效果图的做法，用喷笔在远景处淡淡地喷一些浅灰绿色来加以虚化和淡化。另外，还可以利用 Photoshop 中的通道和其他功能进行较为细腻的处理。步骤如下：①按 F7 键弹出“图层/通道/路径”窗口，击活通道，可以看到 RGB、红、绿、蓝 4 个通道，创建新通道。②创建新通道后，生成 Alpha1 通道。此时该通道被击活，原图显示通道默认色即黑色，而 RGB、红、绿、蓝 4 个通道关闭。③在工具栏中将前景色设为灰色，将背景色设为黑色。使用退晕工具从画面上方向画面中间部位拉一个由浅至深的退晕。④打开 RGB、红、绿、蓝 4 个通道，可以看出整幅画面被罩上一层红色。⑤关闭 Alpha1 通道，画面恢复正常。点击菜单命令选择/载入选区，选择Alpha1 通道。⑥点击菜单命令滤镜/模糊，选择进一步模糊，对画面进行虚化处理。⑦调节亮度和对比度，或者色彩饱和度、色相等的数值，对画面进行淡化处理。受通道影响，远景处较强，近景处较弱。

（三）植物及其他配景效果的制作

植物和其他配景透视效果的获得，是参考渲染图中建筑、道路等的透视变化，依靠经验将调入的配景影像进行大小与色彩的调整而得到的。植物在园林景观效果图中尤为重要，那么供 Photoshop 处理所需的植物影像文件如何获得呢？根据实践经验，其来源有 3 种：①图库文件。市面上有一些含植物的图库软件商品。②书刊上精美的植物图片。可用扫描仪扫描获得其影像文件，再在计算机中剪去与植物无关的细节。③运用数码相机直接从自然界中拍摄。像这样在效果图中应用实际植物的影像文件会使效果图非常真实，但为了保证图面的逼真，还需要制作树木的阴影甚至倒影。而阴影和倒影是不可能通过植物的平面影像自然产生的，在解决这类问题时有一个小小的技巧：在 Photoshop 中对树木进行复制，降低其色彩的饱和度、明亮度，增加阴影所在层（Layer）的透明度。然后对阴影进行 Skew（扭曲）、Rotate（旋转）操作，能获得接近真实的阴影。倒影的操作也大致如此，但其色彩的饱和度较阴影中色彩的饱和度大，并要模糊（Blur）一些。

（四）园林平面彩色效果图的制作

制作园林平面彩色效果图，首先需要在 AutoCAD 中绘制出园林平面图，然后导入 Photoshop 中，就像手工给园林黑白图上色一样润色和表达。这个过程中设计者不仅要具备良好的手绘美术基础，还要具备熟练地计算机操作技巧，这样才可以绘制出较好的平面彩色效果图。在制作平面彩色效果图过程中，需要注意阴影和立体感的表现，从而呈现较为立体和真实的场景平面效果。

二、园林景观效果图的构图

园林景观效果图的构图基本上仍然要遵循多样与统一、比例与尺度、均衡与稳定等构图艺术法则。在具体画面构图中要能区分近景、中景、背景的前后层次关系；要注重主景与配景的主从关系，重点突出；同时还要考虑虚实疏密关系等。这些都需要创作者具有良好的美术功底和熟练的操作技巧，这样方能做出质量上乘、富有意境的佳作。

在艺术设计中,常用的艺术构图形式有三角形、水平形、圆形、“S”形构图。

(一)三角形

三角形构图是艺术设计中使用最多的构图形式。正置的等边三角形,其构成的底面呈水平状,稳定,使人产生安定、平稳与沉静的感觉。不等边三角形的画面效果流动、活泼,但没有正置的三角形构图那种静止的感觉。倒置的三角形最不稳定,具有一种较强烈的动势。

(二)水平形

水平形构图使人联想到广袤的天地,有开阔、平静、静穆、安宁、开阔之感。比如海景,往往采用平直的水平线条构图,并且有意保留这条视平线不受前景物像的破坏,以体现景的宽广。

(三)圆形

圆形构图有饱满充实的感觉。

(四)“S”形

“S”形构图使人联想到蛇形运动,蜿蜒盘旋,或者来自人体柔和的扭曲,有一种优美流畅的感觉。中国山水画经常使用这种类型的构图,也即“之”字形构图,以构成景物向纵深盘旋的情趣。

而在实际的园林景观效果图制作中,构图形式是多样的。一般来说,园林景观透视效果图和鸟瞰效果图需要先在3DSMAX等软件中建模,可多选几个视点进行比较,原则是所选视点及视高能充分体现设计者的设计意图和构图美感,然后渲染出图到Photoshop中做后期处理。处理时要先主体后配景,在总体色调层次上统筹安排,遵循多样与统一的构图原则。

在局部景观透视效果图中,一般会用色调较深的树做近景,以求得剪影式的框景效果,远景的树应虚化,以拉远前后关系。画面构图要注意前实后虚、近大远小、主次分明、疏密有致的构图关系,同时还要考虑阴影、倒影的处理来表现真实的效果。

三、Photoshop在景观效果图后期制作中的应用

(一)园林景观透视效果图

与手工绘制的效果图相比较,Photoshop CS2制作的透视效果图透视关系非常准确,更加真实、逼真。Photoshop CS2强大的功能能完美地处理建筑、植物、铺地、天空、道路等各自的颜色及相互关系,细致地表现效果图。具体制作见本书第九章园林透视图的后期处理。

(二)平面彩色效果图

应用Photoshop CS2表现的平面彩色效果图(简称平彩图)图像清晰、色彩丰富,有强烈的感染力和立体感。具体制作见本书第八章广场平面彩色效果图制作。

(三)鸟瞰效果图

鸟瞰效果图表现总体规划,便于读者理解空间地形关系,而且用Photoshop CS2渲染得到的鸟瞰效果图修改了3DSMAX渲染成图后的缺陷和色彩校正,并添加各种配景,效果真实,透视准确。具体制作见本书第九章的相关操作步骤。

本章小结

本章主要介绍景观效果图后期处理的常用色彩知识，并简要介绍景观效果图后期处理常用的园林设计相关基础知识及 Photoshop CS2 在景观效果图后期制作中的应用等方面的内容，以期使读者对 Photoshop CS2 在园林景观效果图中的应用有一个整体概念与了解。

思考与习题

1. 如果要制作一幅反映秋天校园绿地景观的透视效果图，你认为从色彩方面应如何体现设计的主题与意境？

2. 园林景观透视效果图制作的一般步骤是什么？透视鸟瞰效果图远景部分如何处理？效果图制作中植物素材如何获得？植物的阴影以及景物在水中的倒影如何制作？

3. 你认为在景观效果图制作过程中，掌握什么技能最重要？

4. 自己从网上搜索 4 ~5 幅园林景观效果图，利用本章所学内容对它们的色彩、构图等内容进行分析。

第二章　图像处理基础知识

第一节　图像的类型

在计算机中,图像是以数字方式来记录、处理和保存的。所以,图像也可以说是数字化图像。图像类型大致可以分为以下两种:矢量图像与位图图像。这两种类型的图像各有特点,认识它们的特色和差异,有助于创建、编辑和应用数字图像。在处理时,通常将这两种图像交叉运用,下面分别介绍位图图像和矢量图像的特点。

一、位图图像

位图图像是由许多大小方格状的不同色块组成的图像,其中每一个色块称为像素,而每个色块都有一个明确的颜色。由于一般位图图像的像素都非常多而且小,因此看起来仍然是细腻的图像。当位图放大时,组成它的像素点也同时成比例放大,放大到一定倍数后,图像的显示效果就会变得越来越不清晰,从而出现类似马赛克的效果,如图 2-1 所示。

放大前

放大后

图 2-1　位图图像局部放大的显示效果

§小贴士

(1)Photoshop 一般处理的都是位图图像。

(2)鉴别位图图像最简单的方法就是将显示比例放大,如果在放大的过程中产生了锯齿,那么该图像就是位图图像。

(3)位图图像的优点在于表现颜色的细微层次,例如照片的颜色层次,且处理也较简单和方便。缺点在于不能任意放大显示,否则会出现锯齿边缘或类似马赛克的效果,而且图像文件往往比较大。

二、矢量图像

矢量图像也称为向量图像，其实质是以数字方式来描述线条和曲线，其基本组成单位是锚点和路径。矢量图像可以随意地放大或缩小，而不会使图像失真或遗漏图像的细节，也不会影响图像的清晰度。但矢量图像不能描绘丰富的色调或表现较多的图像细节，并且绘制出的图像不逼真。

矢量图像适用于以线条为主的图案和文字标志设计、工艺美术设计和计算机辅助设计等领域。另外，矢量图像与分辨率无关，无论放大或缩小多少倍，图像都有一样平滑的边缘和清晰的视觉效果，即不会出现失真现象。如图 2-2 所示，将图像放大后，可以看到图像依然很精细，并没有因为显示比例的改变而变得粗糙。

放大前

放大后

图 2-2　矢量图像局部放大后对比显示效果

§ 小贴士

（1）矢量图像与位图图像的区别：位图图像所编辑的对象是像素，而矢量图像编辑的对象是记载颜色、形状、位置等属性的物体，矢量图像善于表现清晰的轮廓，它是文字和线条图形的最佳选择。

（2）存储矢量图像文件要比存储位图图像文件占用空间少。

第二节　图像的分辨率

与任何图像编辑程序一样，Photoshop 是以处理位图图像为主，为了更好地对位图图像中像素的位置进行定量化，我们通常要用到图像的分辨率。图像的分辨率一般以每英寸含有多少个像素点来表示，其缩写为 dpi。为了制作高质量的图像，我们必须理解图像的像素数据是如何被测量与显示的，这里主要涉及如下几个概念。

一、像素

像素是组成图像的基本单元。可以把像素看成是一个极小的方形的颜色块，每个小方块为一个像素,也可以称为栅格。一幅图像通常由许多像素组成,这些像素排列成行和列。当使用放大工具将图像放到足够大的倍数时,就可以看到类似马赛克的效果,每个小方块就是一个像素。每个像素都有不同的颜色值。单位面积内的像素越多,所存储的信息越多,文件就越大,图像的效果也就越好。

二、分辨率

分辨率是图像处理中的一个非常重要的概念,一般用于衡量图像细节的表现能力,其不仅与图像的本身有关,还与显示器、打印机、扫描机等设备有关。在图形图像处理中,常常涉及的分辨率的概念有以下几种不同形式。

(一)图像分辨率和图像尺寸

1. 图像分辨率

图像分辨率指图像中存储的信息量,是用来衡量图像清晰度的一个概念,即指图像中单位长度中包含的像素数,通常以"像素/英寸"(pixel/inch)来表示,简称 ppi。图像分辨率也可以描述为组成一帧图像的像素个数。例如,800×600 的图像分辨率表示该幅图像由 600 行,每行 800 个像素组成。它既反映了该图像的精细程度,又给出了该图像的大小。

在显示分辨率一定的情况下,图像分辨率越高,图像越清晰,但图像的文件越大。在实际应用中我们应合理地确定图像的分辨率。例如,用于打印的图像的分辨率可以设高一些(因为打印机有较高的打印分辨率),用于网络的图像的分辨率可以设低一些(以免传输太慢),用于屏幕显示的图像的分辨率也可以设低一些(因为显示器本身的分辨率不高)。

§小贴士

如果原始图像的分辨率较低,由于图像中包含的原始像素的数目不能改变,因此简单地提高图像分辨率不会提高图像品质。

2. 图像尺寸

除可以用横向和纵向上的像素数量来表示一个图像的大小外,也可以根据图像的分辨率以及横向和纵向上的像素数量计算出图像的实际尺寸。如果以英寸为单位的话,可以通过下面的公式来了解图像尺寸。

图像尺寸=像素数目/分辨率

例如,对于一个分辨率为 100ppi 的图像来说,如果它的横向和纵向上的像素数量分别为 200 和 100,则它的宽和高分别为 2 英寸和 1 英寸。如果像素固定,那么提高分辨率虽然可以使图像比较清晰,但图像尺寸却会变小;反之,降低分辨率,图像尺寸会变大,但画质比较粗糙。

(二)显示分辨率

显示分辨率指显示器每单位长度上能够显示的像素点数,通常以"点/英寸"(dpi)为单位。显示器的分辨率取决于显示器的大小及其显示区域的像素设置情况,通常为 96dpi 或 72dpi。由于显示器的尺寸大小不一样,我们习惯于用显示器横向和纵向上的像素数量来表示显示器的分辨率。常用的显示分辨率有 800×600、1024×768。前者表示显示器在横向上分布800个像素,在纵向上分布600个像素;后者表示显示器在横向上分布1024个像素,纵向上分布768个像素。我们在屏幕上看到的各种文本和图像正是由这些像素组成的。

(三)扫描分辨率

扫描仪在扫描图像时,将源图像划分为大量的网格,然后在每一网格中取一个样本点,以其颜色值表示该网格内所有点的颜色值。按上述方法在源图像每单位长度上能够取到的样本点数称为扫描分辨率。它将影响所生成的图像文件的质量和使用性能,并且决定图像将以何种方式显示或者打印,其单位同样是 dpi。在大多数情况下,扫描图像是为了在高分辨率的设备中输出,如果图像扫描分辨率过低,会导致输出效果非常粗糙;反之,如果扫描分辨率过高,则数字图像中会产生超过打印所需要的信息,不但减慢了打印速度,而且在打印输出时会使图像色调的细微过渡丢失。

(四)位分辨率

位分辨率是指用来衡量每个像素存储信息的位数,也称为位深。位分辨率越高,能够表示的颜色种类越多,图像色彩越丰富。

(五)输出分辨率

输出分辨率是指图形或图像输出设备的分辨率,其一般以每英寸含多少点来计算(dot/inch),简称 dpi。它与图像分辨率不同的是,图像分辨率可以更改,而输出分辨率不可以更改。目前,PC 显示器的输出分辨率在60~120dpi。而打印设备的输出分辨率则在360~1440dpi 。在实际的设计工作中,一定要注意保证图形或图像在输出之前的分辨率,而不要依赖输出设备的高分辨率输出来提高图形或图像的质量。

§小贴士

(1)ppi 与 dpi:它们都可以用来度量分辨率,其区别在于,dpi 指的是在每一英寸中表达出的打印点数,而 ppi 指的是在每一英寸中包含的像素。大多数用户都以打印出来的单位来度量图像的分辨率,因此通常以 dpi 作为分辨率的度量单位。

(2)分辨率的高低直接影响图像的效果,分辨率太低,导致图像粗糙,在打印输出时图像模糊,而使用较高的分辨率会使图像文件增大,并且降低图像的打印速度。因此,确定使用的图像分辨率,应考虑图像最终发布的媒介。现列举一些常用的图像分辨率参考标准:①在 Photoshop 软件中,系统默认的显示分辨率为72ppi。②发布于网络上的图像分辨率通常为72ppi 或96ppi。③报纸杂志的图像分辨率通常为120ppi 或150ppi。

第三节　图像文件格式

图像的格式即图像存储的方式,它决定了图像在存储时所能保留的文件信息及文件特征。在保存数字图像信息时必须选择一定的文件格式,若文件格式未选择正确,则以后读取文件时可能会产生变形。各种文件格式通常是为特定的应用程序创建的,不同的文件格式可以用扩展名来区分(如. psd、. bmp、. tif、. jpg 等),这些扩展名在文件以相应格式存储时加到文件名中。下面介绍几种常见的图像文件格式。

一、PSD(PDD)格式

PSD 是 Photoshop 中使用的一种标准图像文件格式,是唯一能支持全部图像色彩模式的格式。PSD 文件能够将不同的物体以层的方式来分离保存,便于修改和制作各种特殊效果。以 PSD 格式保存的图像可以包含图层、通道及色彩模式。

以 PSD 格式保存的图像通常含有较多的数据信息,可随时进行编辑和修改,是一种无损存储格式。*.psd 或 *.pdd 文件保存的图像没有经过压缩,特别是当图层较多时,会占用很大的硬盘空间。若需要把带有图层的 PSD 格式的图像转换成其他格式的图像文件,需先将图层合并,然后进行转换;对于尚未编辑完成的图像,选用 PSD 格式保存是最佳的选择。

二、TIFF(TIF)格式

TIFF 图像文件格式是在平面设计领域中最常用的图像文件格式,它是一种灵活的位图图像格式,文件扩展名为.tif 或.tiff,几乎所有的图像编辑和排版程序都支持这种文件格式。TIFF 文件最大可以达到 4GB 或更多。Photoshop CS2 支持以 TIFF 格式存储的大型文件。但是,其他大多数应用程序和旧版本的 Photoshop 不支持超过 2GB 的文件。

TIFF 格式是一种无损压缩格式,可以支持 Alpha 通道信息、Photoshop 的多种图像颜色模式以及图层和剪贴路径。

三、GIF 格式

GIF(图形交换格式)图像文件格式是各种平台的各种图形图像软件均能处理的一种经过压缩的图像文件格式。GIF 是一种用 LZW 压缩的格式,目的在于使文件及其传输时间最小化。此格式文件同时支持线图、灰度和索引图像,只要软件可以读取这种格式,即可在不同类型的计算机上使用。另外,GIF 格式保留索引颜色图像中的透明度,但不支持 Alpha 通道。

四、JPEG(JPG、JPE)格式

JPEG 图像文件格式文件扩展名为.jpg 或.jpeg,是一种有损压缩格式,压缩技术极为先进,故存储空间小,主要用于图像预览及超文本文档,如 HTML 文档等。它支持 RGB、CMYK 及灰度等色彩模式。使用 JPEG 格式保存的图像经过高倍率的压缩,可使图像文件变得较小,但会丢失部分不易察觉的数据,因此在印刷时不宜使用这种格式。另外,JPEG 是一种很灵活的格式,具有调节图像质量的功能,允许用不同的压缩比例对文件进行压缩,可以支持 24bit 真彩色,普遍应用于需要连续色调的图像。

在 Photoshop CS2 中将图像文件保存为 JPEG 格式时,系统将显示如图 2-3 所示的"JPEG 选项"对话框,下面介绍该对话框的主要设置。

杂边:由于 JPEG 格式不支持透明,所以此选项采用默认设置为"无"。

图像选项:该选项用于调整图像文件的压缩比例。在"品质"右侧的文本框中输入 0~10的数值或者用鼠标拖动其下的滑块均可调整图像的压缩比例。其数值越大,图像失

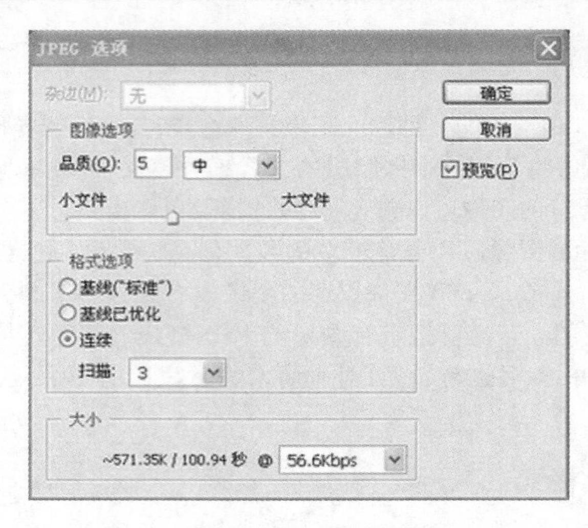

图 2-3　“JPEG 选项”对话框

真也越大,但保存后的图像文件占用空间越小。另外,也可直接从右侧的下拉列表框中选择“低”、“中”、“高”或“最佳”,以调整压缩比例。

格式选项:用于设置图像的品质。

大小:用于预览图像文件的大小以及估计图像下载的时间。从其右侧下拉列表框中可选择所需的调制解调器速度值。

§小贴士

若图像文件不用做其他用途,只用来预览、欣赏,或为了方便携带而存储在软盘上,可将其保存为 JPEG 格式。

五、BMP 格式

BMP 图像文件格式是一种标准的点阵式图像文件格式,使用非常广。其支持 RGB、Indexed Color、灰度和位图色彩模式,但不支持 Alpha 通道。由于 BMP 格式是 Windows 中图形图像数据的一种标准,因此在 Windows 环境中运行的图形图像软件都支持 BMP 格式。以 BMP 格式存储时,可以节省空间而不会破坏图像的任何细节,但它唯一的缺点就是存储及打开时的速度较慢。

六、EPS 格式

EPS 图像文件格式是一种 PostScript 格式,可以同时包含矢量图形和位图图形,并且几乎所有的图形、图表和页面排版程序都支持该格式。在排版软件中能以较低的分辨率预览,在打印时则以较高的分辨率输出,这是其最显著的优点。EPS 格式支持 Photoshop 中所有的色彩模式,并能在 BMP 模式中支持透明,但不支持 Alpha 通道。

七、PDF 格式

PDF 图像文件格式是一种灵活的、跨平台、跨应用程序的文件格式。PDF 格式可以包含矢量、位图图像,还可以包含导航和电子文档查找功能。它是目前电子出版物最常用的格式。在 Photoshop 中可以将图像存储为 PDF 格式。

八、PNG 格式

PNG 格式是专门针对网络使用而开发的一种无损压缩图形格式。PNG 格式结合了 GIF 格式与 JPEG 格式的特性,可以在不失真的情况下压缩保存图形图像,是功能非常强大的供网络使用的文件格式。PNG 格式发展前景非常广阔,是未来 Web 图像的主流格式。

九、大型文档格式(PSB)

PSB 格式支持宽度或高度最大为 300000 像素的文档,支持 Photoshop CS2 所有功能。可以将高动态范围 32 位/通道图像存储为 PSB 格式文件。必须先在“首选项”中启用“启用大型文档格式(PSB)”选项,然后才能以 PSB 格式存储文档。目前,只有在 Photoshop CS 或 Photoshop CS2 中才能打开以 PSB 格式存储的文档。

第四节　色彩模式

色彩模式也称为图像模式,是指用来提供将图像中的颜色转换成数据的方法,从而使颜色能够在不同的媒体中得到连续的描述,能够跨平台地进行显示。色彩模式决定最终的显示和输出,不同的色彩模式对颜色的表现能力可能会有很大的差异。常见的色彩模式有 RGB、CMYK、位图、灰度、Lab 和 HSB 模式,另外,Photoshop 还包括用于特殊色彩输出的色彩模式,如索引色彩模式和双色调模式。

一、RGB 色彩模式

RGB 色彩模式是 Photoshop 默认的色彩模式,也是最常用的模式之一。这种模式以三原色即红(R)、绿(G)、蓝(B)为基础, 通过不同程度的相互叠加,可以调配出 1670 多万种颜色。红、绿、蓝三色称为光的基色。这三种基色中每一种都有一个 0 ~ 255 的范围值,通过对红、绿、蓝的各种值进行组合可改变像素的颜色。当 RGB 色彩数值均为 0 时,为黑色;当 RGB 色彩数值均为 255 时,为白色;当 RGB 色彩数值相等时,为灰色。在 Photoshop中处理图像时,通常先设置为 RGB 模式,只有在这种模式下,图像没有任何编辑限制,可以做任何的调整编辑,所有的效果才能使用。

二、CMYK 色彩模式

CMYK 色彩模式是一种印刷模式。该模式以 C 代表青色(Cyan),M 代表品红色(Magenta)(又称洋红色),Y 代表黄色(Yellow),K 代表黑色(Black),四种油墨色为基本色。它表现的是白光照射在物体上,经过物体吸收一部分颜色后,反射而产生的色彩,又称为减色模式。

CMYK 色彩被广泛应用于印刷和制版行业,每一种颜色的取值范围都被分配一个百分比值,百分比值越低,颜色越浅;百分比值越高,颜色越深。在 CMYK 模式中,当 CMYK

百分比值都为 0 时,会产生纯白色,而给任何一种颜色都添加黑色,图像的色彩会变暗。

三、位图色彩模式

位图色彩模式使用黑色和白色表现图像,所以又称为黑白图像。位图色彩模式无法用来表现色调复杂的图像,但可以用来制作黑白的线条或特殊的双色调高反差图像。在进行图像模式的转换时,会损失大量的细节,因此它一般只用于文字的描述。由于它记录的颜色信息单调,所以占有的磁盘空间最小。

执行图像→模式→位图命令,弹出如图 2-4 所示的对话框,主要设置介绍如下。

图 2-4 "位图"对话框

分辨率:主要用来设定图像的分辨率。其中,"输入"选项显示的是原图像的分辨率,在"输出"文本框中设定的则是转换后图像的分辨率,其取值范围在 1 ~ 10000,如果设定值大于原图像的分辨率,图像就会放大,反之则会缩小。

方法:主要用来设定转换为位图模式时处理中间色的方式。常见的转化方式有以下几种。

(1)50% 阈值:以 50% 为界限,将图像中大于 50% 的所有像素全部变成黑色,将小于 50% 的所有像素全部变成白色。

(2)半调网屏:产生一种半色调网版印刷的效果。其网线数可设为 85 ~ 200lpi,例如,报纸通常采用 85lpi,彩色杂志通常采用 133 ~ 175lpi,其网角可设为 -180° ~ 180°,连续色调或半色调网版通常使用 45°。

(3)扩散仿色:转换图像时,产生颗粒状的效果。

(4)图案仿色:使用一些随机的黑、白像素点来抖动图像。

(5)自定图案:可选择图案列表中的图案作为转换后的纹理效果。

位图模式的图像虽然简单,但是如果在设计中运用得当,也能表现颇具艺术韵味的黑白世界。如图 2-5 所示为不同的位图效果。

§ 小贴士

当图像转换到位图模式后,无法进行其他编辑,也不能恢复灰度模式时的图像。

四、灰度色彩模式

使用灰度色彩模式保存图像,意味着一幅彩色图像中的所有色彩信息都会丢失,该图像将成为一个由介于黑色、白色之间的 256 级灰度颜色所组成的图像。与位图色彩模式相比,灰度色彩模式表现出来的图像层次效果更好。

在该模式中,图像中所有像素的亮度值变化范围都为 0 ~ 255。0 表示灰度最弱的颜色,即黑色;255 表示灰度最强的颜色,即白色;其他的值是指黑色渐变至白色的中间过渡

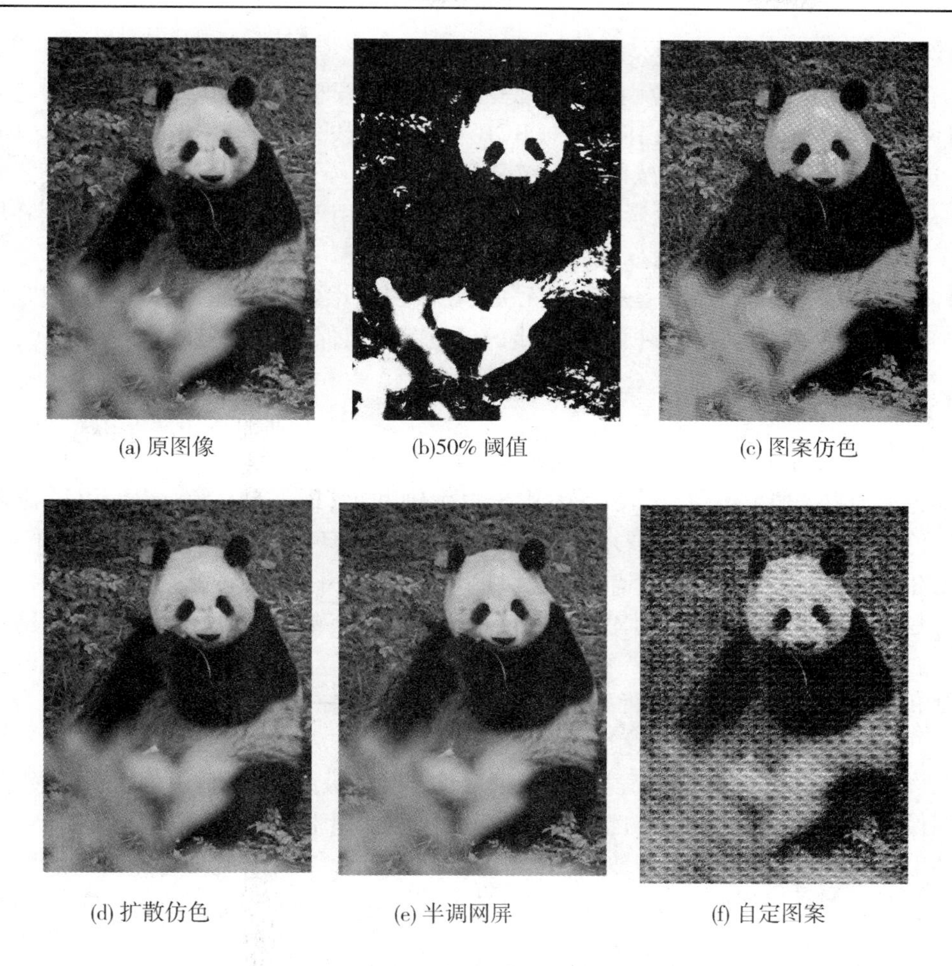

(a) 原图像　(b)50% 阈值　(c) 图案仿色

(d) 扩散仿色　(e) 半调网屏　(f) 自定图案

图 2-5　不同的位图效果

的颜色，即灰色。

§ 小贴士

(1)灰度色彩模式文件中，图像的色彩饱和度为零，亮度是唯一能够影响灰度图像的选项。

(2)位图色彩模式和彩色图像都可转化为灰度色彩模式。为了把彩色图像转换为高品质的灰度图像，Photoshop 放弃原图像中的所有颜色信息，转换后的像素的灰阶(色度)表示原像素的亮度。

(3)当从灰度色彩模式向 RGB 转换时，像素的颜色值取决于其原来的灰色值。灰度图像也可转换为 CMYK 图像或 Lab 彩色图像。

五、Lab 色彩模式

Lab 颜色是 Photoshop 在不同色彩模式之间转换时使用的内部颜色模式。它由亮度或光亮分量 L 和两个颜色分量 a、b 组合而成，L 表示色彩的亮度值，它的取值范围为 0 ~ 100；a 表示由绿到红的颜色变化范围，b 表示由蓝到黄的颜色变化范围，a、b 的取值范围

为 -120 ~ 120。

Lab 色彩模式可以表示的颜色最多,是目前所有色彩模式中色彩范围最广的色彩模式,可以产生明亮的颜色,并且其处理与 RGB 模式同样快,比 CMYK 模式快很多。因此,我们可以放心大胆地在图像编辑中使用 Lab 色彩模式。在转换成 CMYK 色彩模式时色彩没有丢失或被替换。避免色彩损失的最佳方法是:应用 Lab 色彩模式编辑图像,在转换为 CMYK 色彩模式打印输出。

Lab 色彩模式的最大优点是与设备无关,无论使用什么设备(如显示器、打印机、扫描仪)创建或输出图像,这种色彩模式所产生的颜色都可以保持一致。

六、HSB 色彩模式

该模式是利用颜色的三要素来表示颜色的,它与人眼观察颜色的方式最接近,是一种定义颜色的直观方式,其中,H 表示色相,S 表示饱和度,B 表示亮度,其色相沿着 0° ~ 360°的色环进行变换,只有在色彩编辑时才可以看到这种色彩模式。具体介绍如下:

色相(H):表示组成可见光谱的单色,在 0° ~ 360°的标准色环上,按位置度量色相。例如红色在 0°,绿色在 120°,蓝色在 240°,一般色相由颜色名称标识,如红色、橙色或绿色。

饱和度(S):表示色彩的鲜艳程度。它使用 0(灰色) ~ 100%(完全饱和)的百分比来度量。在最大饱和度时,每一色相具有最纯的色光。

亮度(B):表示色彩的明暗程度,如果是白色则明度最高,如果是黑色则明度最低。

图像的色调通常是指图像的整体明暗度,例如,如果图像中亮部像素较多的话,则图像整体上看起来较为明快;反之,如果图像中暗部像素较多的话,则图像整体上看起来较为昏暗。对于颜色图像而言,图像具有多个色调。通过调整不同颜色通道的色调,可对图像进行细微的调整。

七、双色调模式

将图像模式转换为双色调模式后,会打开"双色调选项"对话框,如图 2-6 所示。在"类型"选项中,可选择色调类型,供选择的类型有单色调、双色调、三色调、四色调。单击油墨色块,可打开"颜色库"对话框,进行"色库"和"颜色"的修改。

双色调模式是具有两种颜色的图像色彩模式,使用这种色彩模式保存图像的优点是,在印刷领域使用这种色彩模式进行印刷比常规的 CMYK 四色印刷成本有所降低。

要得到双色调模式的图像,应先将其他模式的图像转换为灰度色彩模式,然后执行图像→模式→双色调命令,弹出如图 2-6 所示的对话框。对话框重要参数及选项含义如下。

类型:在此下拉列表中选择色调类型,包括单色调、双色调、三色调和四色调。

选择单色调选项,则只有"油墨 1"被激活,此选项生成仅有一种颜色的图像。选择双色调选项,可激活"油墨 1"和"油墨 2",此时,可以同时设置两种图像色彩,生成双色调图像,其他依次类推。

曲线框:单击油墨颜色框左侧的曲线框,在弹出的对话框中可以调整每种油墨颜色的双色调曲线,如图 2-7 所示。

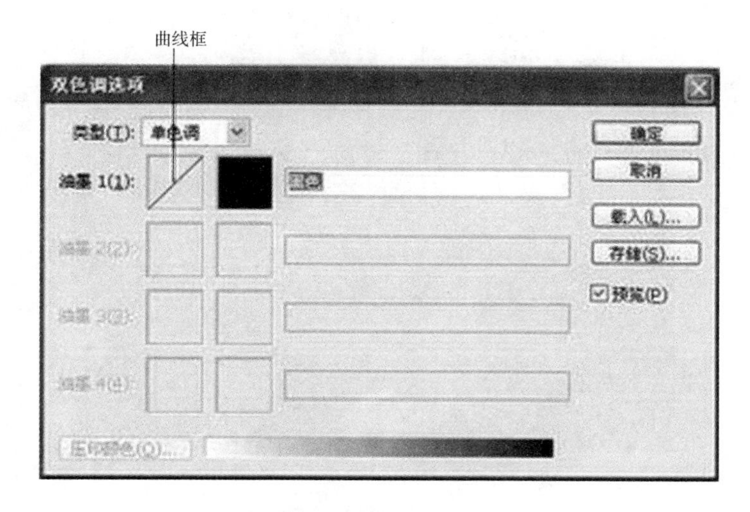

图 2-6　“双色调选项”对话框

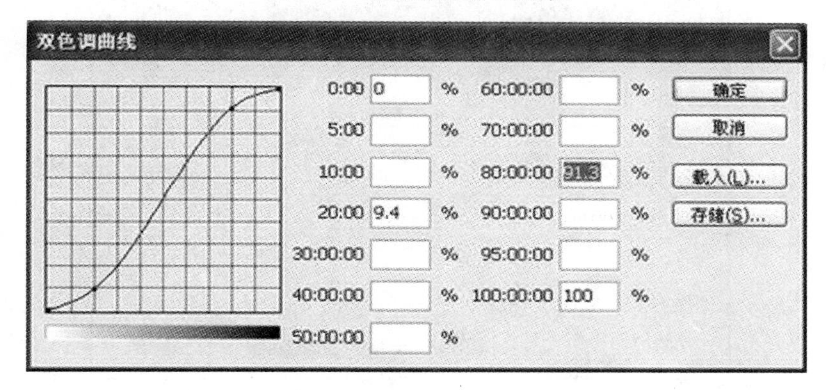

图 2-7　“双色调曲线”对话框

颜色框：单击油墨的颜色框，在弹出的“拾色器”或“自定义颜色”对话框中可以选择用于构成双色调图像的油墨颜色。

§ 小贴士

要将其他模式的图像转换成双色调模式的图像，必须先转换成灰度模式。

下面通过一个小的示例，展示如何将其他模式的图像转换成双色调模式的图像。

（1）打开一幅图像，如图 2-8 所示，执行图像→模式→灰度命令，在弹出的对话框中单击确定，从而将 RGB 色彩模式的图像转换为灰度色彩模式的图像。

（2）执行图像→模式→双色调命令，弹出如图 2-9 所示对话框设置参数后单击确定，则此图像被转换为双色调模式的图像。最终效果如图 2-10 所示。

八、索引色彩模式

与 RGB 和 CMYK 色彩模式的图像不同，使用索引色彩模式保存的图像只能显示 256 种颜色。索引色彩模式的图像含有一个颜色表，如图 2-11 所示，颜色表中包含了图像中使用最多的 256 种颜色，如果原图像中的某种颜色没有出现在该表中，则 Photoshop 将选

图 2-8　素材图像

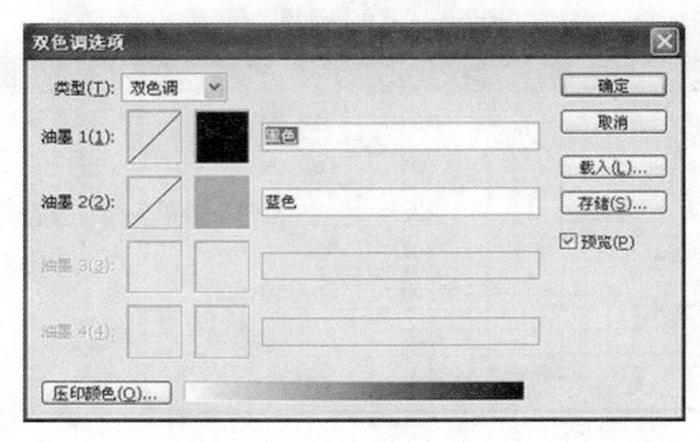

图 2-9　“双色调选项”对话框

图 2-10　双色调模式的图像效果

取现有颜色中最接近的一种，或使用现有颜色模拟该颜色。

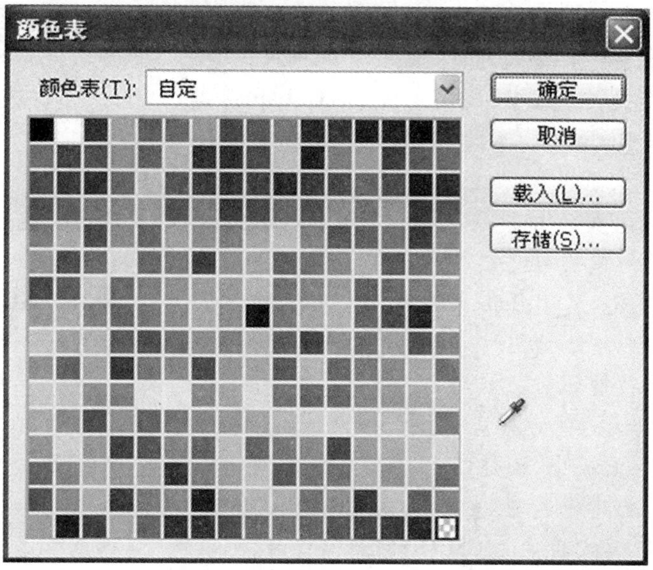

图 2-11　"颜色表"对话框

这种模式的图像比 RGB 色彩模式的图像小得多，通常仅有 RGB 色彩模式的图像大小的 1/3，因此使用这种模式可以大大减少文件所占的磁盘空间。

本章小结

本章对图像处理相关基础以及 Photoshop 中的部分关键性概念进行了详细的讲解。在介绍 Photoshop 图像后期处理之前，我们必须了解一些关于图形图像方面的专业术语以及印前基本知识，本章所介绍的基本知识都是作为图像后期处理所必须掌握的基本知识。只有这样，才能更好地发挥 Photoshop 辅助设计软件所带来的优越的功能进行创意、设计。

思考与习题

一、选择题

1. 关于矢量图像和位图图像的说法，正确的是(　　)

A. 矢量图像是由像素排列组合而成的

B. 位图图像放大后容易失真

C. 在计算机中只能加工位图图像

D. 矢量图像适合用在照片和复杂图像上

2. Photoshop 图像的最小单位是(　　)

A. 像素　　B. 位　　C. 路径　　D. 密度

3. Photoshop 可以将文件存储为下列哪些图像格式(　　)

A. PSD 格式　　B. JPEG 格式　　C. GIF 格式　　D. PDF 格式

4. 图像分辨率的单位是(　　)

A. dpi　B. ppi　C. lpi　D. pixel

5. 下列属于图像色彩模式的包括(　　)

A. CMYK 模式　B. RGB 模式　C. Lab 模式　D. 灰度模式

6. 对于色彩模式 CMYK,字母 C、M、Y、K 分别代表(　　)

A. 青色,黄色,黑色和洋红　B. 蓝色,洋红,黄色和白色

C. 青色,洋红,黄色和黑色　D. 白色,洋红,黄色和黑色

7. 下列哪种色彩模式可直接转换为位图模式(　　)

A. 双色调模式　B. Lab 颜色　C. CMYK 颜色　D. RGB 颜色

二、填空题

1. 数字化图像按照记录方式可以分为＿＿＿＿＿＿图像与＿＿＿＿＿＿图像。

2. Photoshop 默认的保存格式是＿＿＿＿＿＿。

3. 在 RGB 颜色面板中,R 是＿＿＿＿＿＿色,G 是＿＿＿＿＿＿色,B 是＿＿＿＿＿＿色。

4. 位图的图像分辨率是指＿＿＿＿＿＿。

5. 当 RGB 色彩模式转换为 CMYK 色彩模式时,可以使用＿＿＿＿＿＿模式用来作为转换的中间过渡模式。

三、问答题

1. 什么是矢量图像? 它与位图图像的区别是什么?

2. 什么是图像分辨率?

3. 常见的色彩模式有哪些? RGB 颜色模式的概念是什么?

4. 在 Photoshop 中常见的图像文件格式有哪些? Photoshop 默认的图像文件格式是什么?

第三章　Photoshop 操作基础和操作环境

第一节　Photoshop 工作环境及界面

安装了 Photoshop CS2 中文版后,系统会自动在 Windows 的程序菜单里建立两个图标:Adobe Photoshop CS2 图标和 Adobe ImageReady CS2 图标,选择菜单命令开始→程序→Adobe Photoshop CS2,可启动 Photoshop CS2 程序并进入其主操作界面,如图 3-1 所示。其主操作界面由标题栏、菜单栏、选项栏、工具箱、图像窗口、控制面板、状态栏、工作区等组成,与以前版本界面略有不同的是,状态栏显示在图像窗口上。

图 3-1　Photoshop CS2 主操作界面

一、标题栏

标题栏位于界面的最上端。标题栏最左侧显示的是软件图标和名称。当用户正在对某个文件进行操作时,还将显示该文件的文件名,该文件名紧跟在软件名称后面。标题栏最右侧为窗口控制按钮,分别用于实现对图像窗口进行最大化(或恢复)、最小化、关闭操作。

二、菜单栏

菜单栏位于标题栏下方,提供了进行图像处理所需的菜单命令,共 9 个菜单。分别是文件、编辑、图像、图层、选择、滤镜、视图、窗口和帮助。各个菜单的主要作用如下。

(1)文件菜单:用于对文件进行管理与输出,包括新建、打开、关闭、存储、导入、导出和打印等。

(2)编辑菜单:用于对正在进行编辑的图像提供各种较为简单的编辑命令,如重做与还原、剪切、复制、粘贴、图案以及定义画笔等编辑操作并可进行一些优化设置。

(3)图像菜单:用于调整图像模式、图像大小、画布大小和旋转画布显示全部及图像色彩调整等。

(4)图层菜单:用于创建和调整图层,包括新建图层、复制图层、删除图层、调整图层属性、合并图层、图层样式以及图层的调整编辑等。

(5)选择菜单:用于对选区进行相关操作,包括选择与编辑图像、存储和变换等。

(6)滤镜菜单:用于对图像进行处理和创建图像特效,包括添加杂色、扭曲、模糊、渲染、纹理和艺术效果等滤镜效果。

(7)视图菜单:用于调整屏幕显示方式,如显示或隐藏标尺和网格等。

(8)窗口菜单:用于控制在屏幕中显示的控制面板、选项栏、工具箱、状态栏等,如隐藏和显示图层面板,对打开的图像和新建的文件进行放置安排等工作。

(9)帮助菜单:用于提供 Photoshop 帮助信息。

菜单栏中包含了所有的图像处理命令,用户可打开各菜单项选择所需的命令对图像文件进行处理。另外,也可以按相应快捷键快速执行相应的命令,如文件→打开命令,可通过按 Ctrl + O 键来实现。

三、工具箱

工具箱的默认位置在界面左侧,是 Photoshop 软件的重要组成部分,主要用于图像的设计和编辑,如图 3-2 和图 3-3 所示,其中包括 50 多种工具。这 50 多种工具又分成了若干组排列在工具箱中,使用这些工具可对图像进行选择、绘制、取样、编辑、移动和查看等操作,单击工具图标或通过快捷键就可以使用这些工具。

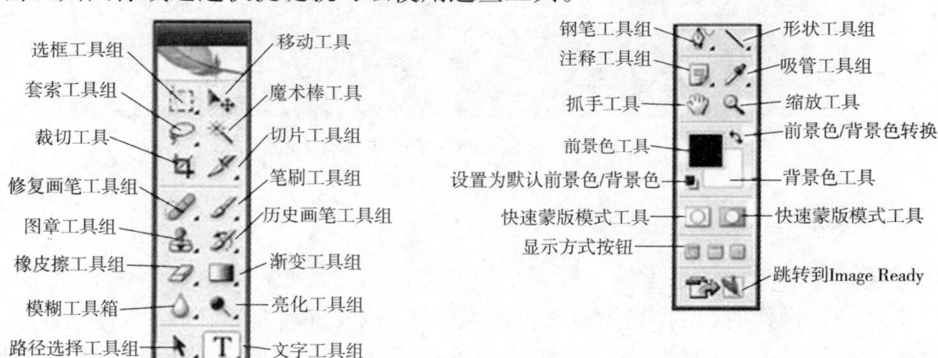

图 3-2 Photoshop CS2 工具箱中各工具的名称(上半部分)

图 3-3 Photoshop CS2 工具箱中各工具的名称(下半部分)

§小贴士

(1)将光标指向工具图标并略停顿,此时将显示关于该工具的名称及快捷键。单击工具图标或按快捷键就可选择该工具。

(2)工具箱中部分工具按钮右下角有小黑三角,表示该工具下还有其他隐藏工具,单击后按住该工具按钮,就可弹出其下隐藏的工具按钮列表。

(3)在工具箱标题栏上拖动,可以将工具箱拖到界面中任意位置。如果要显示或隐藏工具箱，可以按 Tab 键或执行窗口→工具命令。

四、属性栏

属性栏又称为选项栏，它位于菜单栏下方，用来对目前正在使用工具的选项和参数进行说明。选择不同的工具，在属性栏中就会显示相应工具的选项，可以设置关于该工具的各种属性，以产生不同的效果。例如，单击工具箱中的矩形选框工具按钮，即可在属性栏中显示矩形选框工具的各种属性设置，如图 3-4 所示。

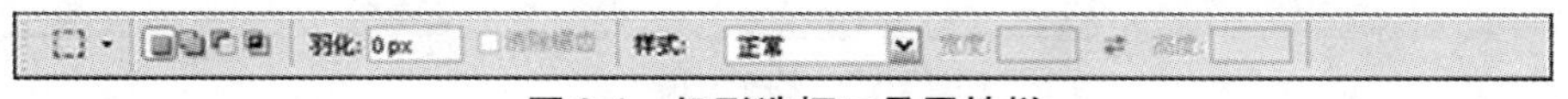

图 3-4　矩形选框工具属性栏

§ 小贴士

(1) 工具箱中的工具通常都是与工具选项栏中的选项结合使用的，选项栏的内容会随工具箱中工具选择的不同而产生相应的变化。

(2) 默认情况下，工具选项栏位于菜单栏下方，如果要隐藏工具选项栏，可以执行窗口→选项命令。

五、控制面板

控制面板也称为面板，默认状态下，位于工作界面最右侧，是 Photoshop 工作界面中非常重要的一个组成部分，也是在进行图像处理时实现选择颜色、编辑图层、新建通道、编辑路径和撤销编辑操作的主要功能面板。面板最大的优点是需要时可以打开，以进行图像处理操作；不需要时可以将不用的控制面板予以隐藏，把空间留给图像。可以利用窗口菜单命令进行面板的显示和隐藏，如图 3-5 所示。在默认情况下，Photoshop CS2 的面板分为 4 组，每一组由 2 ~ 3 个面板组合在一起，如图 3-6 ~ 图 3-9 所示分别是“导航器”面板、“颜色”面板、“图层”面板、“历史记录”面板。

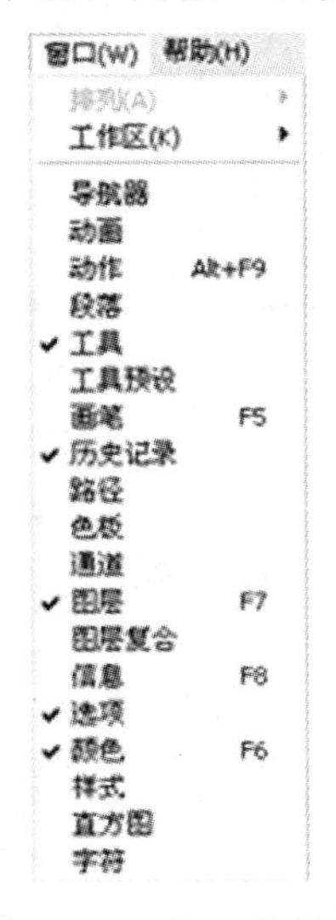

图 3-5　窗口菜单

图 3-6　导航器面板

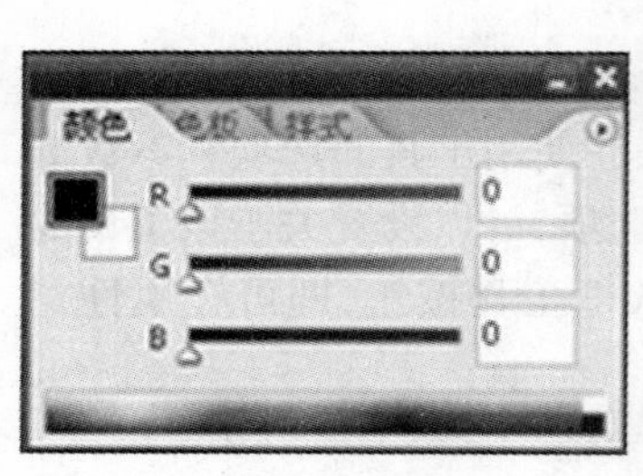

图 3-7 颜色面板

图 3-8 图层面板

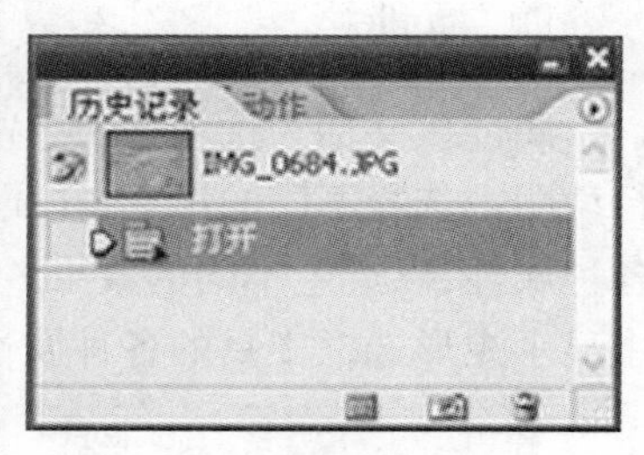

图 3-9 历史记录面板

在默认状态下,每一个面板组中的第一个面板为当前可操作面板,如"颜色"控制面板组中的当前打开面板为"颜色"控制面板。如果需要打开其他面板,只需单击相应的面板标签即可。如果需要关闭某组面板,最简便的方法是单击该面板组右侧的按钮。单击按钮可以收缩除面板标题栏及标签外的部分,单击按钮,便可还原面板的显示。

在实际操作中,可以根据需要只显示部分常用面板,但通过选择窗口菜单下的面板组命令,只能显示或隐藏某一个组面板,而不能对一个面板的显示进行控制,这时便可以将面板组中要使用的面板拆分出来单独使用,也可以将其合并到其他面板中。

拆分或合并面板的方法是:将鼠标光标移动到需要拆分的面板选项卡上,单击鼠标并按住不放,拖动至工作界面的空白处或其他面板组的面板选项卡,然后释放鼠标即可。

§ 小贴士

(1)在某些教材中,"调板"也称为"控制面板",两者概念一致。

(2)按下 Shift + Tab 键可以在保留显示工具箱的同时显示或隐藏所有面板。

(3)同 Windows 中窗口一样,面板上的最小化和关闭按钮也可以用来最小化和关闭面板。

六、状态栏

状态栏位于工作窗口的最底端,用来显示图像处理的各种信息,如图 3-10 所示。

图 3-10 状态栏

(一)图像显示比例

该部分用于控制图像的显示比例,输入适当的数值后按 Enter 键,可以改变图像窗口的显示比例。

(二)图像文件信息

该部分有一个右三角形,可打开如图 3-11 所示的菜单,从中选择显示文件的不同信息。

(1)文档大小:即图像文件大小。例如"9.00M/9.00M",在数字栏中"/"左侧的数字表示的是文件发往打印机的大小,它不包含层的信息;右侧的数字表示的是包含所有层和通道信息的文件大小。如果右侧的数字显示为“0”，说明当前的文件是一个新建的空层文件，文件中没有任何像素信息。

(2)文档配置文件：选择此方式，在状态栏中将显示文档的概况。

(3)文档尺寸：显示文件的高度和宽度。

(4)暂存盘大小：例如“101.6M/964.2M”，“/”左侧的数字表示当前打开的图像文件占用的内存，包含背景层、通道及剪贴板占用的内存；“/”右侧的数字表示当前计算机能供给 Photoshop 使用的内存总量。当左侧的数字大于右侧的数字时，说明现有内存已经不够，需要用虚拟内存，此时软件处理图像的速度会变慢。

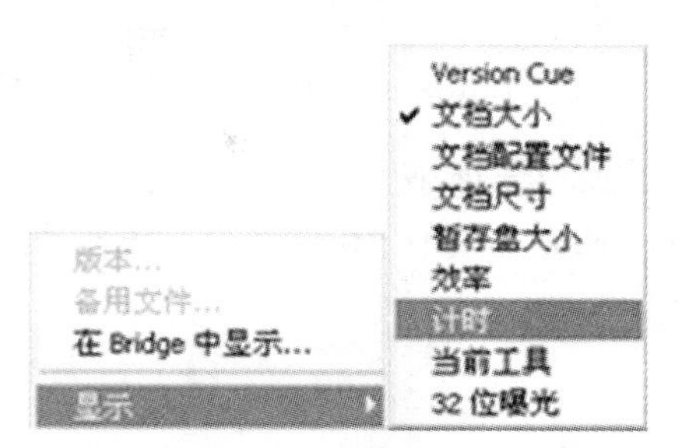

图 3-11　状态栏选择文件信息菜单

(5)效率：表示 Photoshop 使用内存的效率，以百分数形式显示，如果低于 60%，表明硬件设备可能无法满足 Photoshop 工作的需要。

(6)计时：表示执行上次操作所需时间。

(7)当前工具：显示当前正在使用的工具名称。

七、图像窗口

图像窗口用于显示图像文件，也是编辑与处理图像的区域。它对图像窗口进行各种操作，如改变图像窗口的大小、缩放窗口等。图像窗口一般由图像文件名、图像文件格式、图像显示比例、图像色彩模式、控制图像窗口、指定位深度和图像显示区组成，如图 3-12 所示。

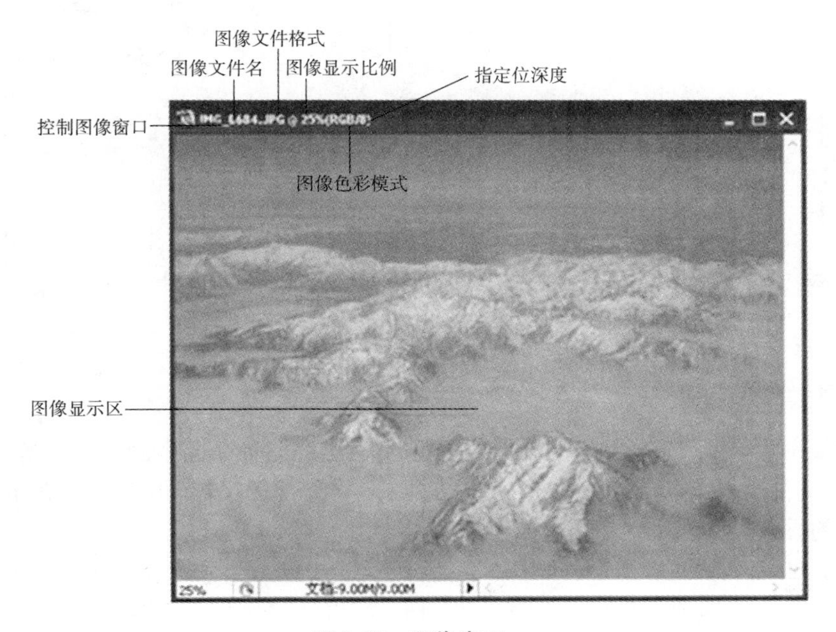

图 3-12　图像窗口

八、Photoshop 工作区

窗口界面中大片灰色区域称为 Photoshop 工作区，工具箱、面板和图像窗口等都处于 Photoshop 工作区内。

第二节　Photoshop 的环境优化设置

在使用 Photoshop 前需要进行一些优化设置，通过优化可以使用户在操作时更为方面和快捷。下面主要介绍 Photoshop CS2 的几个常用优化设置。

一、自定义工作界面

自定义工作界面是为了减少 Photoshop 默认工作界面中不需要的部分，如在进行图像轮廓绘制或处理时，往往只需要使用工具箱和“历史记录”面板，这时可以隐藏界面不需要的部分，以获得更大的屏幕显示空间。但如果每次都手动设置则相对比较麻烦，可以在调整好工作界面后执行窗口→工作区→存储工作区命令进行存储，如图 3-13 所示，待下次使用时只需切换到自定义工作界面状态下即可。

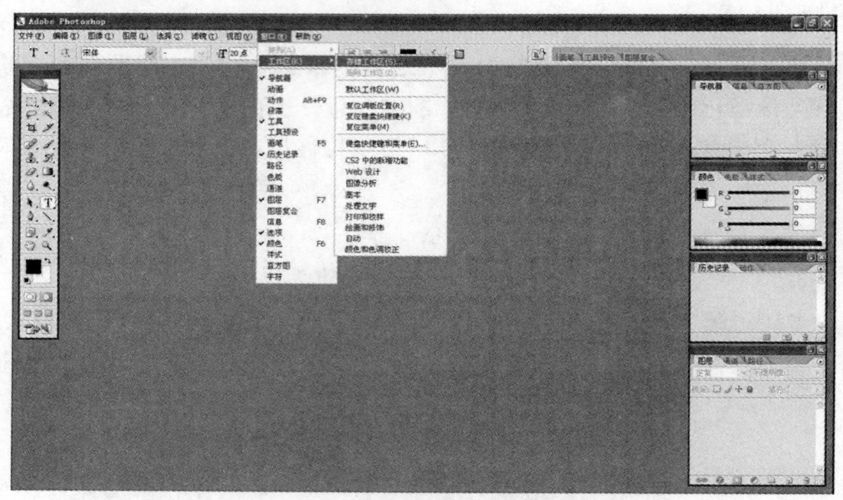

图 3-13　存储工作区

二、首选项设置

首选项设置是指 Photoshop 的编辑→首选项子菜单下各个命令的选项设置，包括设置常规选项、文件处理、显示与光标、透明度与色域、单位与标尺等，下面主要介绍几个常用的首选项的设置。

（一）常规选项设置

执行编辑→首选项→常规命令，打开“首选项”对话框（见图 3-14）。在“历史记录状态”文本框可以输入“历史记录”面板中记录历史操作的最大条数，一般系统默认保留最近 20 条记录，如图 3-14 所示。其中“选项”栏中各主要复选框的介绍如下。

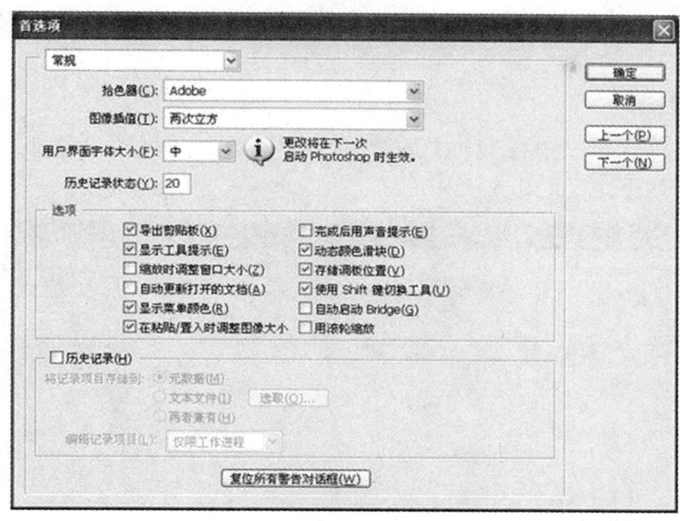

图 3-14　“首选项”对话框

(1)“导出剪贴板”:表示可以使用剪切板来暂存需粘贴的图像,以便交换文件。该复选框一般要选中。

(2)“显示工具提示”:表示将鼠标光标移至各工具图标上时是否显示工具名称等提示。一般要选中该选项。

(3)“存储调板位置”:表示在退出 Photoshop 时是否保存退出前面板的位置等状态。

(二)显示与光标设置

执行编辑→首选项→显示与光标命令,打开“显示与光标”对话框,如图 3-15 所示。其中“通道用原色显示”复选框用于设置是否显示通道的颜色,若选中该复选框,通道中的图像以原色显示,若不选中则显示为灰色。

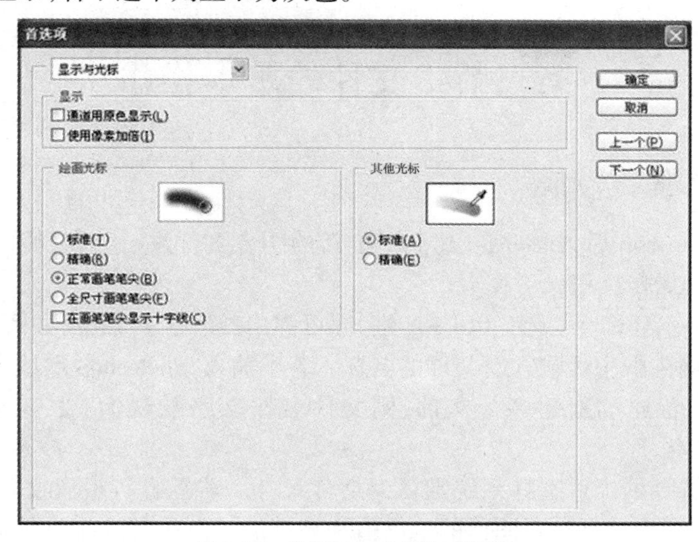

图 3-15　“显示与光标”对话框

“绘画光标”栏用于设置使用画笔工具等绘画工具进行绘画时光标的形状。其中,

“标准”光标表示默认的标准形状,即绘画工具的工具图表;“精确”光标表示十字状的精确定位形状。

(三)单位与标尺

执行编辑→首选项→单位与标尺命令,打开“单位与标尺”对话框,如图 3-16 所示。其主要参数介绍如下。

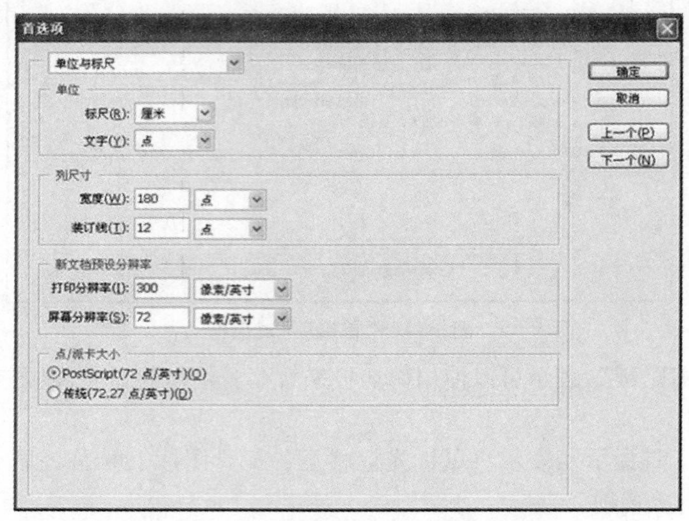

图 3-16 “单位与标尺”对话框

“单位”选项栏:用于设置标尺和文字的单位。

“列尺寸”选项栏:用于设置列尺寸的大小和单位。

“新文档预设分辨率”选项栏:用于设置新建文档时“新建”对话框中的文档默认的分辨率大小。

第三节 文件的基本操作

一、新建图像

在启动 Photoshop 后,如果需要建立一个新的图像文件进行编辑,则需要首先新建一个图像文件。其操作过程如下:

选择文件→新建命令,或按 Ctrl + N 键,即可弹出“新建”对话框,如图 3-17 所示。

在“名称”输入框中可输入新文件的名称。若不输入,Photoshop 默认的新建文件名为“未标题 - 1”。若连续新建多个文件,则文件名按顺序默认为“未标题 - 2”、“未标题 - 3”,依次类推。

在“预设”选择框中可选择系统默认的文件尺寸。若需自行设置文件尺寸,可在“宽度”和“高度”选项中分别设置图像的宽度值和高度值。但在设置前需要确定文件尺寸的单位,即在其后面的下拉列表中选择需要的单位,包括“像素”、“英寸”、“厘米”、“毫米”、“点”等。

在“分辨率” 输入框中输入数值,可设置图像的分辨率,在其后面的下拉列表中选择分辨率的单位,其单位有“像素/英寸”与“像素/厘米”。通常使用的单位为“像素/英寸”。一般用于显示的图像,其分辨率设置为 72 或 96 像素/英寸。

在“颜色模式”右侧的下拉列表中可选择图像的色彩模式,同时可在该列表框后面设置色彩模式的位数,有 1 位、8 位与 16 位。

在“背景内容”右侧的下拉列表框中可设置新图像的背景颜色,其中有“白色”、“背景色”与“透明”3 种方式。如果选择“白色”选项,将创建白色背景的文件;如果选择“背景色”选项,将创建与当前工具箱中背景颜色框中的颜色相同的文件;如果选择“透明”选项,将创建一个背景为透明效果的文件。

在“高级”选择项栏单击其左侧按钮,可设置颜色配置文件和像素的长宽比例。

设置好参数后,单击“确定”按钮,即可新建一个空白图像文件,如图 3-18 所示。

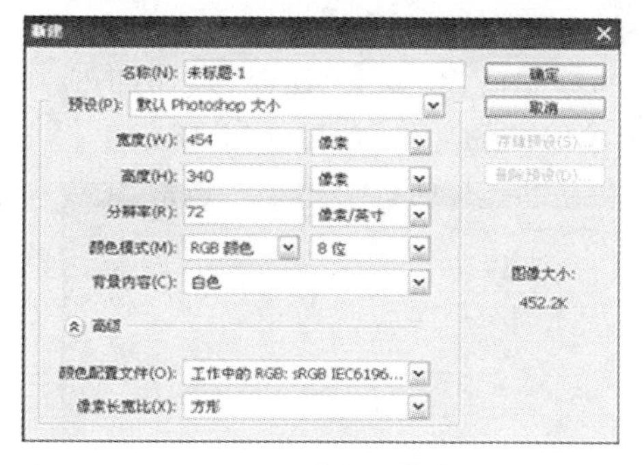

图 3-17　“新建”对话框

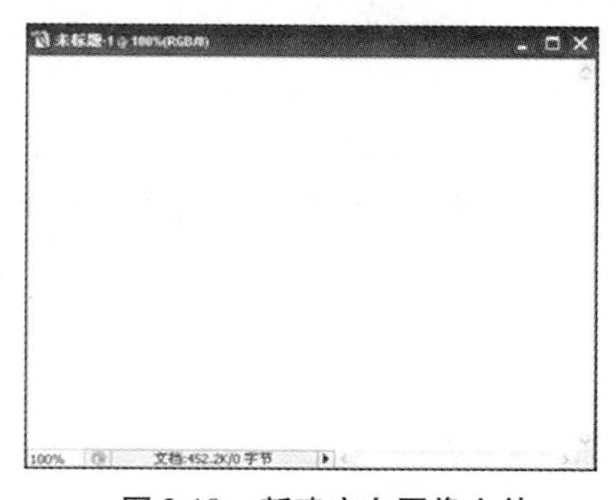

图 3-18　新建空白图像文件

二、打开图像文件

在 Photoshop 中打开图像文件的操作步骤如下:

(1)选择文件→打开命令或按 Ctrl + O 组合键,弹出如图 3-19 所示的“打开”对话框。

(2)选择要打开的文件,该文件的名称就会出现在“文件名”文本框中。

(3)在“文件类型”下拉列表中选择打开文件的类型,默认情况下是“所有格式”。

(4)单击“打开”按钮,即可打开该文件,如图 3-20 所示。

图 3-19　“打开”对话框

图 3-20　打开文件

§小贴士

(1)如需一次打开多个图像文件,可配合 Ctrl 键或 Shift 键。

(2)打开一组连续文件,可在单击选定第一个文件后,按住 Shift 键不放,单击最后一个要打开的图像文件。

(3)打开一组不连续的文件,可在单击选定第一个图像文件后,按住 Ctrl 键不放,单击要选定的其他图像文件,最后单击“打开”按钮。

三、保存图像文件

在编辑完图像文件后,需要将文件保存,其操作步骤如下:

(1)选择文件→存储命令或按 Ctrl + S 组合键,弹出如图 3-21 所示的“存储为”对话框。

(2)在“保存在”下拉列表中选择该文件的保存位置。

(3)在“文件名”下拉列表中输入该文件的名称“熊猫家园”。

(4)在“格式”下拉列表中设置好该文件的存储格式,单击“保存”按钮即可。

(5)此时打开相应的文件夹,可以看到刚才保存的文件,如图 3-22 所示。

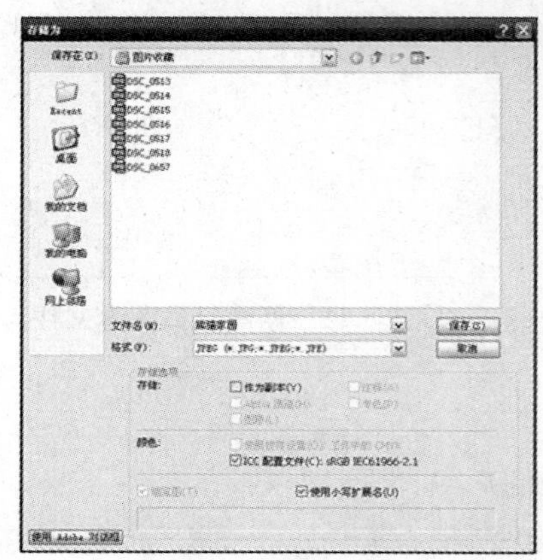

图 3-21　“存储为”对话框

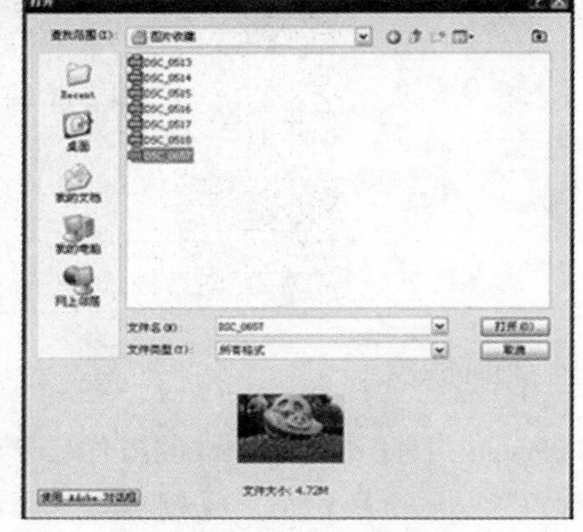

图 3-22　保存的文件

§小贴士

(1)如保存的文件为第一次存储,则执行“存储”命令后,就会打开如图 3-21 所示的“存储为”对话框。

(2)如重新编辑已保存过的图像后执行文件→存储命令,将不再打开“存储为”对话框,而是直接覆盖原文件进行保存。

四、关闭图像文件

要关闭某个图像文件,其操作方法是:单击窗口右上角“关闭”按钮,或执行文件→关闭命令,或使用快捷键 Ctrl + W。若关闭的文件进行了修改而没有保存,则系统会打开一个提示对话框询问用户是否在关闭文件前保存,如图 3-23 所示。

图 3-23　提示对话框

（1）单击“是”按钮，系统将保存文件。如果是新建文件，系统会打开“存储为”对话框，存盘后文件窗口将会关闭。

（2）单击“否”按钮，系统将取消当前所有的编辑操作，直接关闭文件窗口。

（3）单击“取消”按钮，则取消关闭文件操作，回到图像编辑窗口。

第四节　图像标尺与参考线

在使用 Photoshop 处理图像时，常需要使用标尺、参考线、网格等辅助工具，以便于准确定位图形和文字的位置。

一、标尺的使用

标尺用来显示鼠标当前所在位置的坐标和图像尺寸。使用标尺可以更准确地对齐图像对象和选定的范围。

（一）标尺的显示

执行视图→标尺命令或按 Ctrl + R 组合键，即可以显示或隐藏标尺，如图 3-24 所示。默认设置下，标尺的原点在窗口左上角，其坐标为（0，0）。

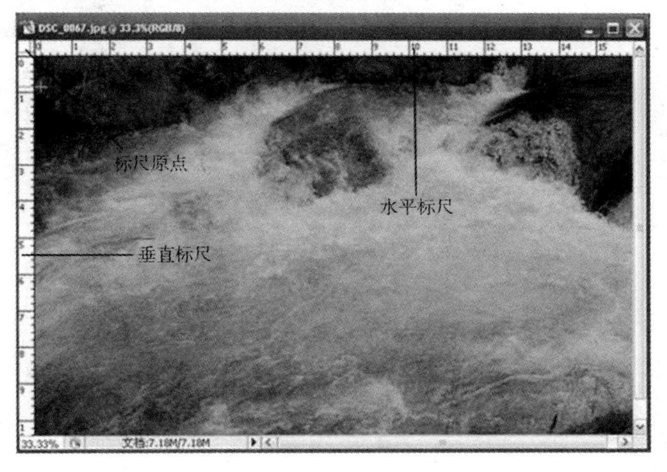

图 3-24　显示标尺

当在窗口中移动鼠标时，在水平标尺和垂直标尺上会出现一条虚线，该虚线标出当前位置的坐标。移动鼠标时，该虚线位置也会随之移动。

（二）标尺的设置

为方便处理图像，可以重新设定标尺原点位置，如图 3-25 所示，将鼠标指向标尺左上角方格内，按下鼠标左键并拖动，在要设定原点的位置放开鼠标即可。

在处理图像时，有时需要更改标尺的设置，方法如下：单击编辑→首选项→单位与标尺命令，弹出如图 3-26 所示对话框，根据实际需要在对话框中设置标尺的单位等选项。

图 3-25　重新设定标尺坐标原点

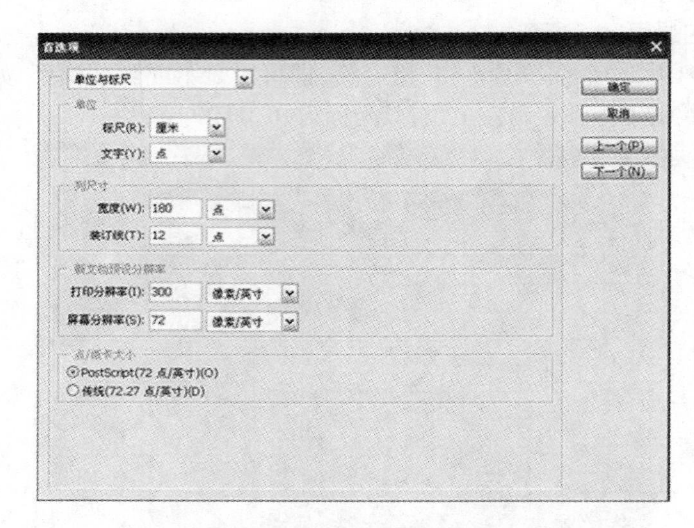

图 3-26　更改标尺设置

§ 小贴士

(1)在标尺左上角双击,即可还原标尺的原点位置。

(2)默认情况下,标尺的单位是“厘米”。

二、参考线的使用

参考线用于对齐目标,其优点是可以任意设定位置,可以对参考线进行移动、删除、锁定等操作。

(一)参考线创建方法

(1)直接将鼠标移到标尺上,按住鼠标左键不放拖动鼠标到需要放置参考线的地方,松开鼠标即可,如图 3-27 所示。其中单击水平标尺并拖动可创建水平参考线,单击垂直标尺并拖动可创建垂直参考线,而且参考线可根据需要创建多条。

(2)执行视图→显示→新建参考线命令，弹出如图 3-28 所示对话框。

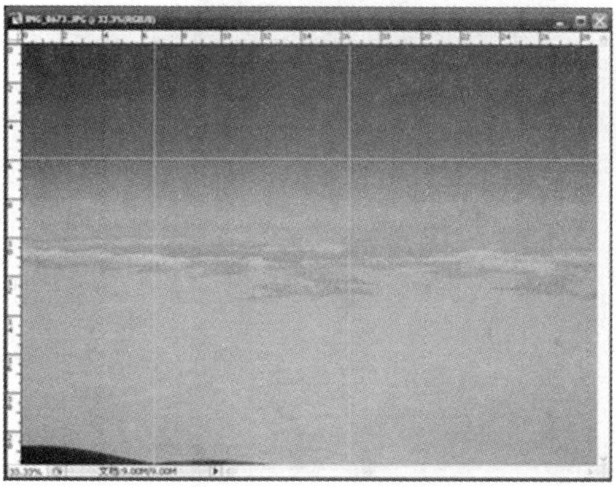

图 3-27　使用标尺和参考线

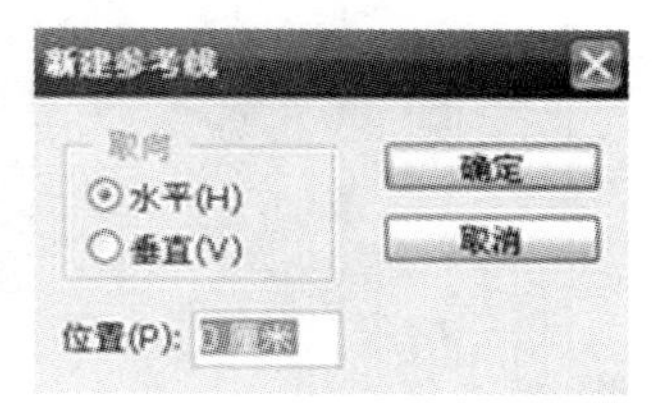

图 3-28　“新建参考线”对话框

(二)参考线的移动

参考线的移动方法比较简单，单击工具箱中的“移动工具”按钮，或按 Ctrl 键将鼠标移到参考线上，此时鼠标变成双箭头，按住鼠标左键不放移动鼠标即可。

§ 小贴士

(1)执行视图→对齐到→参考线命令，鼠标在操作时会自动贴近参考线，使绘制更精确。

(2)执行视图→显示→智能参考线命令，在移动时，参考线自动对齐到图像。

(三)参考线的删除

参考线的删除分为如下两种情况：

(1)删除所有参考线。操作方法：执行视图→清除参考线命令，即可删除所有参考线。

(2)删除某一条参考线。操作方法：单击工具箱中的“移动工具”按钮，或按 Ctrl 键将鼠标移到参考线上，此时鼠标变成双箭头，按住鼠标左键不放移动鼠标到标尺外再松开鼠标即可。

三、网格的显示与调整

网格的主要作用是对齐参考线，以便在操作中对齐图像对象。

(一)网格的显示

执行视图→显示→网格命令，可以显示或隐藏网格，如图 3-29 所示。

(二)网格的设置

执行编辑→首选项→参考线、网格和切片命令，如图 3-30 所示，在对话框里可以对网格进行调整和设置，可以设置颜色、样式等选项。执行视图→对齐到→网格命令，移动图像或选取范围时会自动贴齐网格。

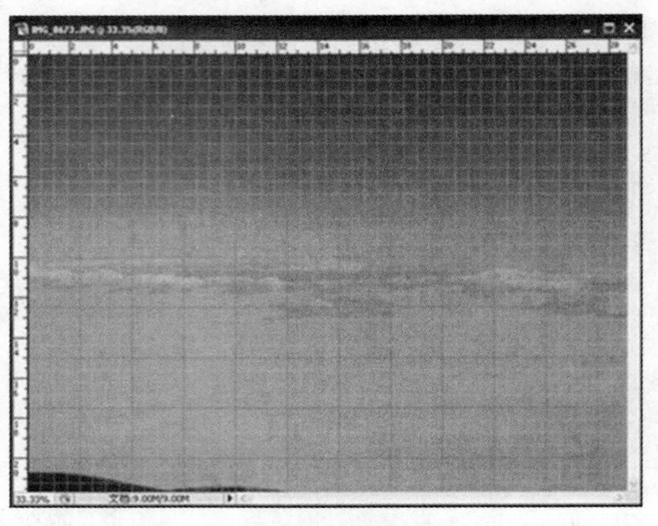

图 3-29　显示网格

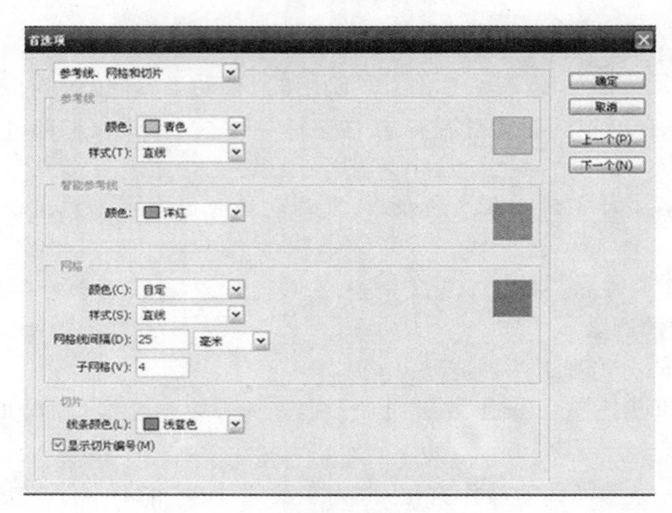

图 3-30　网格的设置

§ 小贴士

显示网格后，就可以沿着网格线的位置进行对象的选取、移动和对齐等操作。

第五节　图像控制与显示

图像控制与显示操作是在图像处理中使用较多的一种操作，其主要包括图像的缩放、查看图像不同部分、设置屏幕显示模式。

一、图像缩放和平移

在 Photoshop 中可实现图像控制与显示的方法有以下几种。

(一)使用缩放控制工具

单击工具箱中的"缩放工具"按钮,在其属性栏中选择放大选项,单击图像可进行放大;若在选择放大选项后,按住 Alt 键在图像窗口中单击,则图像将缩小,此时光标显示为,继续单击图像会逐步缩小。缩放工具属性栏如图 3-31 所示。

图 3-31 缩放工具属性栏

§小贴士

在进行缩放控制时,选定"缩放工具"后在上面双击,则可将图像按实际像素显示,即显示比例为 100%;若在工具箱中的"抓手工具"上双击,则可将图像恢复成打开时的显示比例。

(二)使用"导航器"面板

执行窗口→导航器命令,显示"导航器"面板。可在"导航器"面板左下角的文本框里直接输入,也可用鼠标左键拖动"导航器"面板下方的缩放滑块改变显示比例。向左右拖动滑块可进行图像的放大或缩小,向右滑是放大图像,向左滑则是缩小图片。"导航器"面板如图 3-32 所示。

图 3-32 导航器面板

(三)使用视图菜单

执行菜单栏中的"视图"命令,在下拉菜单中可以看到有关控制图像显示的命令。视图菜单中有 5 个与图像显示相关的命令。

(1)放大:将图像放大显示。

(2)缩小:将图像缩小显示。

(3)按屏幕大小缩放:调整缩放级别和窗口大小,使图像正好填满可以使用的屏幕空间。

(4)实际像素:使图像以 100% 的比例显示。

(5)打印尺寸:使图像以实际打印尺寸显示。

二、切换屏幕显示模式

在工具箱中有 3 个用于切换屏幕模式的按钮,分别为(标准屏幕模式)、(带有菜单栏的全屏模式)和(全屏模式),如图 3-33 ~ 图 3-35 所示。单击 3 个按钮进行切换,可选择不同的显示模式。点击 F 键也可进行不同显示模式的切换。

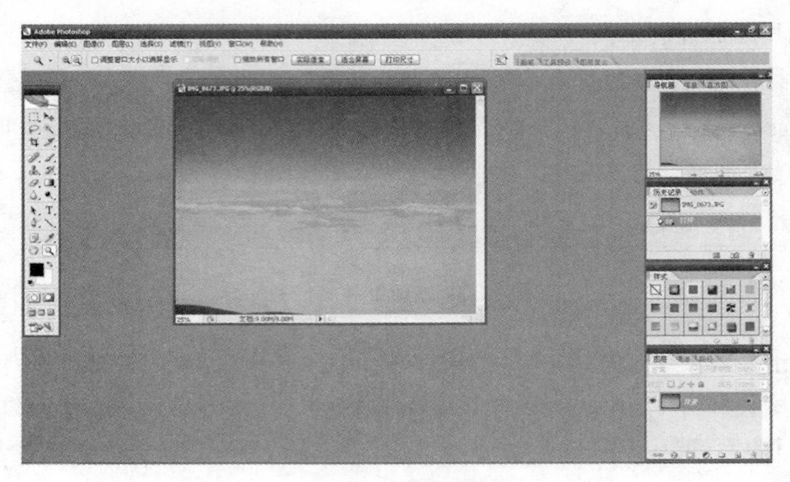

图 3-33　标准屏幕模式

图 3-34　带有菜单栏的全屏模式

图 3-35　全屏模式

第六节　改变图像尺寸

一、图像大小和分辨率的调整

导入图像以后，可能会需要调整其大小。在 Photoshop 中，可使用“图像大小”对话框来调整图像的像素大小、打印尺寸和分辨率，设置方法如下。

第一步，执行图像→图像大小命令，打开如图 3-36 所示对话框。

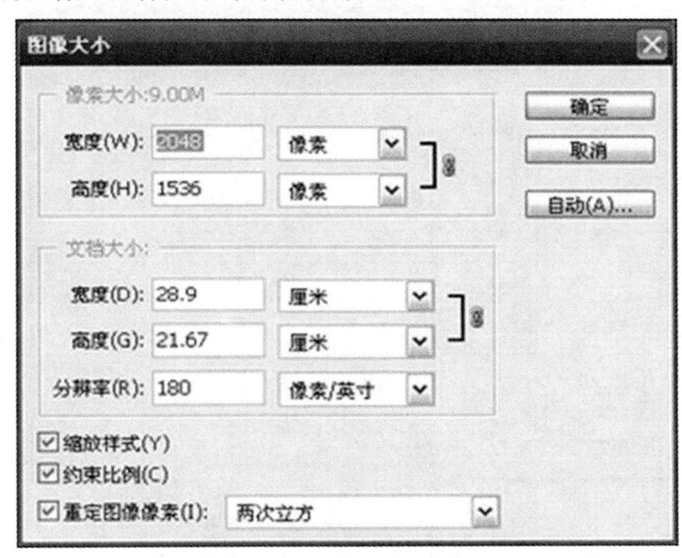

图 3-36　“图像大小”对话框

第二步，在“图像大小”对话框中进行调整，更改图像尺寸或图像分辨率。

（1）调整“像素大小”选项：图像的像素大小指的是位图图像在高度和宽度方向上的像素总量。“像素大小”选项下的宽度和高度表示图像像素的数量，可以根据自己的需要进行更改。

（2）调整“文档大小”选项：“文档大小”选项下的宽度和高度用于设置图像的尺寸大小。打印尺寸和分辨率这两个度量单位称为文档大小，它们决定图像中的像素总量，从而也就决定了图像文件的大小；文档大小还决定图像置于其他应用程序内时的基本大小。在此可根据实际需要进行更改。

（3）调整“分辨率”选项：在“分辨率”输入框中输入一个新值可更改图像分辨率的大小。新的度量单位可根据需要进行更改。

（4）选中“约束比例”选项：更改图像尺寸时，可保持图像当前的宽高比例。当更改高度时，该选项将自动更新宽度。

（5）调整“重定图像像素”：如果只更改打印尺寸或只更改分辨率，并且要按比例调整图像中的像素总量，则一定要选择“重定图像像素’，然后选取相应插值方法。关于“插值方法”,如图3-37所示,有以下几种选择。

“邻近”:速度快但精度低。

“两次线性”:对于中等品质图像使用两次线性插值。

“两次立方”:速度慢但精度高,可得到最平滑的色调层次。放大图像时,建议使用“两次立方(较平滑)”;缩小图像时,建议使用“两次立方(较锐利)”。

如果更改打印尺寸和分辨率而不更改图像中的像素总数,则取消选择“重定图像像素”。

图3-37 “插值方法”对话框

§小贴士

(1)在调整图像大小时,位图数据和矢量数据会产生不同的结果。

(2)位图数据与分辨率有关,因此更改位图图像的像素大小可能导致图像品质和锐化程度损失。

(3)矢量数据与分辨率无关,可以调整其大小而不会降低边缘的清晰度。

(4)如果要恢复“图像大小”对话框中显示的原始值,可以按 Alt 键,单击“复位”(原“取消”按钮位置)。

二、改变画布大小

画布大小命令可用于添加或移去现有图像周围的工作区。该命令还可用于通过减小画布区域来裁切图像。操作步骤如下:

第一步,执行文件→打开命令,打开一幅图像,如图3-38所示。

第二步,执行图像→画布大小命令,打开如图3-39所示对话框。

第三步，在“画布大小”对话框中进行调整。

(1)“当前大小”选项：“当前大小”选项用于显示当前图层尺寸。

(2)“新建大小”选项：“新建大小”选项用于设置新的画布大小，也可在宽度和高度文本框中输入预设置的画布尺寸，从宽度和高度文本框旁边的下拉菜单选择所需的度量单位。

图 3-38　原图像

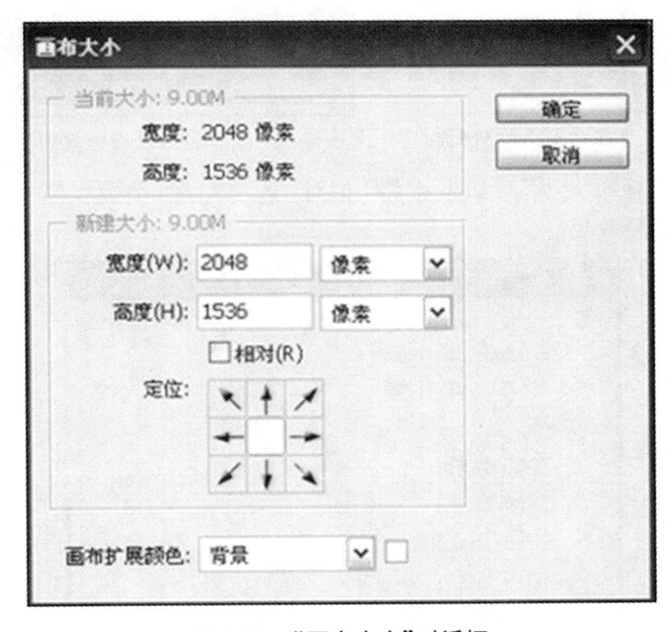

图 3-39　“画布大小”对话框

(3)“相对”选项：在不勾选的情况下，如果输入的数值大于原来数值，可以扩展画布，扩展后的颜色可以在“画布扩展颜色”选项中选择，如果输入的数值小于原来的数值，则可以减切画布。

（4）“定位”选项：可设置画布扩展或裁切的方向，根据需要单击相应的箭头即可，单击其中某一方块可确定图像在新画布上的位置。

（5）“画布扩展颜色”选项：有以下几个选择，如图 3-40 所示。

①“前景”：用当前的前景颜色填充新画布。

②“背景”：用当前的背景颜色填充新画布。

③“白色”、“黑色”或“灰色”：用指定颜色填充新画布。

④“其他”：使用拾色器选择新画布颜色。

第四步，将图像右边缘和下边缘分别扩展 2 厘米，扩展颜色为黑色设置。“画布大小”对话框相关选项如图 3-41 所示，扩展效果如图 3-42 所示。

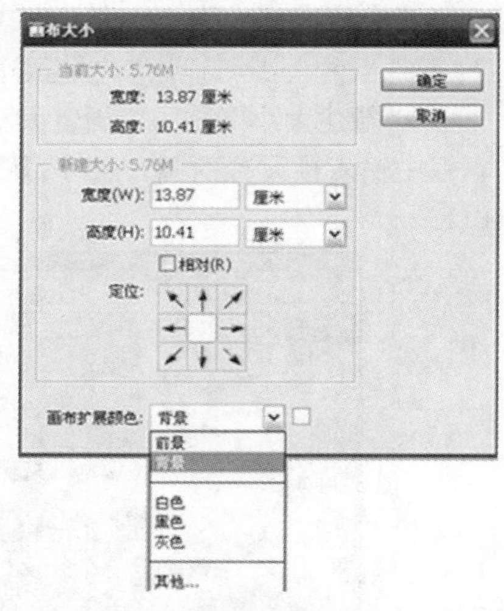

图 3-40　“画布扩展颜色”设置

图 3-41　“画布大小”对话框

图 3-42　扩展效果图像

第五步，如在“画布大小”对话框中将“相对”选项勾选，参数设置如图 3-43 所示，也可以得到同样的扩展效果。

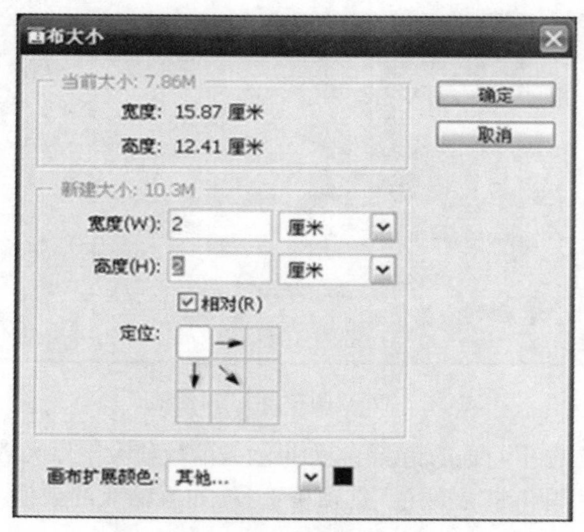

图 3-43　勾选“相对”选项

第六步，如果重新设置“画布大小”对话框的参数设置，如图 3-44 所示，单击“确定”按钮，将弹出如图 3-45 所示对话框，单击“继续”按钮，图像将被剪切。

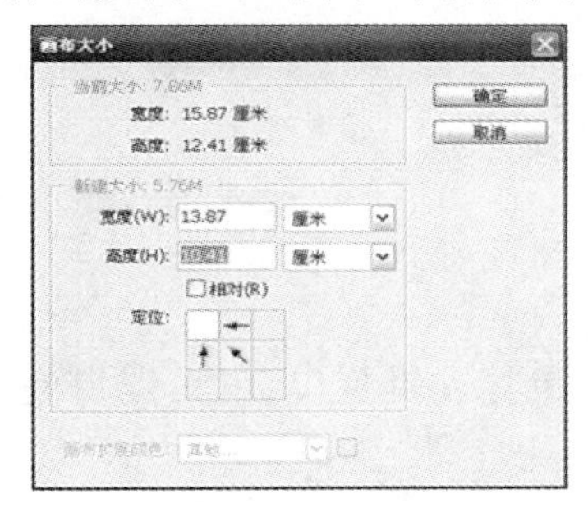

图 3-44　重置“画布大小”对话框

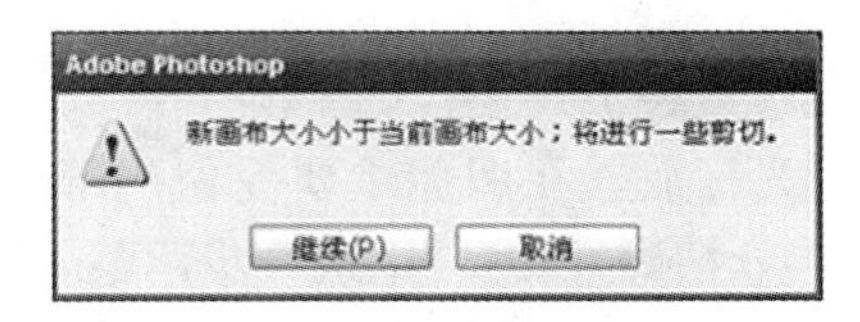

图 3-45　剪切画布

第七步，剪切后图像如图 3-46 所示。

图 3-46　剪切后图像

三、使用裁切工具裁切图像

裁切主要是裁掉图像中不需要的部分，以形成突出或加强构图的效果。可以使用工具箱中的□（裁剪工具）或裁剪命令来裁切图像，如图 3-47 和图 3-48 所示。

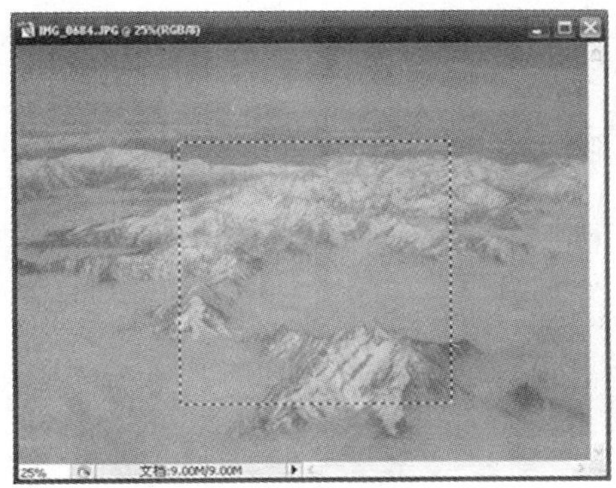

图 3-47　裁切前

图 3-48　裁切后

(一)使用裁剪命令裁切图像

(1)创建一个选区,选取需要保留的图像部分。

(2)执行图像→裁剪命令。

§小贴士

如未创建选区,则图像→裁剪命令不可用。

(二)使用裁剪工具

(1)选择裁剪工具[裁剪工具图标]。

(2)把光标放置在图像中要保留的部分上按住鼠标左键拖曳,就可以得到剪切框。选框不必十分精确,以后可以进一步调整。

(3)调整剪切框。

①剪切框之外的区域被蒙蔽,也就是要剪掉的区域。此时可以根据构图需要调整剪切框的大小,按住 Ctrl 键可以更加准确地调整剪切框的大小。如果要在改变选框大小的同时约束比例,可在拖动的同时按住 Shift 键。

②如要旋转选框,可将指针放在选框边界外(待指针变为弯曲的箭头)并拖移。

③要完成裁切,可以按 Enter 键,或单击选项栏中的"提交"按钮[提交按钮图标];或在裁剪选框内双击。

④要取消裁切操作,可以按 Esc 键,或单击选项栏中的"取消"按钮[取消按钮图标],也可在待处理图像上右击鼠标,选择取消命令。

裁剪过程与结果如图 3-49 ~ 图 3-51 所示。

图 3-49　指定裁剪区域

图 3-50　确定裁剪区域

图 3-51　裁剪结果

本章小结

本章介绍了 Photoshop 的基本操作。学习基本操作知识是为更顺利地学习以后课程所做的铺垫。作为学习者应熟悉文件和图像的基本操作、辅助工具的应用、图像显示的控制,还应该掌握变换图像的方法。

思考与习题

一、选择题

1. 使用下面哪几个快捷键能够调用“新建”对话框(　　)
   A. 按 Ctrl + N 键
   B. 按键双击 Photoshop 的空白区域
   C. 按 Ctrl + Alt + Shift + N 键
   D. 按 Ctrl + N 键单击 Photoshop 的空白区域
2. 下列关于打开图像文件的正确操作包括(　　)
   A. 按 Ctrl + O 键　　B. 将要打开的图像拖至 Photoshop 中
   C. 双击 Photoshop 的空白区域　　D. 按 Ctrl + N 键
3. 在 Photoshop 中允许一个图像显示的最大比例范围是多少(　　)
   A. 100%　　B. 200%　　C. 600%　　D. 3200%
4. 如何移动一条参考线(　　)
   A. 选择移动工具拖动
   B. 无论当前使用何种工具,按住 Alt 键的同时单击鼠标
   C. 在工具箱中选择任何工具进行拖动
   D. 无论当前使用何种工具,按住 Shift 键的同时单击鼠标
5. 如何才能以 100% 的比例显示图像(　　)
   A. 在图像上按住 Alt 键的同时单击鼠标
   B. 选择视图→满画布显示命令
   C. 双击“抓手工具”
   D. 双击“缩放工具”

二、填空题

1. Photoshop 的工作界面包括标题栏、________、________、________、________、________和________七个部分。

2. Photoshop 的工具箱中包括________、________、________以及________等几大类型。

3. Photoshop 为用户提供了四个常用的浮动面板,即________、________、________和________。

4. ________位于窗口最底部,主要用于显示图像处理的各种信息。

5. 退出 Photoshop 时，可以选择文件菜单下的________命令实现，还可以单击 Photoshop 界面右上角的________按钮来实现。

6. Photoshop 主要有以下几种显示模式，即________、________和________三种。

三、上机操作题

1. 新建一个尺寸为 800 × 600 像素、分辨率为 90 像素/英寸、其他属性随意的文件，并将其保存在“我的文档”中。

2. 结合本章讲解知识，尝试使用裁切工具 将一尺寸为 640 × 429 像素的图像（见图 3-52）裁切为 185 × 272 像素的图像（见图 3-53）。

图 3-52　素材图像

图 3-53　裁切后的图像

3. 新建一个图像文件，设置该文件的名称为“图像设计 1”，画布的宽度为 600 毫米，高度为 400 毫米，背景浅蓝色，分辨率为 120 像素/英寸，色彩模式为 RGB 颜色和 8 位。以名称“600 毫米 × 400 毫米”保存预设。在该画布窗口内显示标尺和网格，标尺的单位设定为像素。

4. 将上题新建的图像文件画布的宽度更改为 800 像素，高度更改为 600 像素，背景色更改为白色。

5. 打开一幅图像，改变图像显示比例的大小，并在三种显示模式之间切换。

6. 打开五幅图像，将这五幅图像的大小调整一样，均为宽 600 像素、高 400 像素。

第四章　图像处理常用工具

第一节　选择工具

一、创建选区

(一)创建规则选区

规则选框工具包括矩形选框工具、椭圆选框工具、单行选框工具和单列选框工具四种,它们的使用方法基本相同。规则选框工具组如图4-1所示。

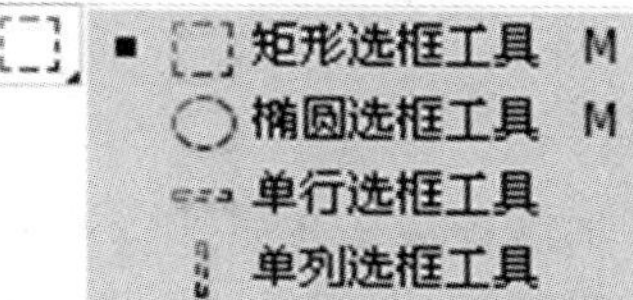

图4-1　规则选框工具组

1. 矩形选框工具

使用矩形选框工具可以在图像中创建形状为矩形的选区。单击工具箱中的"矩形选框工具"按钮,在图像窗口单击并拖动鼠标即可创建矩形选区,其属性栏如图4-2所示。

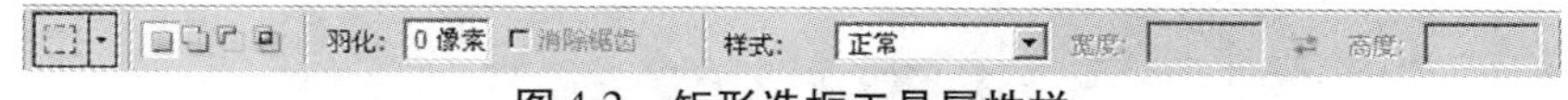

图4-2　矩形选框工具属性栏

属性栏的选项介绍如下。

:单击该按钮可创建一个新选区。

:单击该按钮可在图像中的原有选区基础上添加新的选区。

:单击该按钮可在图像中的原有选区基础上减去新的选区。

:单击该按钮可创建原有选区和新选区的相交部分。

羽化: 0像素:在该文本框中输入数值,可柔化选区边缘,产生渐变过渡的效果,如图4-3所示。其取值范围在0~250。数值越大,羽化效果越明显。

羽化值为0

羽化值为30

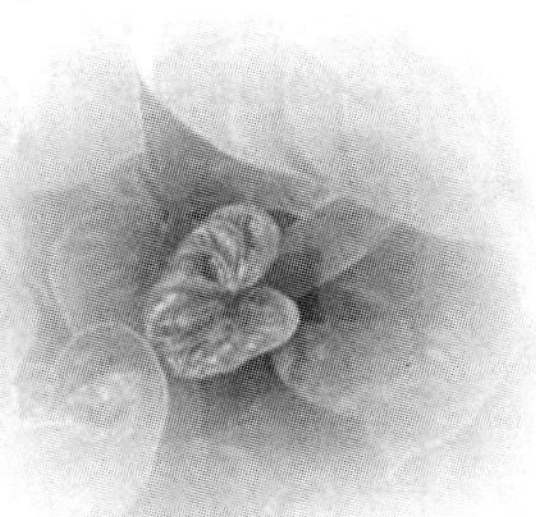
羽化值为80

图4-3　羽化效果

☑消除锯齿:选中该复选框可除去边缘的锯齿,使选区边缘更加平滑。该选项在使用矩形选框工具时为灰色,不可用。

模式:正常:如图 4-4 所示,单击“三角形”按钮,出现的下拉列表有三种样式:选择“正常”,在图像中单击并拖曳鼠标,可创建任意宽度和高度的选区;选择“固定长宽比”,输入宽度和高度比例,单击并拖曳鼠标,可创建指定宽度和高度比例的选区;选择“固定大小”,输入宽度和高度值,直接单击即可创建指定大小的精确的选区。

图 4-4　样式列表

2. 椭圆选框工具

使用椭圆选框工具可在图像中创建形状为椭圆的选区。单击工具箱中的椭圆选框工具按钮◯,在图像中单击并拖曳鼠标即可创建椭圆选区,其属性栏如图 4-5 所示。

图 4-5　椭圆选框工具属性栏

椭圆选框工具属性栏的各选项与矩形选框工具基本相同。椭圆选区的宽度和高度分别为椭圆的长轴和短轴。消除锯齿如图 4-6 所示。

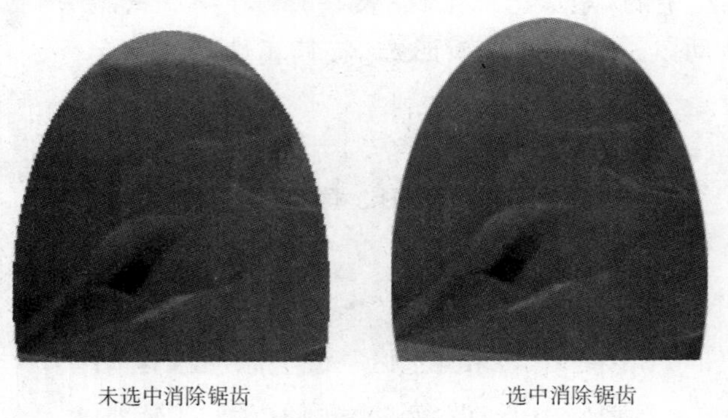

图 4-6　消除锯齿

§ 小贴士

(1) 在使用选框工具的同时按住 Shift 键,可以创建正方形或正圆形选区。

(2) 在使用选框工具的同时按住 Alt 键,可以创建确定中心的矩形或椭圆形选区。

(3) 使用选框工具,并同时按住 Shift 键和 Alt 键,可以创建确定中心的正方形或确定中心的正圆形选区。

3. 单行选框工具和单列选框工具

使用单行、单列选框工具可以在图像中创建一个像素宽的行或列的选区。单击工具箱中的“单行选框工具”按钮或“单列选框工具”按钮,在窗口中直接单击,即可创建单行或单列选区,其属性栏如图 4-7 所示。

图 4-7　单行、单列选框工具属性栏

(二)创建不规则选区

使用不规则选框工具可以在图像中创建任意曲边或多边形的选区。不规则选框工具栏包括套索工具、多边形套索工具和磁性套索工具三种。如图4-8所示为不规则选框工具组。

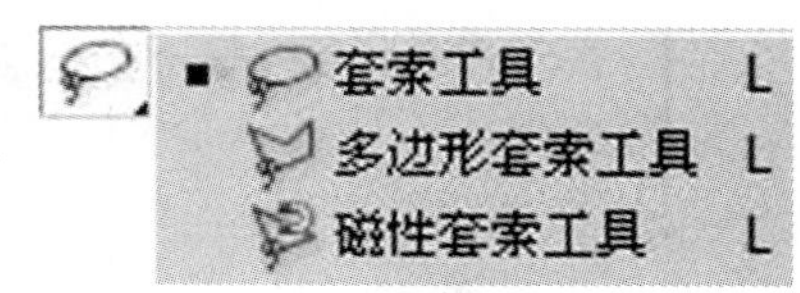

图4-8　不规则选框工具组

1. 套索工具

使用套索工具可以在图像中创建任意曲边的自由选区。单击工具箱中的“套索工具”按钮，其属性栏如图4-9所示。

套索工具属性栏的各选项与矩形选框工具基本相同。

选择套索工具，在图像中单击鼠标左键并拖动鼠标，可创建曲边的选区，如图4-10所示。

图4-9　套索工具属性栏

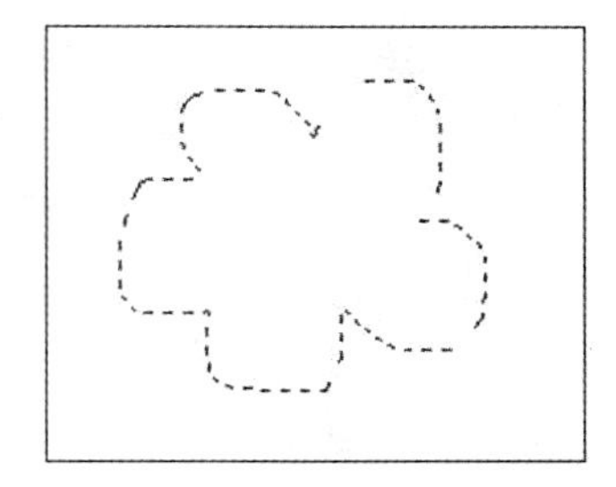

图4-10　曲线选区

§小贴士

(1)使用套索工具时，按住 Alt 键，可以创建直线段选区。

(2)使用套索工具时，单击 Delete 键，可以抹掉创建的线段。

2. 多边形套索工具

使用多边形套索工具可以创建多边形选区，单击工具箱中的“多边形套索工具”按钮，其属性栏如图4-11所示。

图4-11　多边形套索工具属性栏

选择多边形套索工具，在图像中单击设置起点，再次单击即可创建一条直线段，继续单击，可以创建一系列直线段，最后回到起点位置。此时光标右下角有一个小圆圈，单击即可闭合选区，如图4-12所示。也可以双击鼠标左键，系统会将起点与终点自动闭合。

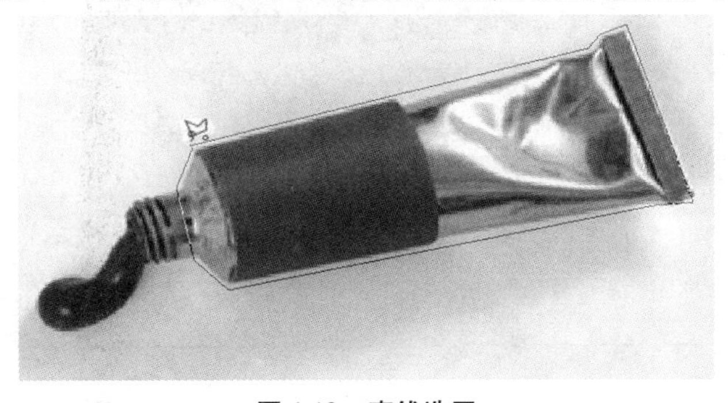

图4-12　直线选区

§小贴士

(1)在创建选区时,按 Alt 键可以在曲边和直线边之间切换。

(2)在创建选区过程中,单击 Delete 键,可以删除创建的线段。

3. 磁性套索工具

使用磁性套索工具,可以通过颜色进行选取,因为它可以自动根据颜色的反差来确定选取的边缘,使选区边缘紧贴图像中已定义区域的边缘。磁性套索工具特别适用于快速选择边缘与背景有强烈对比的对象。单击工具箱中的"磁性套索工具"按钮,其属性栏如图 4-13 所示。

图 4-13　磁性套索工具属性栏

磁性套索工具属性栏的选项介绍如下。

宽度: 1 像素:可以设置磁性套索工具在进行选取时能够检测到的边缘宽度,其取值范围在 0 ~ 256 像素。数值越小,所检测的范围就越小,选取也就越精确,但同时因为鼠标更难控制,稍有不慎就会移出图像边缘。

边对比度: 10%:可以设置磁性套索工具在选取时的敏感度,其取值范围在 1% ~ 100%。数值越大,选取的范围就越精确。

频率: 57:可以设置选取时的关键点数(以小方框显示),其取值范围在 0 ~ 100。数值越大,标记的关键点就越多,选择就越精细。

☑ 钢笔压力:选中该复选框可以使用频率来控制检测的范围。该选项只有在配置光笔或绘图板时才有效。

选择磁性套索工具,在图像中单击设置第一个关键点,然后松开鼠标,将光标沿着所要选取的对象移动,此时,光标会紧贴图像中颜色对比度最大的地方创建选区线。当光标移至起点位置时,光标右下角有一个小圆圈,单击即可闭合选区,如图 4-14 所示。

图 4-14　磁性套索工具抠图

光标移动过程中，如果由于颜色对比度不大，没有紧贴想要选取的边缘，可以单击鼠标，手动添加关键点。

§ 小贴士

在创建选区过程中，单击 Delete 键可以删除绘制的最后一节线段和关键点。

（三）魔棒工具

使用魔棒工具，可以根据制定的容差值，选择色彩一致的选区。单击工具箱中的“魔棒工具”按钮，其属性栏如图 4-15 所示。

图 4-15　魔棒工具属性栏

在属性栏的选项中：容差：32 可以设置选定颜色的范围，其取值范围在 0～255，数值越大，颜色选取范围越广；选中 ☑连续的 复选框，选取时只选择与单击点位置相邻且颜色相近的区域，不选该复选框则选择图像中所有与单击点颜色相近的区域，而不管这些区域是否相连，如图 4-16 所示；选中 ☐用于所有图层 复选框，选取时对所有图层起作用，不选该复选框则选取时只对当前图层起作用。

选中“连续的”

未选“连续的”

图 4-16　选中与未选“连续的”复选框的效果

§ 小贴士

创建选区工具可以组合使用，从而创建较复杂的选区，如图 4-17 所示。

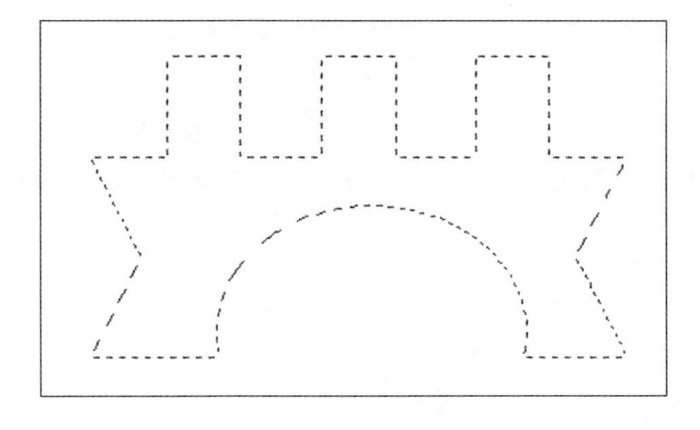

图 4-17　组合选区

二、调整、编辑选区

调整、编辑选区的命令多在选择菜单,如图 4-18 所示。

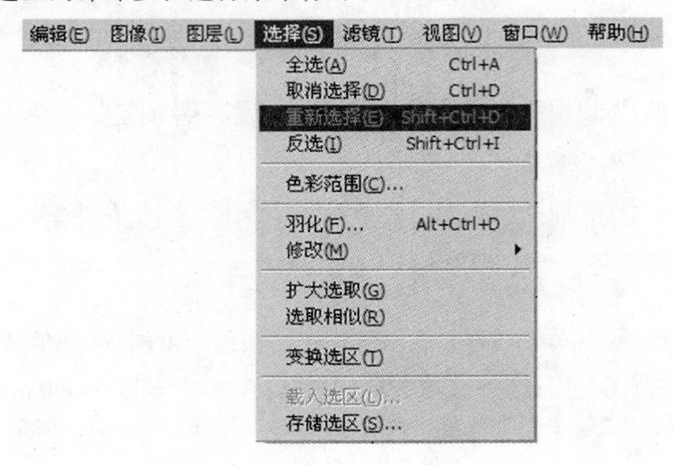

图 4-18　选择菜单

(一)移动选区

建立选区后将光标移动到选区内,当光标变为 时,单击鼠标左键并拖动鼠标,可以移动选区,如图 4-19 所示。

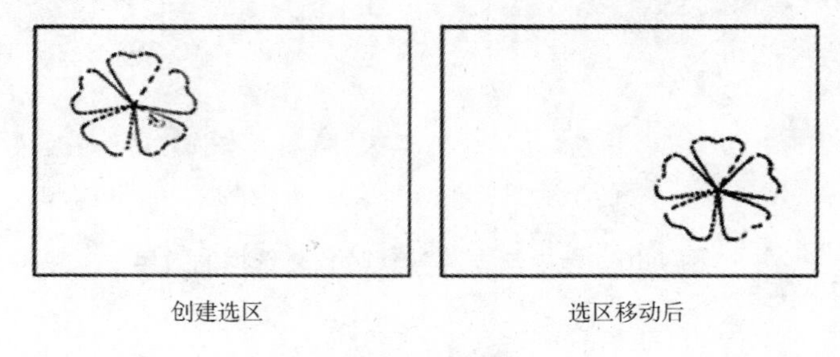

图 4-19　移动选区

移动选区可以在同一个图像窗口,也可以在不同图像窗口。

§ 小贴士

(1)键盘上的"↑、↓、←、→"键,每按一次可以将选区移动 1 个像素的距离。

(2)按住 Shift 键使用键盘上的"↑、↓、←、→"键,每按一次,可以将选区移动 10 个像素的距离。

(二)全选选区和取消选区

使用全选命令,可以将图像的全部作为选择区域。执行选择→全选命令,如图 4-20 所示。

执行选择→取消选择命令,可以取消当前选区。

图 4-20　全选选区

(三)反选选区

使用反选命令,可以将选择区域和非选择区域进行相互转换,该命令通常用于所选择内容复杂而背景简单的图像的选取。执行选择→反选命令,如图 4-21 所示。

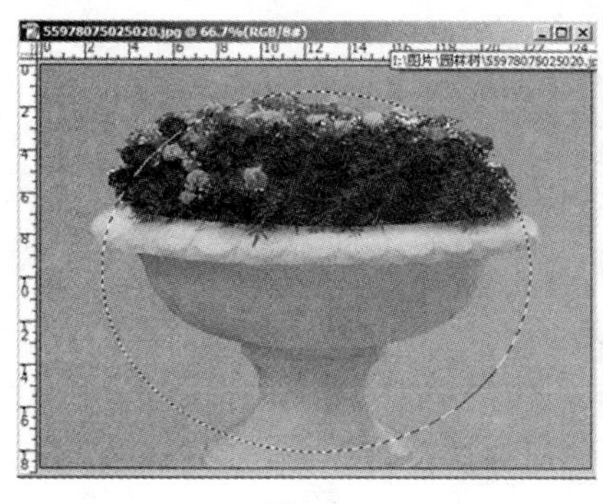

原选区

反选后选区

图 4-21　反选选区

(四)羽化

使用羽化选区命令,可以使选区的边缘产生模糊效果。执行选择→羽化命令,弹出"羽化选区"对话框,如图 4-22 所示,可在数值框中输入羽化值。

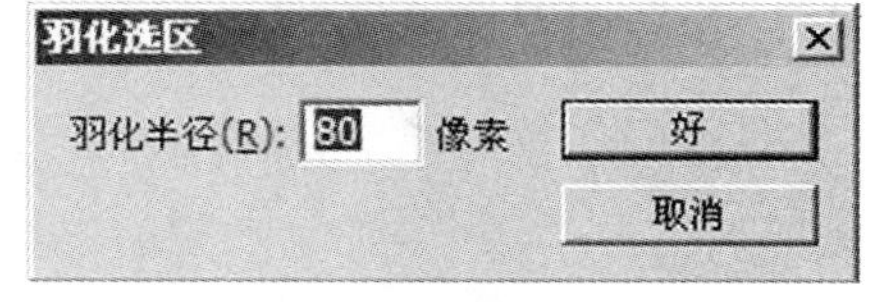

图 4-22　"羽化选区"对话框

§ 小贴士

羽化选区命令在创建选区后设置羽化值,创建选区工具属性栏的羽化值必须在选区创建之前设置。

(五)修改选区

修改选区包括四个子命令,即边界、平滑、扩展和收缩,主要用来修改选区的边缘。

1. 边界

使用边界命令可以做出原选区的扩边的选择区域,即给原选区加框。

在图像窗口创建选区,如图 4-23 所示,执行选择→修改→边界命令,弹出“边界选区”对话框,输入宽度值,如图 4-24 所示,单击“好”,边界选区效果如图 4-25 所示。

图 4-23 原选区

图 4-24 “边界选区”对话框

图 4-25 边界选区效果

2. 平滑

使用平滑命令可以通过增加或减少边缘像素使选区的边缘达到平滑的效果。

在图像窗口创建选区,如图 4-23 所示,执行选择→修改→平滑命令,弹出“平滑选区”对话框,输入取样半径值,如图 4-26 所示,单击“好”。平滑选区效果如图 4-27 所示。

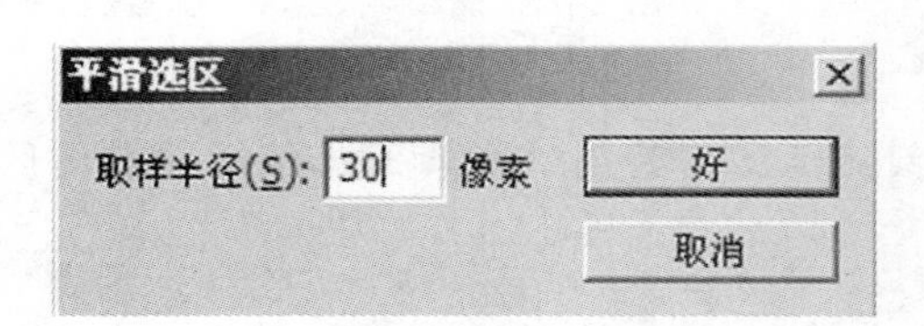

图 4-26 “平滑选区”对话框

图 4-27 平滑选区效果

3. 扩展

使用扩展命令可以将选区按所设置像素向外扩大。

在图像窗口创建选区,如图 4-23 所示,执行选择→修改→扩展命令,弹出“扩展选区”对话框,输入扩展量值,如图 4-28 所示,单击“好”。扩展选区效果如图 4-29 所示。

图 4-28 “扩展选区”对话框

图 4-29 扩展选区效果

4. 收缩

使用收缩命令可以将选区按所设置像素向内收缩。

在图像窗口创建选区,如图 4-23 所示,执行选择→修改→收缩命令,弹出“收缩选区”对话框,输入收缩量值,如图 4-30 所示,单击“好”。收缩选区效果如图 4-31 所示。

图 4-30 “收缩选区”对话框

图 4-31 收缩选区效果

(六)扩大选取

使用扩大选取命令,可以将图像中与选区内色彩相近并连续的区域增加到原选区中。在图像窗口创建选区,执行选择→扩大选取命令,效果如图 4-32 所示。

原选区

扩大选取后选区

图 4-32 扩大选取命令

（七）选取相似

使用选取相似命令，可以将图像中与选区内色彩相近但不连续的区域增加到原选区中。在图像窗口创建选区，执行选择→选取相似命令，效果如图 4-33 所示。

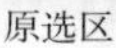

原选区

选取相似后选区

图 4-33　选取相似命令

（八）变换选区

使用变换选区命令，可以对图像中的选区做形状变换，例如旋转选区、收缩选区、放大选区等。

创建选区，执行选择→变换选区命令，选区的边框会有 8 个小方块，点击小方块并移动，可以缩小或放大选区；当光标在选区外靠近顶角小方块时，可以旋转选区；当光标在选区内时，可以移动选区。旋转效果如图 4-34 所示。

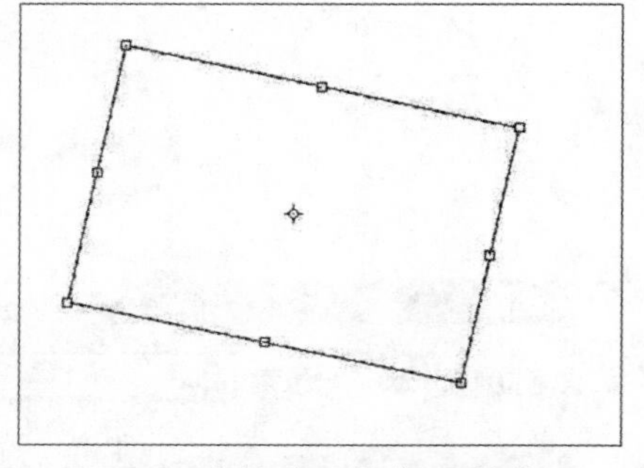

图 4-34　变换选区命令：旋转效果

（九）存储选区和载入选区

存储选区命令可以将当前选区存储在通道中，当要再次使用该选区时，将选区载入。

在图像窗口创建选区，执行选择→存储选区命令，弹出“存储选区”对话框，如图 4-35 所示。输入该选区的名称与参数，按“好”保存。

当要使用所存储的选区时，执行选择→载入选区命令，弹出“载入选区”对话框，如图 4-36 所示。在通道中选择选区名称，确认后，图像窗口即显示该选区。

图 4-35　“存储选区”对话框

图 4-36　“载入选区”对话框

第二节　绘图工具与填充工具的应用

一、设置绘制颜色

在 Photoshop 中,前景色用来绘画、填充和描边选区,背景色进行渐变填充和填充图像中被擦除的区域,我们可以使用 Photoshop 拾色器、吸管工具、颜色面板和色板面板来设置前景色和背景色。

前景色/背景色显示框在工具箱中,如图 4-37所示。系统默认前景色为黑色,背景色为白色。如果查看的是 Alpha 通道,则默认颜色相反。

图 4-37　前景色/背景色显示框

在工具箱中单击"切换颜色"按钮,可以切换前景色和背景色;单击"默认颜色"按钮,可以返回默认的前景色和背景色。

(一) Photoshop 拾色器

单击前景色/背景色色块,即可打开 Photoshop 拾色器,如图 4-38 所示。通过取样点从彩色域中选取颜色或用数值定义颜色来设置前景色/背景色。颜色滑块右边的颜色矩形,上半部分显示当前选取的颜色,下半部分显示上次选取的颜色。

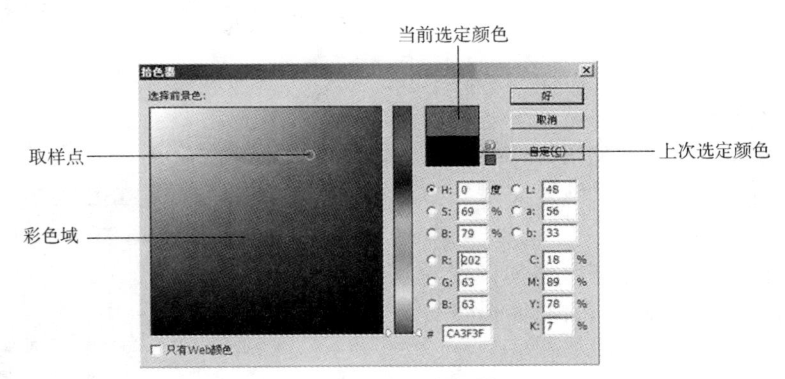

图 4-38　拾色器

(二) 吸管工具

使用吸管工具可以从图像中取样颜色,并可以制定为新的前景色或背景色。单击工具箱中的"吸管工具"按钮,其属性栏如图 4-39 所示。

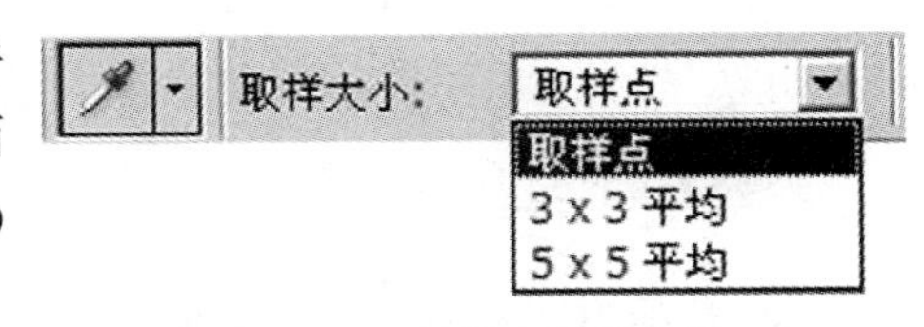

图 4-39　吸管工具属性栏

选择取样大小选项中的"取样点",在图像中想要的颜色上单击即可将该颜色设置为新的前景色;如果在单击颜色的时候,同时按住 Alt 键,则可以将选中的颜色设置为新的背景色。如果选择"3 ×3 平均"或"5 ×5 平均",则读取的颜色为单击区域内指定像素数的平均值。

（三）颜色面板

选择窗口→颜色面板命令，可打开颜色面板，如图 4-40 所示。

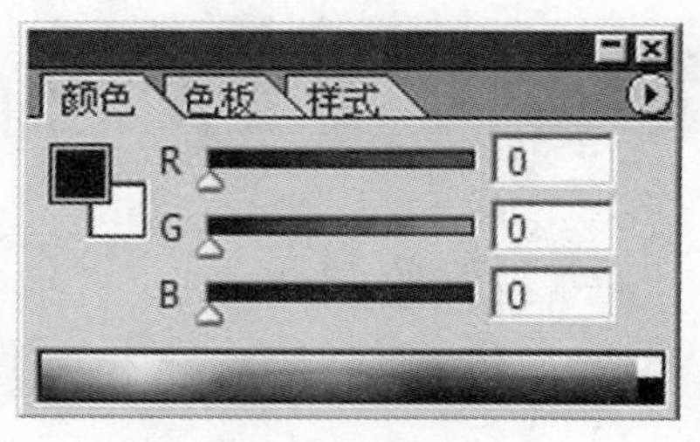

图 4-40　颜色面板

颜色面板左上角有前景色/背景色显示框，可以单击面板的前景色/背景色的色块设置颜色，也可以选择不同的颜色模式，使用面板中的滑块来设置前景色/背景色，如图 4-41 所示。

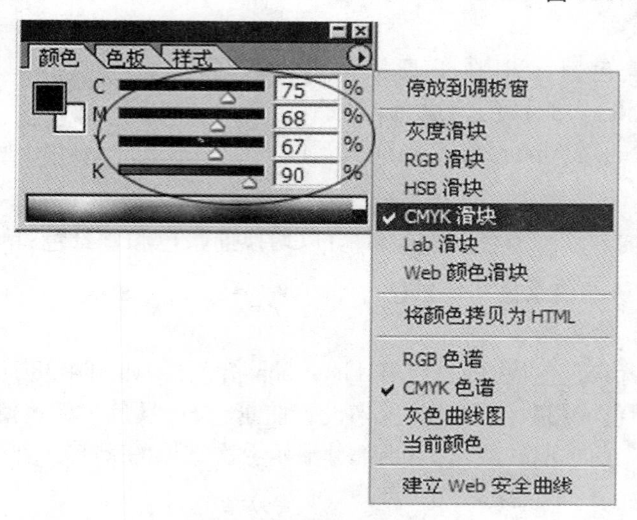

图 4-41　颜色面板菜单

（四）色板面板

选择窗口→色板面板命令，可打开色板面板，如图 4-42 所示。

使用色板面板，不仅可以设置前景色/背景色，而且可以创建自定色板集。

单击色板中的某一颜色即可将其设置为新的前景色；单击时按住 Ctrl 键，则可以将其颜色设置为新的背景色。

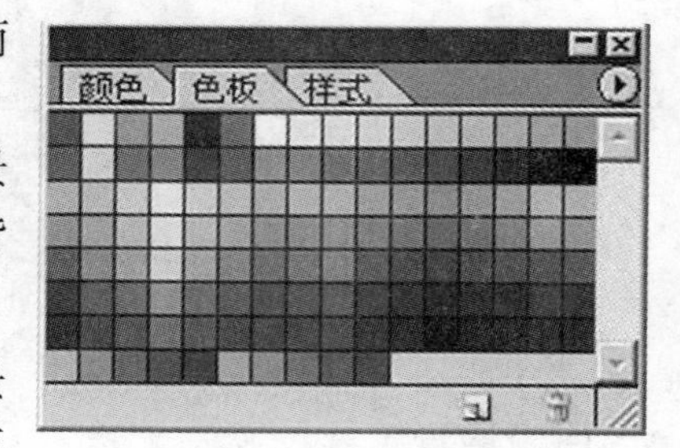

图 4-42　色板面板

单击色板面板的"新建"按钮，可以将当前前景色添加到色板面板中；单击色板面板中的某一颜色，再单击"删除"按钮，可将该色删除。

二、绘图工具组

绘图工具组包括画笔工具和铅笔工具，它们是用来绘制图形的，其使用方法基本相同。

（一）画笔工具

使用画笔工具，可以绘制柔软而有明显粗细变化的图形。单击工具箱中的"画笔工具"按钮，其属性栏如图 4-43 所示。

图 4-43　画笔工具属性栏

画笔工具属性栏的选项介绍如下。

画笔: 1 :单击三角形按钮,可显示画笔样式列表,如图 4-44 所示。在此可调整画笔大小、选择画笔笔尖形状。在列表菜单中可以追加更多的笔尖形状。

模式: 正常 :单击三角形按钮,显示模式列表,如图 4-45 所示。单击可选择画笔颜色与原图像的颜色叠加模式。

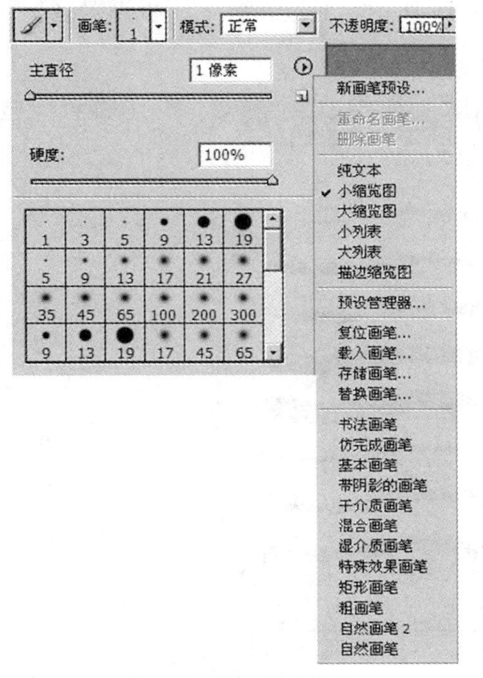

图 4-44　画笔样式列表

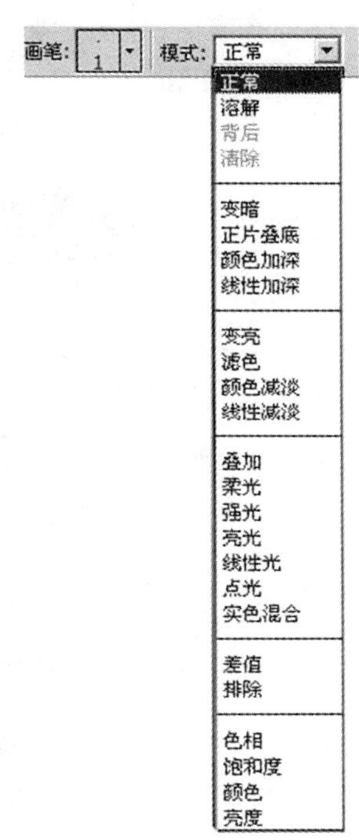

图 4-45　画笔模式列表

不透明度: 100% :该选项可设置画笔色彩的不透明度,输入不同值,不同不透明度效果如图 4-46 所示。

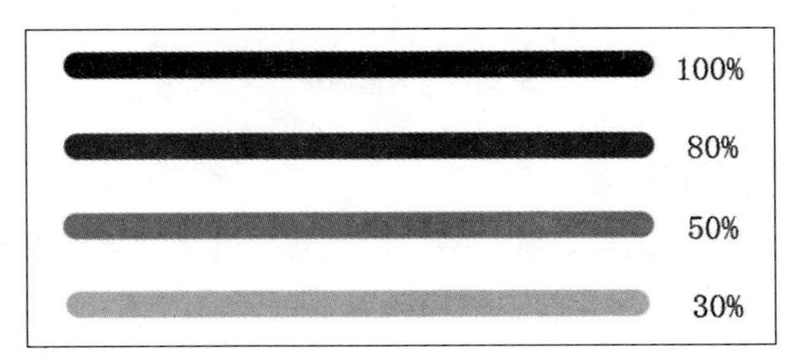

图 4-46　设置不同不透明度效果

流量: 100% :该选项可设置当前画笔颜色的浓度,输入不同值,不同浓度效果如图 4-47 所示。

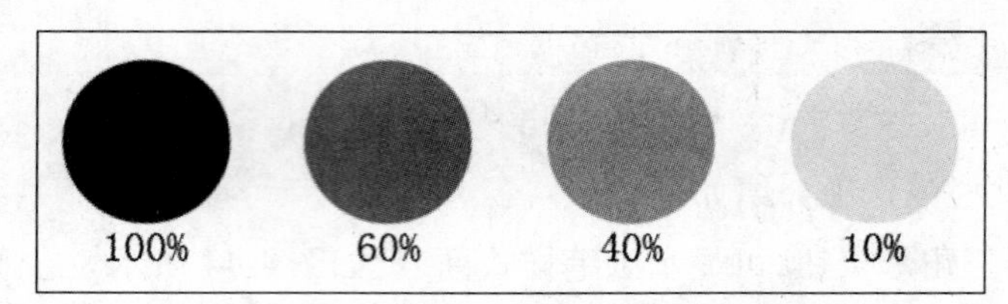

图 4-47　设置不同浓度效果

：单击该按钮，可将画笔作为喷枪使用，能绘制出边缘更柔和的图形。

：单击该按钮，显示画笔面板，如图 4-48 所示。通过在画笔面板设置画笔的属性可绘制出更多效果图形。

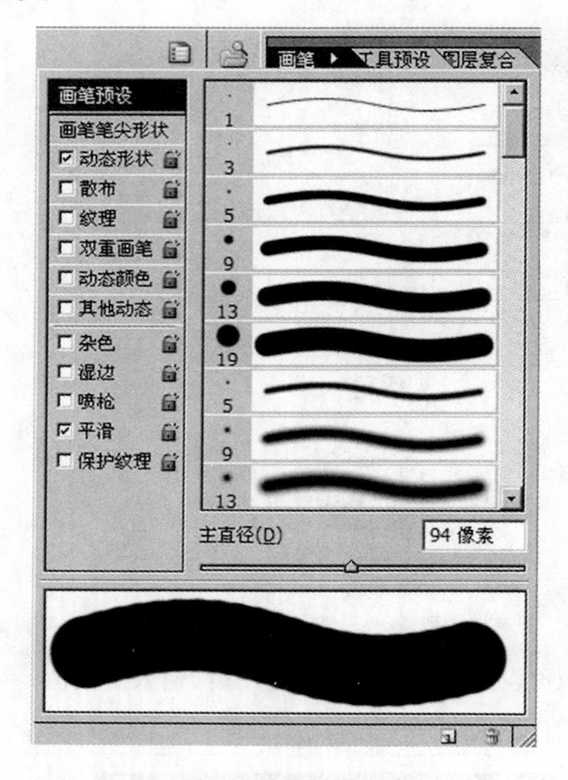

图 4-48　画笔面板

画笔面板的选项介绍如下。

(1) 画笔笔尖形状：单击该选项，如图 4-49 所示，可以选择画笔笔尖形状，设置笔尖大小、角度、硬度、间距等属性。不同笔尖属性效果如图 4-50 所示。

①直径：设置画笔笔尖的大小，取值范围在 1 ~ 2500 像素。

②角度：设置画笔绘制时的角度，取值范围在 -180 ~ 180 度。

③硬度：设置画笔边界的柔和程度，取值范围在 0 ~ 100%。

④间距：设置两个绘制点之间的距离，取值范围在 1% ~ 1000%。

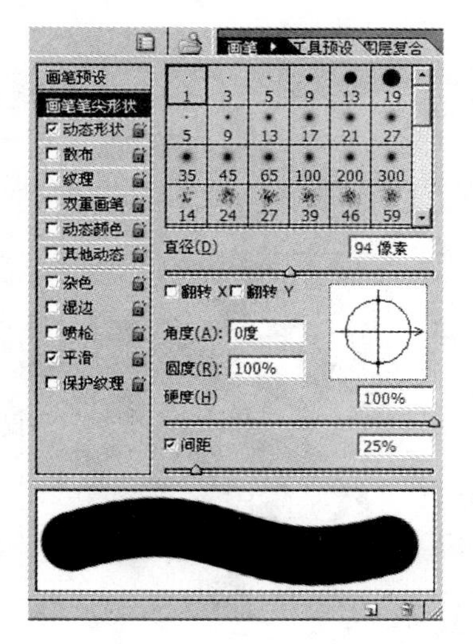

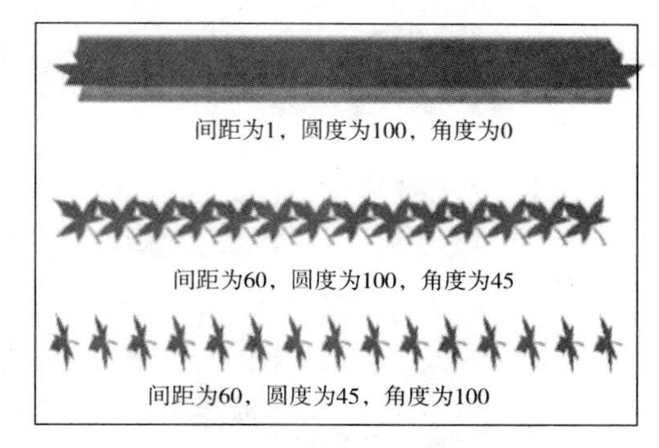

图 4-49　画笔笔尖形状

图 4-50　设置不同笔尖属性效果

(2) ☑ 动态形状：单击该选项，如图 4-51 所示，可以设置画笔绘制时的动态特征。不同动态形状属性效果如图 4-52 所示。

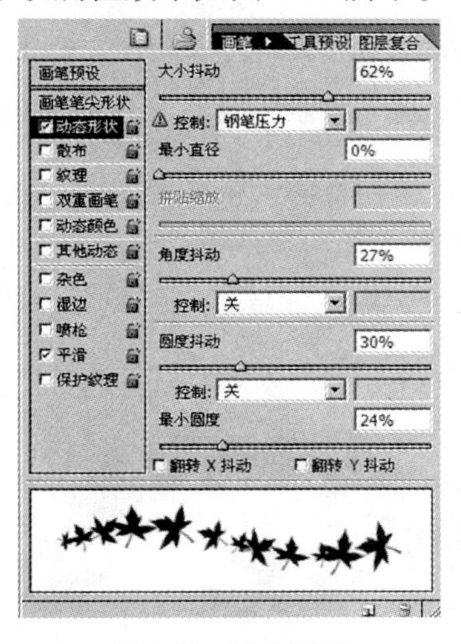

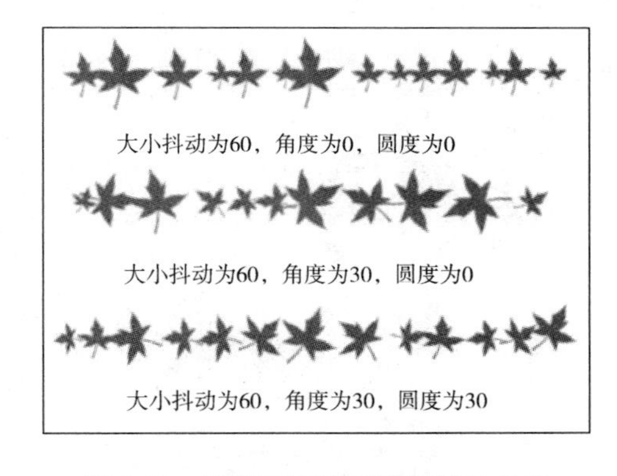

图 4-51　动态形状

图 4-52　设置不同动态形状属性效果

①大小抖动：设置画笔绘制时笔尖大小随机抖动的效果，取值范围在 0～100%。输入值越大，抖动越明显。

②角度抖动：设置画笔绘制时笔尖角度随机抖动的效果，取值范围在 0～100%。输入值越大，抖动越明显。

③圆度抖动：设置画笔绘制时笔尖圆度随机抖动的效果，取值范围在 0～100%。输入值越大，抖动越明显。

(3) ☐ 散布：单击该选项，如图 4-53 所示，可以设置画笔绘制时笔尖随机散布的效果。散布属性效果如图 4-54 所示。

①散布：设置画笔绘制时笔尖随机散布的程度。

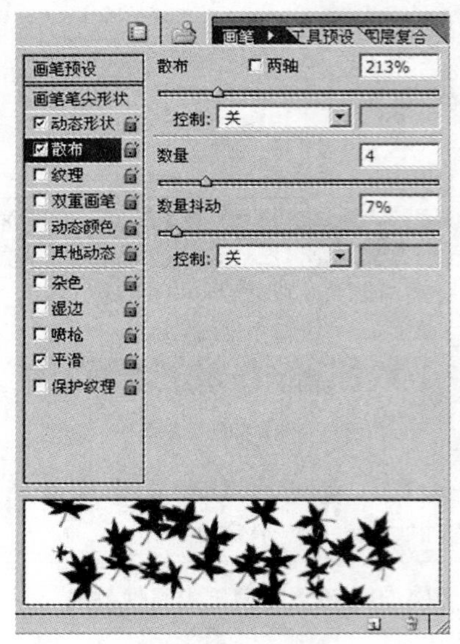

图 4-53　散布　　　　图 4-54　设置散布属性效果

②数量:设置画笔绘制时笔尖随机散布的点数。

③数量抖动:设置画笔绘制时笔尖随机散布的抖动数量。

(4) □纹理 :单击该选项,如图 4-55 所示,可以使画笔绘制出具有纹理效果的图案。纹理效果如图 4-56 所示。

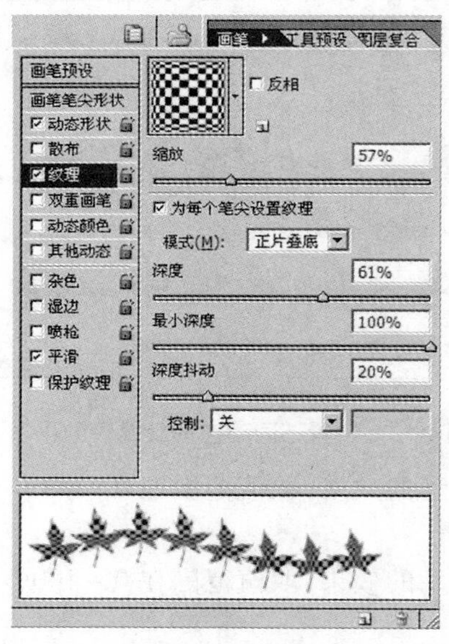

图 4-55　纹理　　　　图 4-56　设置纹理效果

①▩:单击下拉菜单可以选择绘制的纹理图案。

②缩放:设置纹理图案的缩放比例。

③模式:设置画笔和纹理之间的混合模式。

④深度:设置纹理显示的明暗程度。

(5) ☐动态颜色 :单击该选项,如图 4-57 所示,可以设置画笔颜色的显示效果。动态颜色效果如图 4-58 所示。

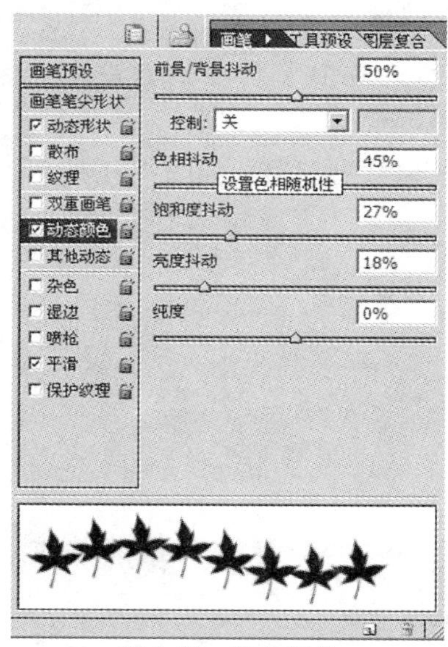

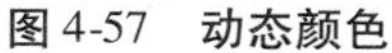

图 4-57　动态颜色

图 4-58　设置动态颜色效果

①前景/背景抖动:设置画笔在绘制时颜色的抖动范围。

②色相抖动:设置画笔在绘制时颜色的色相抖动。

③饱和度抖动:设置画笔在绘制时颜色的饱和度抖动。

④亮度抖动:设置画笔在绘制时图案的亮度抖动。

⑤纯度:设置画笔在绘制时颜色的纯度抖动。

(6) ☐杂色 :选中该选项,可以使绘制的图案产生杂点效果。

(7) ☐湿边 :选中该选项,可以使绘制的图案产生水印效果。

(8) ☐喷枪 :选中该选项,可以模拟传统的喷枪效果。

(9) ☑平滑 :选中该选项,可以使绘制的线条产生更顺畅的曲线。

(10) ☐保护纹理 :对所有的画笔使用相同的纹理图案和缩放比例,选中该选项后,当使用多个画笔时,可模拟一致的画布纹理效果。

(二)铅笔工具

使用铅笔工具,可以绘制硬边的图形。单击工具箱中的"铅笔工具"按钮,其属性栏如图 4-59 所示。

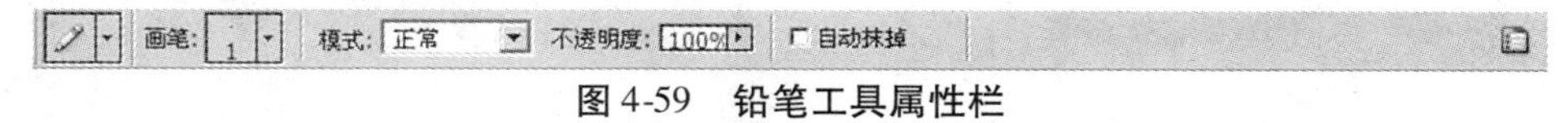

图 4-59　铅笔工具属性栏

铅笔工具属性栏的各选项与画笔工具的基本相同,其中"自动抹掉"有擦除的功能。选中该复选框使用铅笔,绘制起点像素颜色与前景色相同时,绘制图案将显示背景色;与前景色不同时,则显示前景色。

(三)自定义画笔

画笔样式列表中所列的笔尖形状是常用的形状,除了使用这些画笔笔尖形状外,还可以使用画笔预设命令,将指定图形定义成画笔笔尖形状,具体操作如下:

(1)打开一幅图像,选择矩形选框工具,用矩形选框工具选定要定义的图形,如图4-60所示。

(2)选择编辑→定义画笔预设命令,弹出"画笔名称"对话框,如图4-61所示。

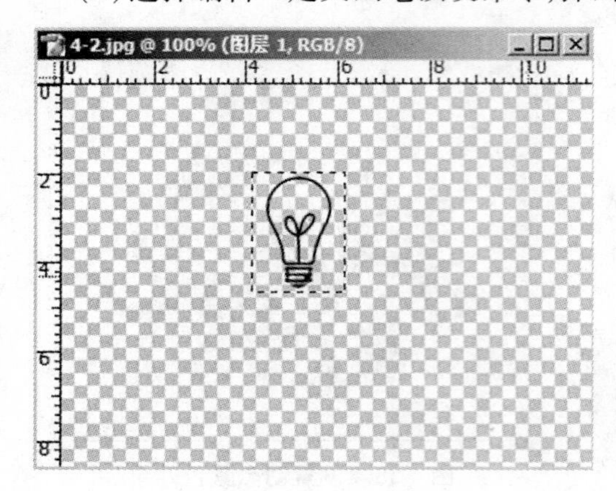

图4-60 选择定义图形

图4-61 "画笔名称"对话框

(3)输入画笔名称,单击"好",画笔定义完成。打开画笔面板,面板中将会显示定义画笔,如图4-62所示。

(4)在画笔面板设置"画笔大小"、"间距"等属性,用新定义的画笔绘制效果如图4-63所示。

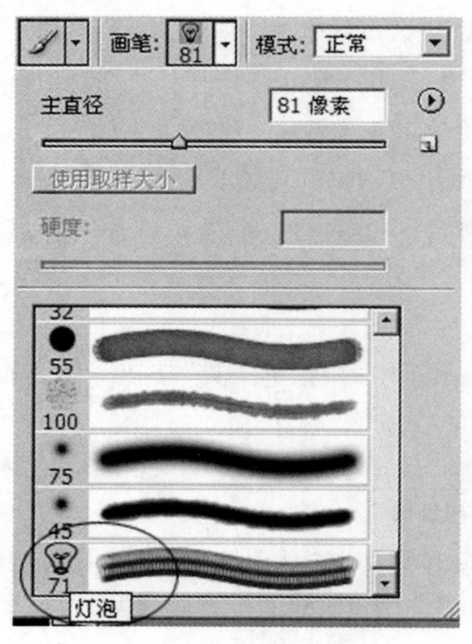

图4-62 显示定义画笔

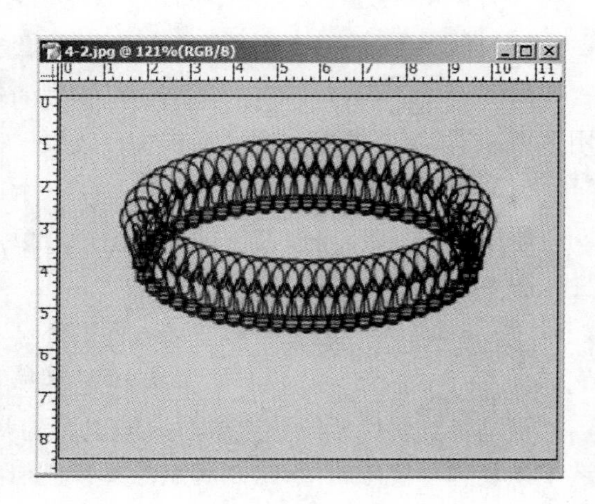

图4-63 新画笔绘制效果

三、橡皮擦工具组

橡皮擦工具组包括橡皮擦工具、背景色橡皮擦工具和魔术橡皮擦工具三种,如图4-64所示。

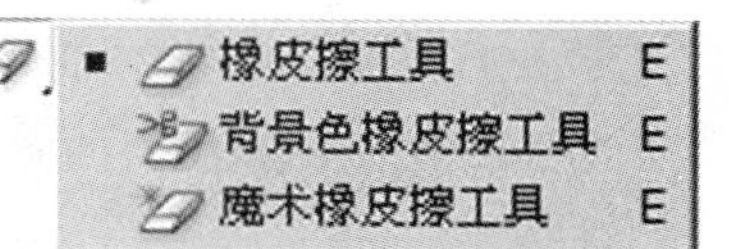

图4-64　橡皮擦工具组

(一)橡皮擦工具

使用橡皮擦工具,可以擦除图像内容。单击工具箱中的"橡皮擦工具"按钮,其属性栏如图4-65所示。

图4-65　橡皮擦工具属性栏

选中"抹到历史记录"复选框,可以将擦除区域恢复到未擦除前的状态。

如果当前图层为背景图层,则擦除后的区域以背景色填充,效果如图4-66所示;如果当前图层为非背景图层,则擦除后的区域为透明,效果如图4-67所示。

图4-66　擦除背景图层

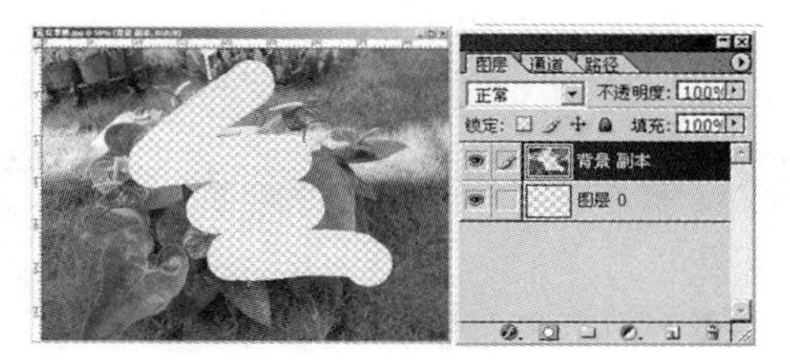

图4-67　擦除非背景图层

(二)背景色橡皮擦工具

使用背景色橡皮擦工具,可以擦除画笔范围内与单击点颜色相近的区域,被擦除区域为透明。单击工具箱中的"背景色橡皮擦工具"按钮,其属性栏如图4-68所示。

图4-68　背景色橡皮擦工具属性栏

选中"保护前景色"复选框,擦除时图像中与前景色相近的区域受保护,不会被擦除。画笔笔尖大小可以限制擦除的范围,如图4-69所示。

图4-69　使用背景色橡皮擦

(三)魔术橡皮擦工具

使用魔术橡皮擦工具,可以一次性擦除与单击点颜色相近的区域,擦除后区域为透明。单击工具箱中的“魔术橡皮擦工具”按钮,其属性栏如图 4-70 所示。

图 4-70　魔术橡皮擦工具属性栏

选择魔术橡皮擦工具,单击要擦除的背景,可以快速将图案从背景中抠取出来,如图 4-71所示。

图 4-71　使用魔术橡皮擦

四、填充工具

(一)渐变工具

渐变工具可以给图像填充多种颜色之间的逐渐混合效果,应用非常广泛,常用来制作背景和立体物体等效果。单击工具箱中的“渐变工具”按钮,其属性栏如图 4-72 所示。

图 4-72　渐变工具属性栏

渐变工具属性栏的选项介绍如下。

:单击三角形按钮,会弹出渐变效果列表,可在列表中选择渐变效果,如图 4-73所示。如果需要更多的渐变效果,可单击列表菜单右侧三角形按钮,在列表菜单中选择需要添加的效果。

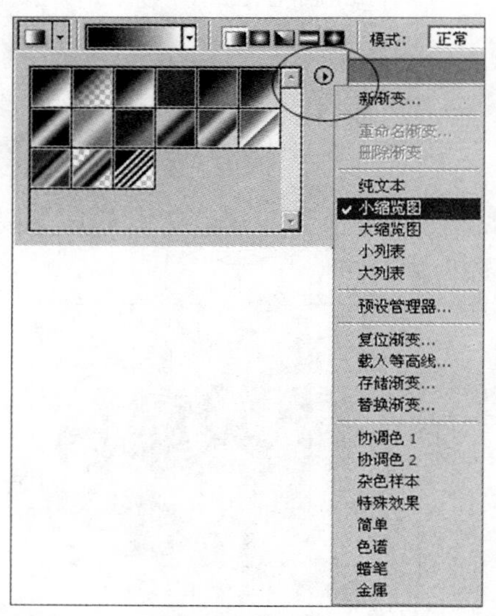

图 4-73　渐变效果列表

:该项可以选择渐变的类型,包括线性渐变、径向渐变、角度渐变、对称渐变和菱形渐变五种,渐变填充效果如图 4-74 所示。图中箭头表示拖曳鼠标的位置和方向。

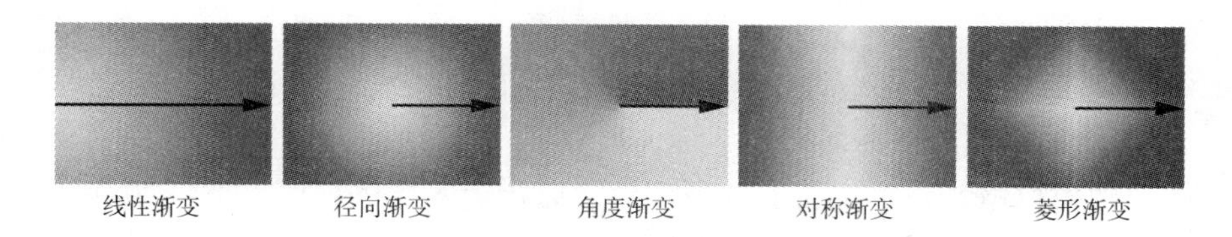

图 4-74　不同类型渐变效果

反向:单击该选项,所得的渐变效果与所设置的渐变颜色相反。

仿色:单击该选项,可以使渐变效果过渡得更平滑。

透明区域:单击该选项,可启用编辑渐变时设置的透明效果,填充渐变时得到透明效果。

单击属性栏中的“渐变条”,会弹出“渐变编辑器”对话框,用户可以自己编辑渐变效果,如图 4-75 所示。

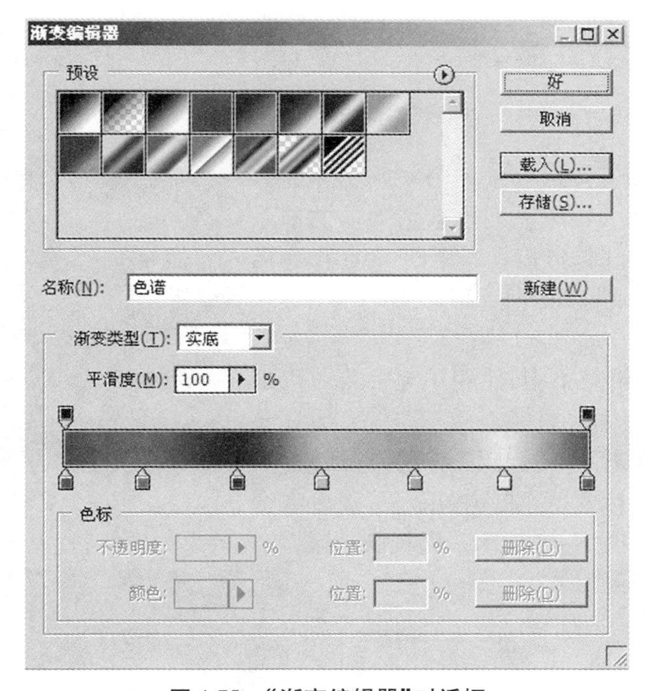

图 4-75　“渐变编辑器”对话框

“渐变编辑器”对话框中的各项参数介绍如下。

预设:显示了系统提供的渐变效果。

渐变类型:该项包括实底和杂色两种。选择“实底”可以编辑均匀过渡的渐变效果;选择“杂色”可以编辑粗糙的渐变效果。

平滑度:该项可以调整渐变效果光滑细腻的程度。

渐变编辑条:该项用来编辑渐变效果。拖动渐变条上面的色标,可以更改渐变的不透明度,在渐变条上面单击可以添加不透明度;拖动渐变条下面的色标,可以更改实色渐变均匀过渡的程度,在渐变条下面单击可以添加实色;单击色标并拖出渐变条可以删除色标。

新建：渐变编辑完成后，输入名称，单击该按钮，可以将当前渐变效果添加到预设框中。

保存：该项可以将预设框中所有的渐变效果以指定的文件名保存至磁盘中。

载入：该项可以载入保存在磁盘中的更多的渐变效果。

（二）油漆桶工具

油漆桶工具可以快速地给图像填充前景色或图案。单击工具箱中的“油漆桶工具”按钮，其属性栏如图 4-76 所示。

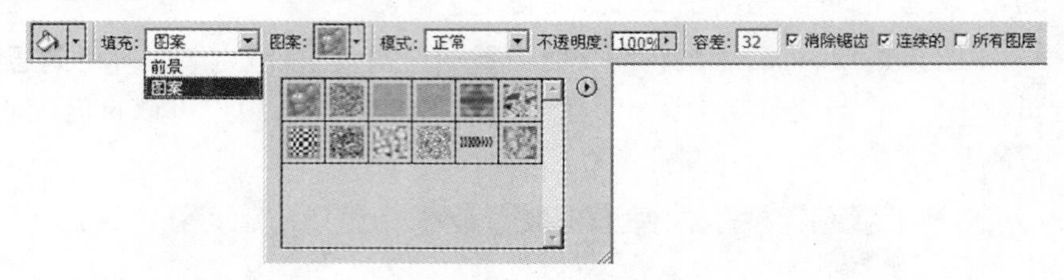

图 4-76　**油漆桶工具属性栏**

属性栏中“填充”包括前景和图案两种填充方式：选择“前景”填充时，填充的内容为当前的前景色；选择“图案”填充时，可以在“图案”中选择所需的内容。图案填充效果如图 4-77 所示。

图 4-77　**图案填充效果**

（三）填充命令

填充命令在编辑菜单中，使用填充命令可以给图像填充颜色、图案和快照等。

选择编辑→填充命令，弹出“填充”对话框，在“使用”选项可以选择要填充的内容，还可设置混合模式和不透明度，如图 4-78 所示。做椭圆选区，填充效果如图 4-79 所示。

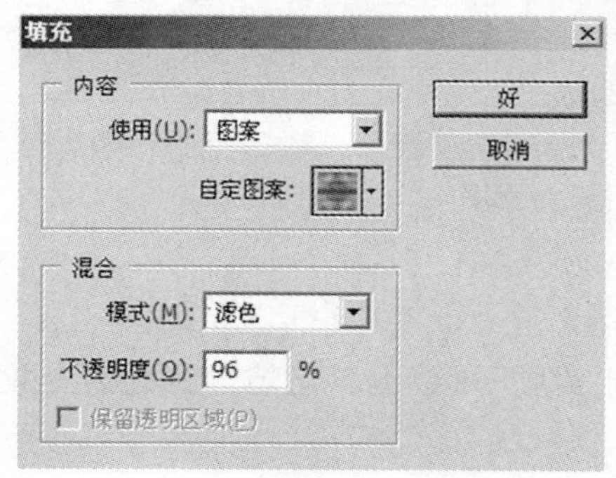

图 4-78　**“填充”对话框**

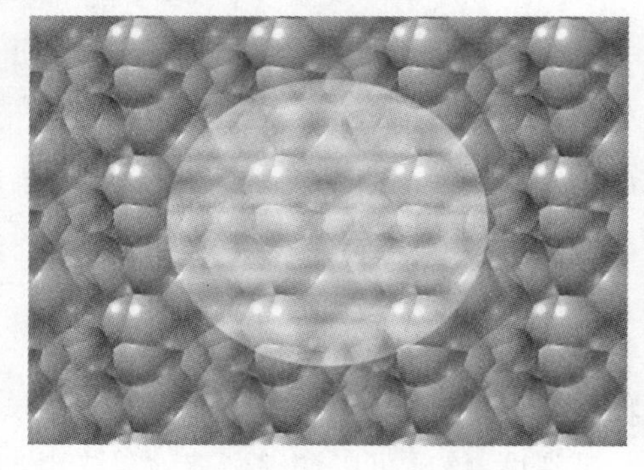

图 4-79　**填充效果**

（四）描边

使用描边命令可以对选取范围进行描边而显示特殊的效果。

选择编辑→描边命令,弹出“描边”对话框,如图 4-80 所示,各参数介绍如下。

宽度:设置描边边框的宽度,宽度值范围在 1 ~ 16 像素。

颜色:单击色块,可以设置描边边框的颜色。

位置:可以指定边框是位于选区或图层边界内、边界外,还是直接位于边界上。

混合:可以设置混合模式和不透明度。

在“描边”对话框中可以设置描边的宽度和颜色等,如图 4-81 所示为描边效果。

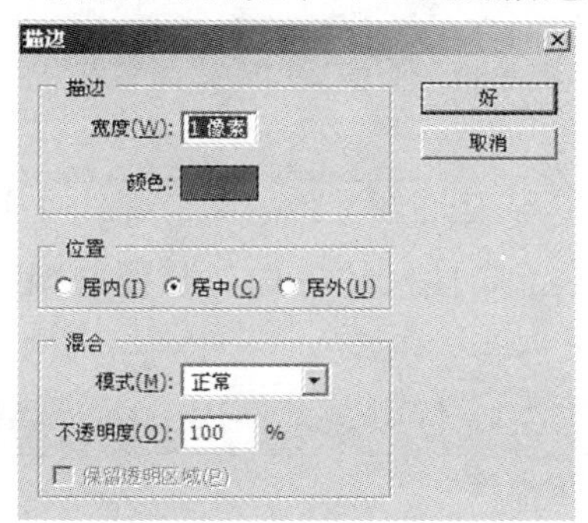

图 4-80　“描边”对话框

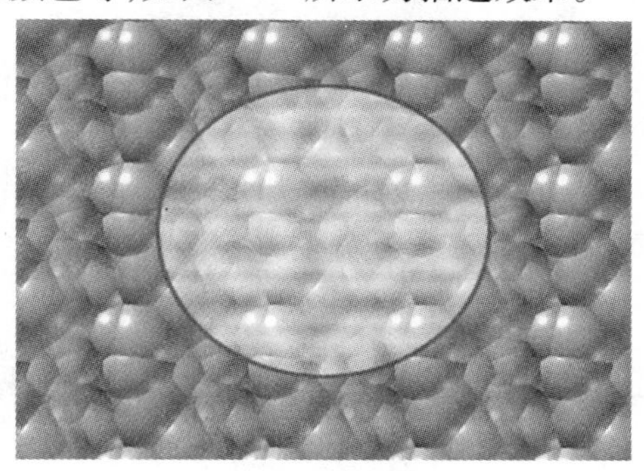

图 4-81　描边效果

第三节　修饰工具

一、图章工具的使用

图章工具是用来修改图像,使图像更加完美的,包括仿制图章工具和图案图章工具。如图 4-82 所示为图章工具组。

图 4-82　图章工具组

(一)仿制图章工具

使用仿制图章工具可以从图像中取样,然后将取样应用到其他图像或同一图像的不同部分上,达到复制图像的效果。单击工具箱中的“仿制图章工具”按钮,其属性栏如图 4-83 所示,属性栏的各选项与画笔工具的基本相同。

图 4-83　仿制图章工具属性栏

选中“对齐的”复选框,每次绘制图像时会重新对位取样;不选,则取样不齐,绘制的图像具有重叠性。选中“用于所有图层”复选框,取样为所有显示的图层;不选,则只从当前图层中取样。

选择仿制图章工具,按下 Alt 键,在要复制的图像内容上单击设置取样点,此时,光标变为十字标记⊕,如图 4-84 所示。选中“对齐的”复制图像,图像整齐,效果如图 4-85 所示;不选“对齐的”复制图像,图像重叠,效果如图 4-86 所示。

图 4-84　设置取样点

图 4-85　选中“对齐的”复制效果

图 4-86　不选“对齐的”复制效果

(二)图案图章工具

使用图案图章工具,可以用定义的图案来绘制,达到复制图案的效果。单击工具箱中的“图案图章工具”按钮,其属性栏如图 4-87 所示。属性栏的各选项与仿制图章工具的基本相同。

图 4-87　图案图章工具属性栏

单击属性栏中“图案”的三角形按钮,选择要复制的图案,在图像中绘制即可。复制图案效果如图 4-88 所示。

选中“对齐的”

不选“对齐的”

图 4-88　复制图案效果

二、图像的修复

修复工具的功能类似于图章工具的功能,包括修复画笔工具、修补工具和颜色替换工具三种。如图 4-89 所示为修复工具组。

图 4-89　修复工具组

(一)修复画笔工具

修复画笔工具综合了仿制图章工具和图案图章工具的功能,同时可以将复制内容与图像底色相融合,互为补色图案。单击工具箱中的“修复画笔工具”按钮,其属性栏如图 4-90 所示。属性栏的各选项与图章工具相同,使用方法也相同。

图 4-90　修复画笔工具属性栏

选择源→取样，在图像中选择取样点并复制图像，如图 4-91 所示。

选择源→图案，复制图像，如图 4-92 所示。

图 4-91　使用修复画笔取样复制

图 4-92　使用修复画笔复制图案

(二)修补工具

修补工具与修复画笔工具相似。单击工具箱中的“修补工具”按钮，其属性栏如图 4-93 所示。

图 4-93　修补工具属性栏

选择修补工具，在属性栏中选中“目标”，在图像中单击并拖曳鼠标选出要复制的图像内容，然后将选区拖至要复制的区域即可，如图 4-94 所示。选择“源”，则与目标相反，先选择要复制的区域，再将其选区拖至要复制的图像内容上。

选择目标内容

修补后效果

图 4-94　使用修补工具复制图像

(三)颜色替换工具

颜色替换工具可以快速地将图像局部的颜色替换为另一种颜色。单击工具箱中的“颜色替换工具”按钮，其属性栏如图 4-95 所示。

图 4-95　颜色替换工具属性栏

三、图像的修饰

修饰工具是用来对图像进行特殊处理的，包括模糊工具组和减淡工具组，如图 4-96 所示。

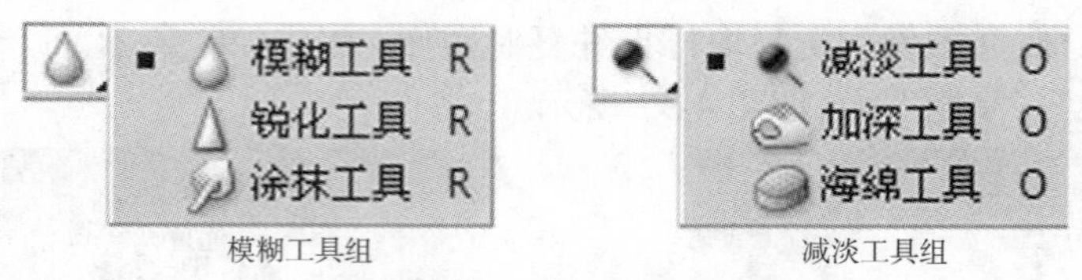

模糊工具组　　减淡工具组

图 4-96　模糊工具组和减淡工具组

(一)模糊工具和锐化工具

模糊工具可以软化图像中的硬边或区域,减少细节,使边界变得柔和;锐化工具正好相反,可以锐化软边来增加图像的清晰度。模糊工具和锐化工具属性栏如图 4-97 所示。

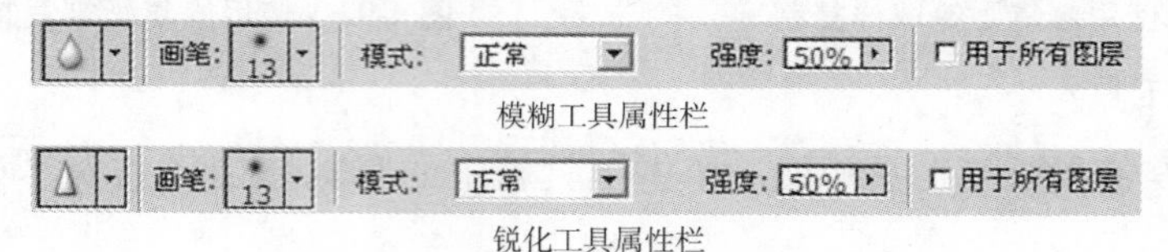

模糊工具属性栏

锐化工具属性栏

图 4-97　模糊工具和锐化工具属性栏

分别选择模糊工具和锐化工具,在图像中单击并涂抹,效果如图 4-98 所示。

原图 　　模糊后　　锐化后

图 4-98　模糊效果和锐化效果

(二)涂抹工具

涂抹工具可以模拟在未干的画中将湿颜料拖移后的效果。该工具挑选笔触开始位置的颜色,然后沿拖移的方向扩张融合。单击工具箱中的"涂抹工具"按钮,其属性栏如图 4-99 所示。使用涂抹工具后效果如图 4-100 所示。

图 4-99　涂抹工具属性栏

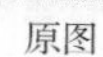

原图　　涂抹后

图 4-100　涂抹效果

选择涂抹工具,选中“手指绘画”,可以使用前景色涂抹,并且在每一笔的起点与图像中的颜色融合;不选此项,则以每一笔的起点颜色涂抹。

(三)减淡工具和加深工具

减淡工具和加深工具是用来加亮和变暗图像区域的。减淡工具和加深工具属性栏如图 4-101 所示。

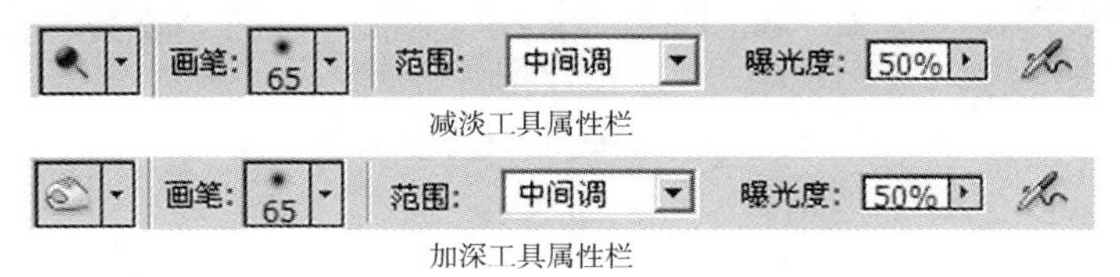

图 4-101　减淡工具和加深工具属性栏

选择减淡工具和加深工具,打开“范围”下拉菜单,选择修改图像的色调范围。

中间调:修改图像的中间色调区域,即介于暗调和高光之间的色调区域。

暗调:修改图像的暗色部分,如阴影区域等。

高光:修改图像高光区域。

绘制效果如图 4-102 所示。

原图

减淡后

加深后

图 4-102　减淡和加深效果

(四)海绵工具

使用海绵工具可以改变图像区域的色彩饱和度。在灰度模式中,海绵工具通过将灰色阶远离或移到中灰来增加或降低对比度。单击工具箱中的“海绵工具”按钮,其属性栏如图 4-103 所示。

图 4-103　海绵工具属性栏

选择海绵工具,在“流量”选项框中输入压力值,激活菜单,选择更改颜色的方式。

加色:可以增加图像颜色的饱和度,使图像中的灰度色调减少。当已是灰色图像时,则会减少中间灰度色调。

去色:可以降低图像颜色的饱和度,从而使图像中的灰度色调增加。当已是灰度图像时,则会增加中间灰度色调。

绘制效果如图 4-104 所示。

原图

选择加色

选择去色

图 4-104　加色效果和去色效果

第四节　查看工具

一、缩放工具

使用缩放工具可以将图像视图等比例放大或缩小，单击工具箱中的“缩放工具”按钮，其属性栏如图 4-105 所示。

图 4-105　缩放工具属性栏

缩放工具属性栏的选项介绍如下。

：单击该按钮，选择放大工具或缩小工具。

调整窗口大小以满屏显示：选中此复选框，在放大或缩小图像显示比例的过程中，系统会自动调整图像窗口的大小，以适应图像的显示大小，使图像始终以满屏方式显示。

忽略调板：选中此复选框，在以“调整窗口大小以满屏显示”方式扩大图像显示比例时，图像窗口将随图像的放大而放大，不管控制面板是否遮挡图像窗口；不选，则在放大图像的过程中，图像窗口扩大到一定程度后，将不再扩大，以避免控制面板遮挡图像窗口，而影响图像的查看。

实际像素：单击该按钮，可使图像以 100% 的比例显示，显示器屏幕的一个光点显示图像中的一个像素。

满画布显示：单击该按钮，可根据 Photoshop 空白桌面的大小自动调整图像窗口的大小和图像的显示比例，以最适合的方式显示。

打印尺寸：单击该按钮，可根据图像的尺寸和分辨率计算出来的打印尺寸进行显示。

选择缩放工具，将光标移到图像窗口单击，图像将以单击点为中心放大；按住 Alt 键单击鼠标，图像将以单击点为中心缩小；在图像窗口中单击鼠标左键并拖曳，可将选框内图像放大。图像视图最大可放大到 1600%。

二、抓手工具

当图像尺寸较大或放大显示比例后，图像窗口将不能完全显示全部图像，此时，若想查看未显示的区域,必须通过滚动条或抓手工具来移动图像显示区域。单击工具箱中的“抓手工具”按钮,其属性栏如图4-106所示。

图4-106　抓手工具属性栏

选择抓手工具,在图像窗口单击并拖曳鼠标,图像就会随着鼠标的移动而移动。

三、使用导航器面板

使用导航器面板可以调整图像的显示比例,也可以移动图像。选择窗口→导航器命令,打开导航器面板,如图4-107所示。

图4-107　导航器面板

在导航器左侧文本框中输入显示比例或单击右侧两个按钮可以放大或缩小图像。此外,该面板的图像缩略图中显示有一个红色矩形框,其中框线内的区域代表当前图像窗口中显示的图像区域,框线外的区域代表未显示的图像区域。移动光标至红色线框内,然后拖动鼠标可以移动图像。

§小贴士

(1)按Ctrl++组合键,可快速放大图像;按Ctrl+-组合键,可快速缩小图像。

(2)双击“缩放工具”按钮,可使图像以100%的比例显示。

(3)双击“抓手工具”按钮,可使图像以满画布方式显示。

第五节　路径工具

一、路径的基本概念

路径可以是点、线条或形状,是由锚点、曲线段、方向线和方向点组成的,如图4-108所示。

组成路径的基本点称为锚点。两个锚点之间的线段称为曲线段。由锚点拖曳出的线段称为方向线。方向线的端点称为方向点。拖动方向点,改变方向线的长度和角度,曲线段的形状随之改变。路径的形状是由锚点的位置、方向线的长度和角度决定的。

路径分为开放路径和闭合路径,如图4-109所示。闭合路径起点和终点相连,可以与选区之间相互转换。

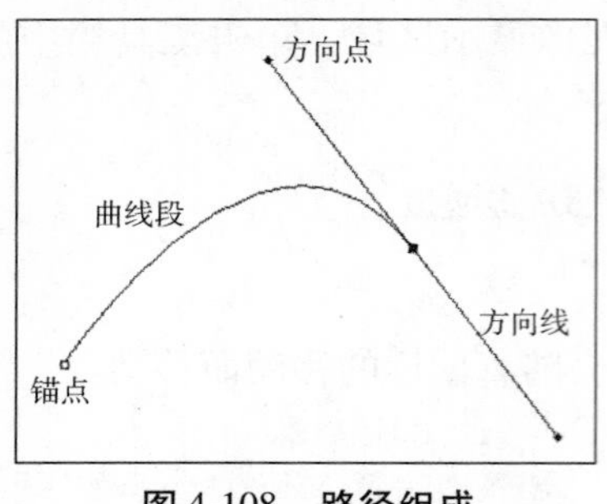

图 4-108　路径组成

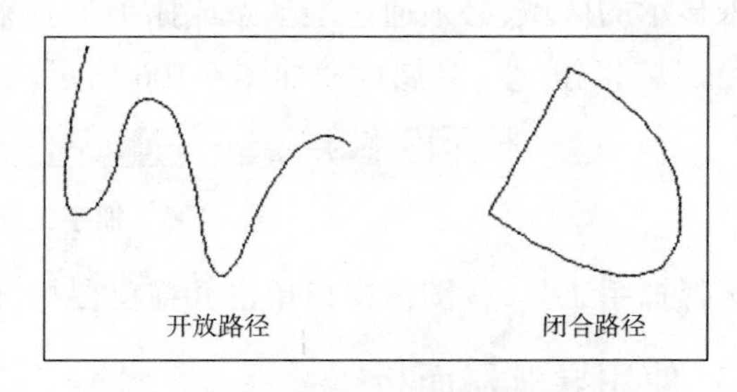

图 4-109　开放路径和闭合路径

二、使用钢笔工具组

钢笔工具组是用来创建和修改路径的，包括钢笔工具、自由钢笔工具、添加锚点工具、删除锚点工具和转换点工具五种，如图 4-110 所示。

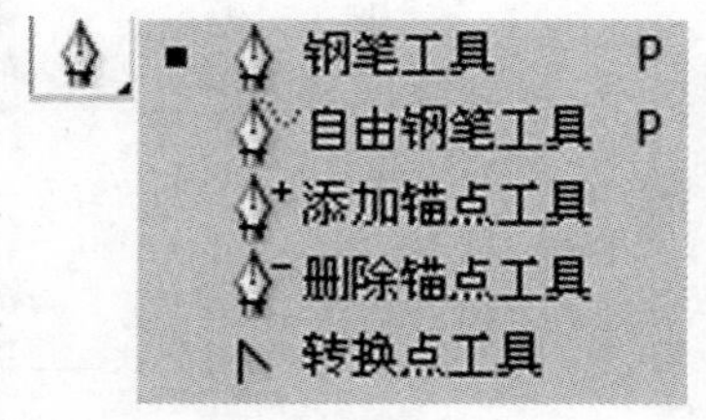

图 4-110　钢笔工具组

（一）钢笔工具

钢笔工具是创建路径的基本工具。使用钢笔工具，可以创建点、直线路径或曲线路径。单击工具箱中的“钢笔工具”按钮，其属性栏如图 4-111 所示。

图 4-111　钢笔工具属性栏

钢笔工具属性栏的选项介绍如下。

：单击该按钮，创建路径时，不但显示路径，而且同时可创建形状图层。

：单击该按钮，创建路径时，只显示路径，不创建形状图层。

：单击该按钮，创建路径时，系统会自动以前景色填充所创建的区域，而不显示路径。

：可以在该组按钮中选择钢笔工具或自由钢笔工具，使两者之间相互转换。

：可以在该组按钮中选择要创建的基本形状，还可以在下拉菜单中设置参数，得到更多的形状。

自动添加/删除：选中该复选框，当选择钢笔工具时，将光标移至曲线段单击，系统会自动添加锚点；将光标移至锚点单击，则自动删除该锚点。

选择钢笔工具，在图像窗口中单击确定起始锚点，然后继续多次单击，确定更多个锚点，最后按 Ctrl 键在路径外任一点单击，可创建开放的直线路径。最后一个锚点为实心小方块，如图 4-112 所示。

当最后一个锚点与起始锚点位置相同时，光标右下角会出现一个小圆圈，此时单击可创建闭合的直线路径，如图 4-113 所示。

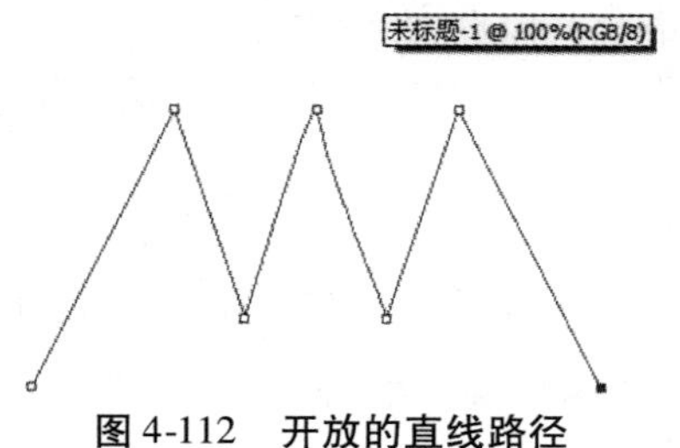

图 4-112　开放的直线路径

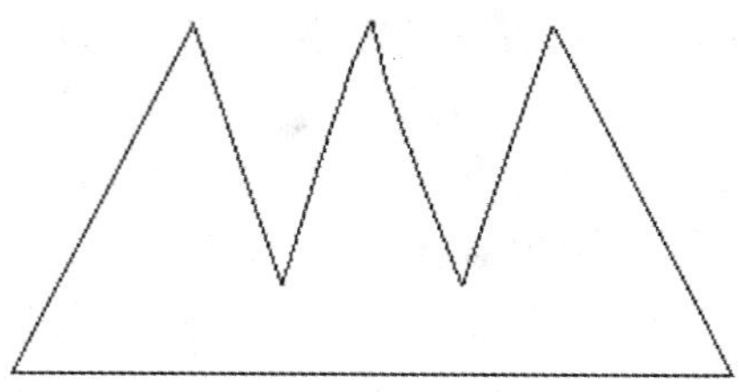

图 4-113　闭合的直线路径

创建路径确定锚点时,单击鼠标拖曳出方向线,对方向线进行长度和角度的调整可创建开放和闭合的曲线路径,如图 4-114 所示。

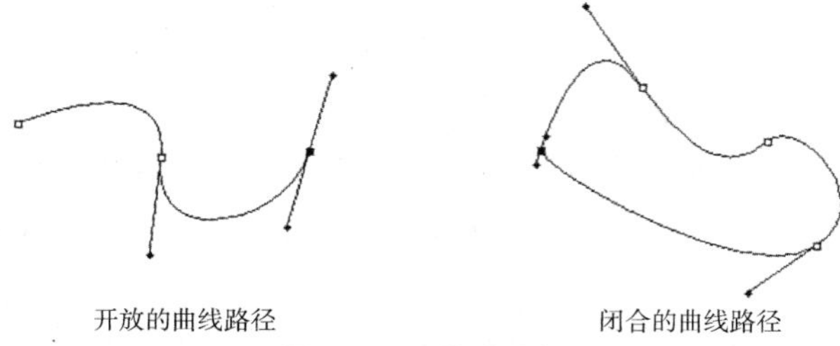

图 4-114　曲线路径

§ 小贴士

创建路径时,按住 Shift 键可以将线段控制在 45°范围内。

(二)自由钢笔工具

使用自由钢笔工具可以创建任意形状,使用方法与套索工具相似。单击工具箱中的"自由钢笔工具"按钮,在图像中单击并拖曳,系统会自动添加锚点,创建的路径为鼠标拖动的轨迹形状。自由钢笔工具属性栏如图 4-115 所示。

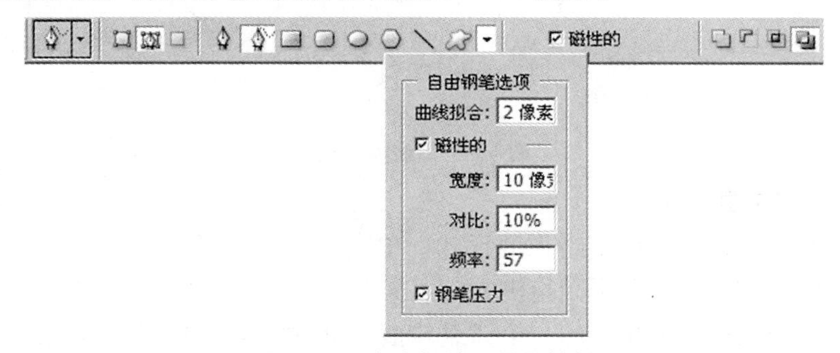

图 4-115　自由钢笔工具属性栏

自由钢笔工具属性栏的选项介绍如下。

曲线拟合:确定路径中自动添加的锚点数量,输入值越大,锚点数越少。取值范围为 0.5 ~ 10.0 像素。

磁性的:选中该复选框,宽度、对比、频率属性被激活,此时,自由钢笔工具转换为磁性钢笔工具,使用方法与磁性套索工具相似。

宽度:设置磁性钢笔检测的范围,输入值越大,检测范围越大。

对比:设置边缘像素之间的对比度。

频率:设置路径中锚点的密度,输入值越大,路径上锚点密度越大。

钢笔压力:该选项只有选择磁性的复选框后才有效。如果使用的是光笔绘图板,选择该选项时,钢笔压力的增加将导致宽度值减小。

(三)添加锚点工具

使用添加锚点工具,可以通过在路径上添加锚点来调整路径的形状。单击工具箱中的"添加锚点工具"按钮,将光标移至曲线段上要添加锚点的位置,光标右下角会出现"+",单击,则该处会增加一个锚点,如图 4-116 所示。

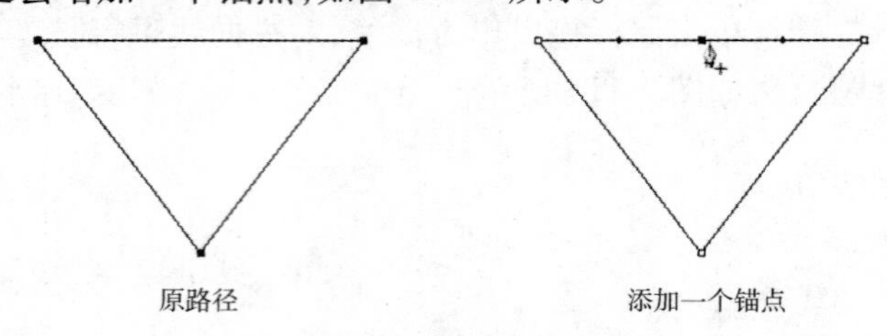

图 4-116 添加锚点

(四)删除锚点工具

使用删除锚点工具,可以通过删除路径上不用的锚点来调整路径形状。单击工具箱中的"删除锚点工具"按钮,将光标移至曲线段上要删除锚点的位置,光标右下角会出现"-",单击,则该锚点被删除,如图 4-117 所示。

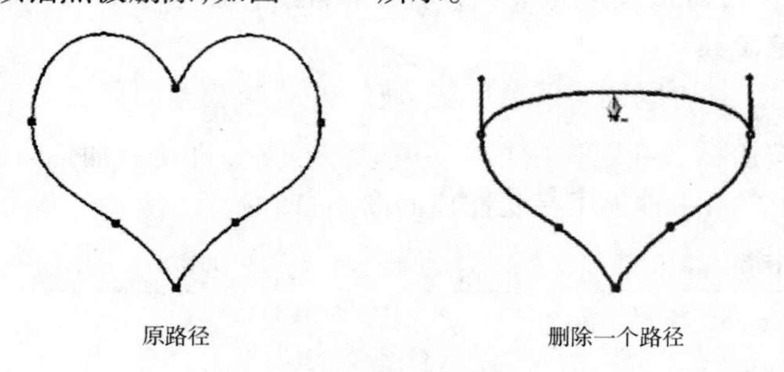

图 4-117 删除锚点

(五)转换点工具

使用转换点工具,可以调整路径的形状。单击工具箱中的"转换点工具"按钮,将光标移至需要转换的锚点上,单击并拖曳方向点来调整路径。

选择钢笔工具,单击五角形的一个锚点并拖曳,调整其方向线的长度和角度,可将直线型锚点转换为曲线型锚点,调整效果如图 4-118 所示。

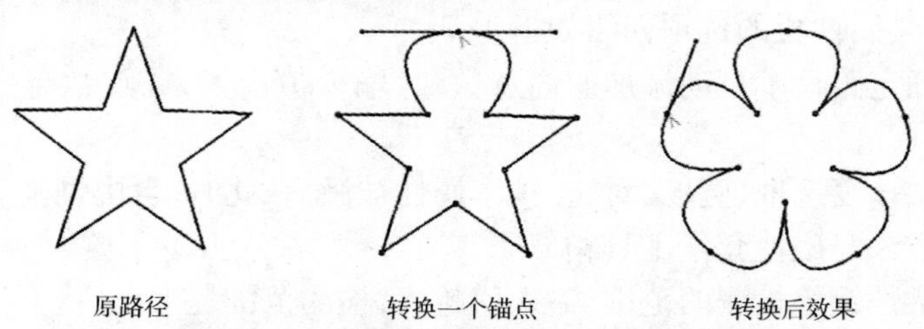

图 4-118 直线型锚点转换为曲线型锚点

将曲线型锚点转换成直线型锚点，只需在该锚点上直接单击即可，调整效果如图 4-119 所示。

三、使用规则形状工具组

规则形状工具组包括矩形工具、圆角矩形工具、椭圆工具、多边形工具、直线工具和自定形状工具，如图 4-120所示。

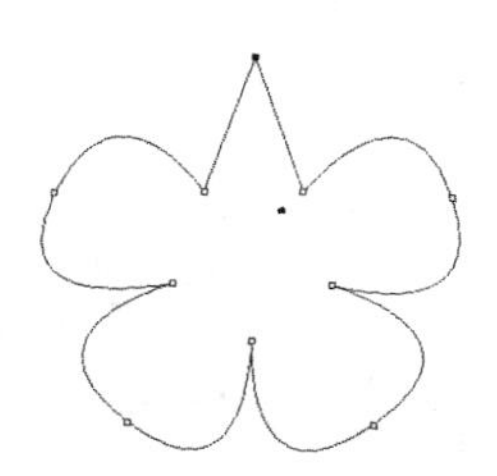

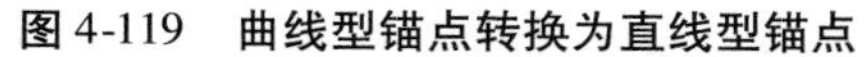
图 4-119　曲线型锚点转换为直线型锚点

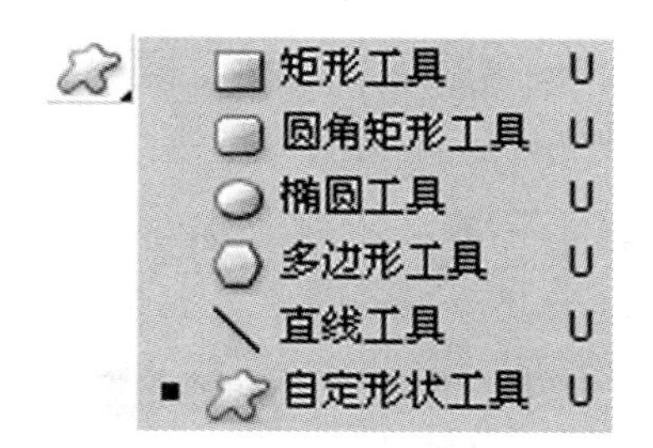

图 4-120　规则形状工具组

在该组工具中可以选择要创建的基本形状，还可以单击属性栏中的“形状选择”按钮，设置参数，创建更多的形状，如图 4-121 所示。

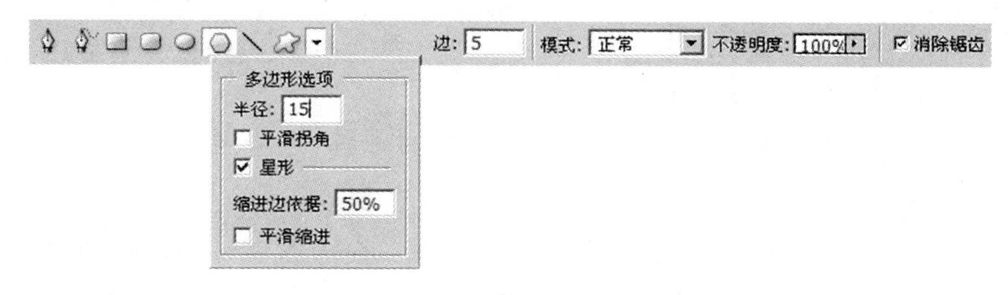

图 4-121　形状工具属性栏

四、选择工具

选择工具是对路径或锚点进行位置调整的，包括路径选择工具和直接选择工具。如图 4-122 所示为路径选择工具组。

图 4-122　路径选择工具组

（一）路径选择工具

路径选择工具主要用来调整路径的位置。单击工具箱中的“路径选择工具”按钮，其属性栏如图 4-123 所示。

图 4-123　路径选择工具属性栏

在图像窗口创建路径，选择路径选择工具，将光标移动到路径内单击并拖动，可以移动路径。此时，被移动路径上的锚点全部显示为实心小方块，如图 4-124 所示。

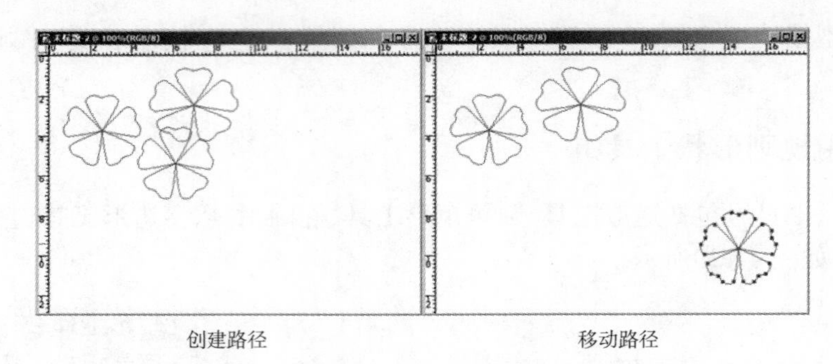

创建路径　　移动路径

图 4-124　**移动路径**

单击并拖曳选框,选择图像窗口所有路径。单击属性栏中“垂直中齐”,则形状排列在同一水平线上;再单击“水平居中分布”,则形状等距离分布,如图 4-125 所示。

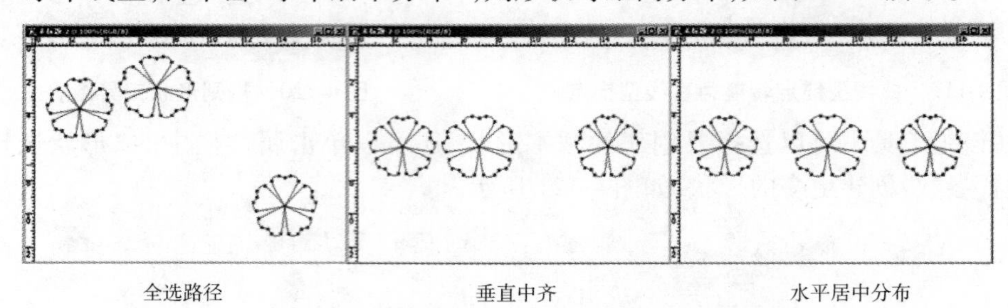

全选路径　　垂直中齐　　水平居中分布

图 4-125　**使用“垂直中齐”路径和“水平居中分布”路径**

(二)直接选择工具

直接选择工具主要用来调整路径上锚点的位置。在图像窗口创建路径,单击工具箱中的“直接选择工具”按钮,此时,路径上所有的锚点显示为空心小方块。单击锚点调整该锚点的位置,单击并拖动方向点,可调整路径的形状,如图 4-126 所示。

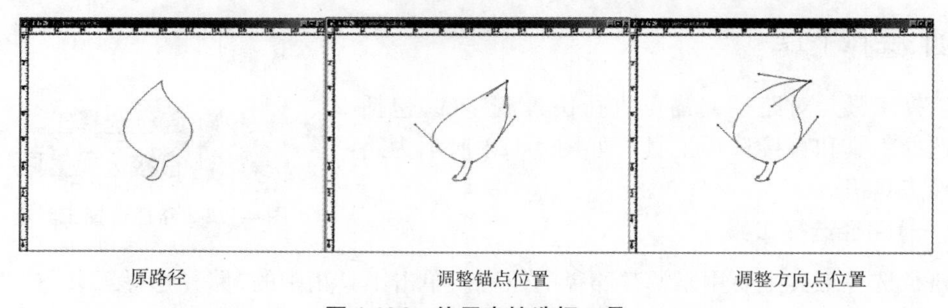

原路径　　调整锚点位置　　调整方向点位置

图 4-126　**使用直接选择工具**

五、编辑路径与应用

(一)路径面板

路径面板可以将路径存储、复制和删除,还可以对路径进行填充和描边等操作。选择窗口→路径命令,打开路径面板,如图 4-127 所示。

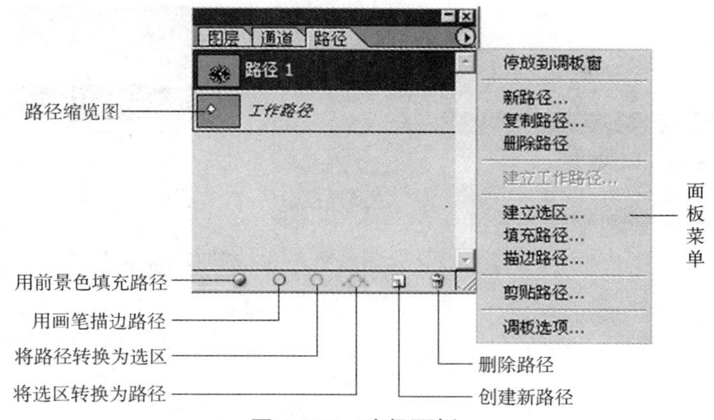

图 4-127　**路径面板**

(二)路径的编辑与应用

新建图像文件,在路径面板单击“新建”按钮,创建“路径 1”,如图 4-128 所示。

图 4-128　**新建路径**

选择自定形状工具,创建路径,如图 4-129 所示。

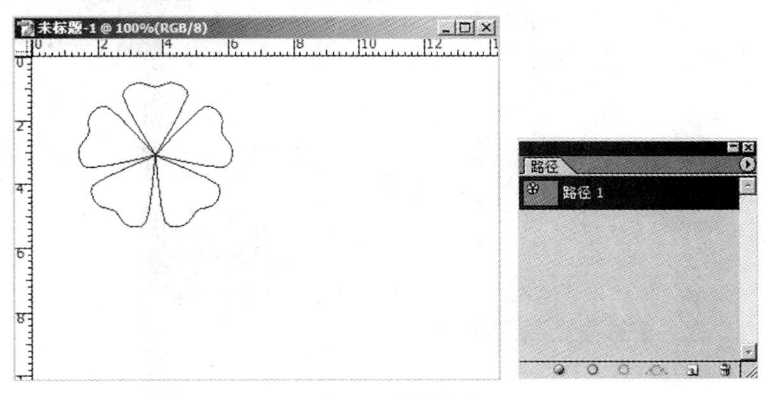

图 4-129　**创建路径**

选择路径面板菜单中的复制路径命令,创建“路径 1 副本”,单击“好”,如图 4-130 所示。

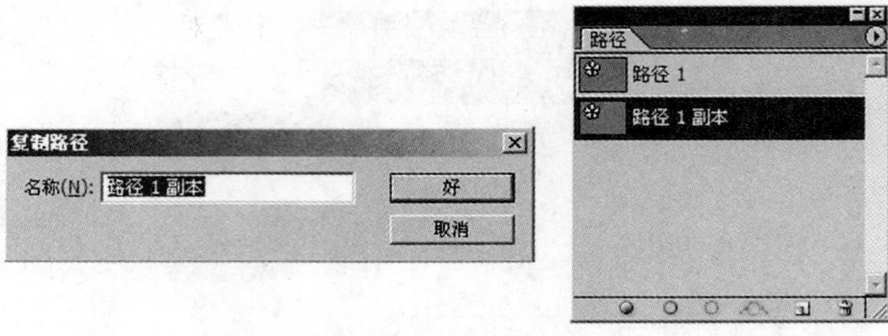

图 4-130　复制路径

选择"路径 1",设置前景色为红色。在路径面板单击"用前景色填充路径"按钮,填充路径效果如图 4-131 所示。

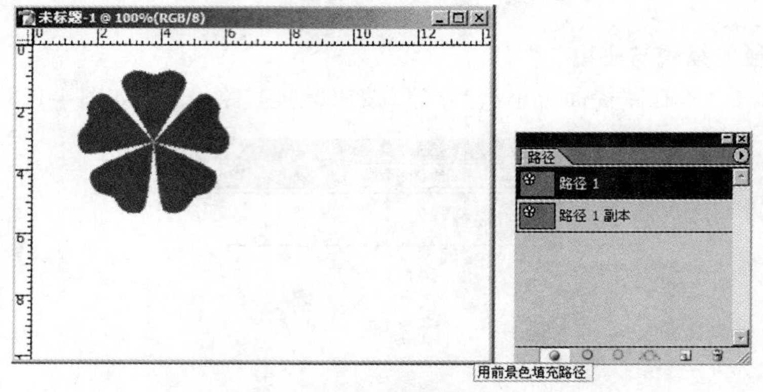

图 4-131　填充路径效果

选择"路径 1 副本",调整路径位置至右下角,单击画笔工具,设置画笔笔尖形状,如图 4-132 所示;再单击路径面板中的"用画笔描边路径"按钮,描边路径效果如图 4-133 所示。

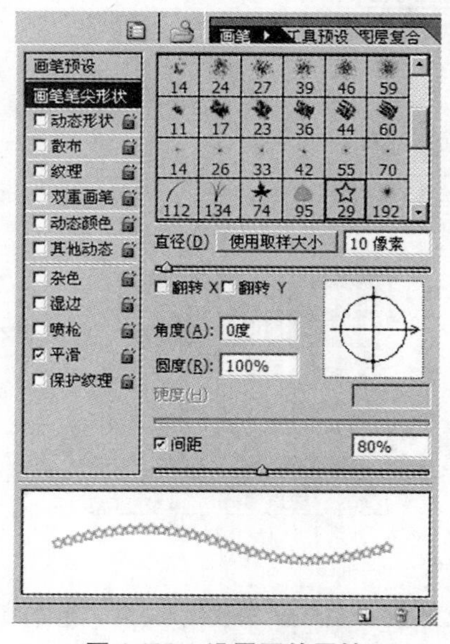

图 4-132　设置画笔属性

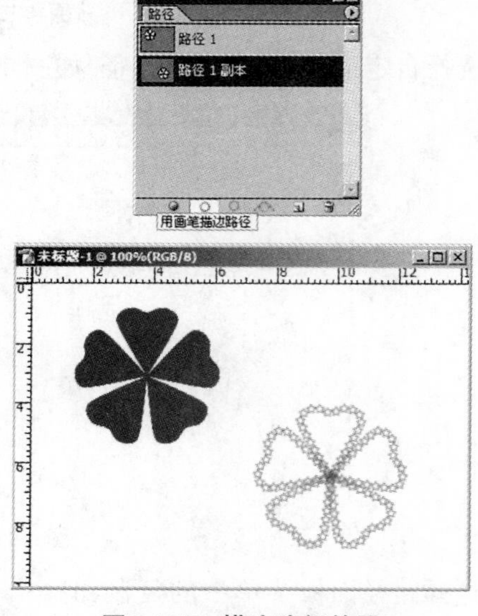

图 4-133　描边路径效果

选择路径面板菜单中的填充路径命令，弹出“路径”对话框，设置填充内容，如图4-134所示。单击“好”，填充路径效果如图4-135所示。

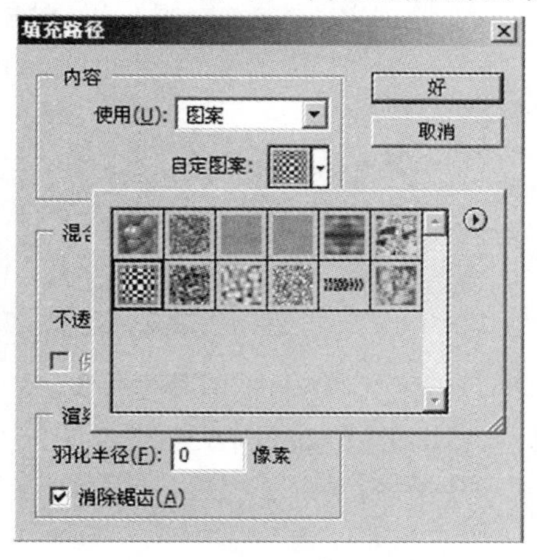

图4-134　设置填充内容

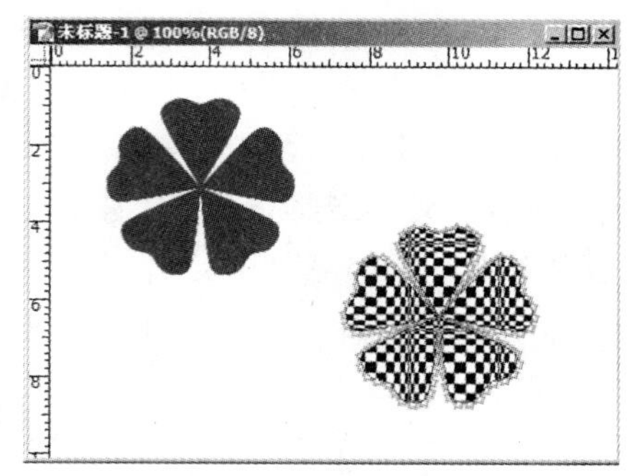

图4-135　填充路径效果

在路径面板，选择“路径1副本”，单击“删除”按钮，如图4-136所示，弹出路径删除确认对话框，单击“是”，可删除该路径。

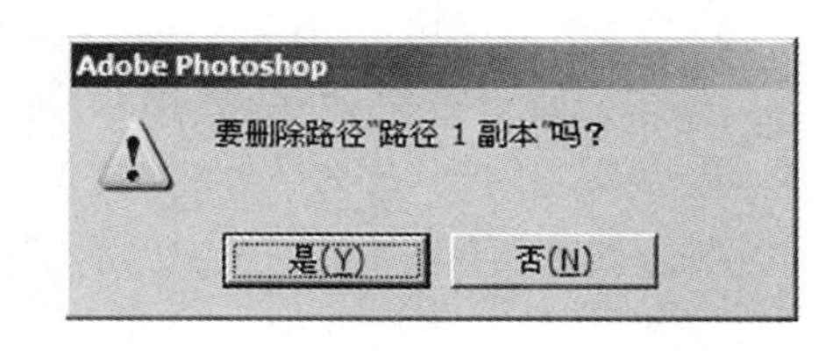

图4-136　删除路径

选择“路径1”，调整路径位置，单击路径面板中“将路径作为选区载入”按钮，可以将路径转换为选区，如图4-137所示。单击路径面板中“将选区转换为路径”按钮，则可以将选区转换为路径。

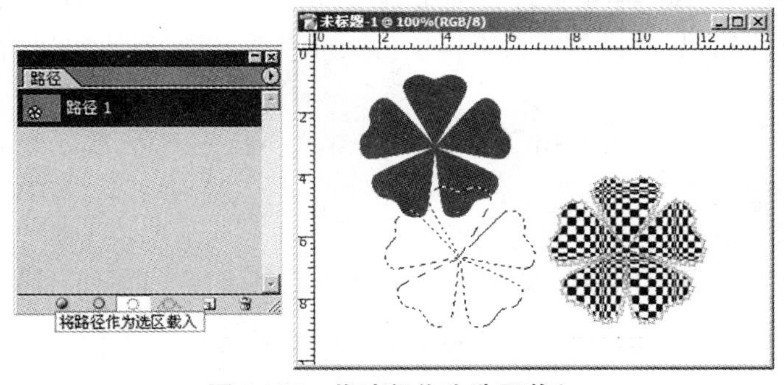

图4-137　将路径作为选区载入

第六节　文字工具

一、输入文字

文字工具包括横排文字工具、直排文字工具、横排文字蒙版工具和直排文字蒙版工具四种。如图 4-138 所示为文字工具组。

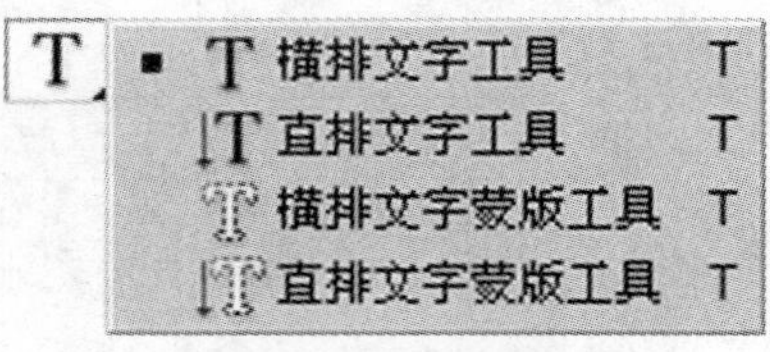

图 4-138　文字工具组

(一)横排文字工具

使用横排文字工具可以在图像中输入水平排列的文字,单击工具箱中的“横排文字工具”按钮 T,其属性栏如图 4-139 所示。

图 4-139　横排文字工具属性栏

横排文字工具属性栏的选项介绍如下。

:单击该按钮,可以将文字在横排文字工具和直排文字工具之间相互切换。

:单击三角形按钮,可在弹出的下拉列表中选择需要的字体。

:单击三角形按钮,可在弹出的下拉列表中选择需要的字体样式。

:单击三角形按钮,可在弹出的下拉列表中选择需要的字体的字号。预设字号最大为 75,也可以直接输入字号大小。

:单击该三角形按钮,可在弹出的下拉列表中选择消除文字边缘锯齿的样式,包括无、锐利、犀利、浑厚和平滑五种。

:可以选择文字左对齐、居中或右对齐的对齐方式。

:单击该按钮,可以设置所需的文字颜色,默认颜色为当前前景色。单击色块,在弹出的拾色器中可以设置其他颜色。

:单击该按钮,可以设置文字的变形类型。

:单击该按钮,弹出字符和段落面板,可以对文字和段落进行编辑。

选择横排文字工具,在图像窗口直接单击鼠标左键,光标闪动,即可输入点文字内容,如图 4-140 所示。

单击鼠标左键并拖曳,此时出现一个文本框,文本框内有闪动的光标,此时可以输入段落文字,如图 4-141 所示。

(二)直排文字工具

使用直排文字工具可以在图像中输入垂直排列的文字,单击工具箱中的“直排文字工具”按钮 T,其属性栏如图 4-142 所示。属性栏的各选项与横排文字工具的相同。

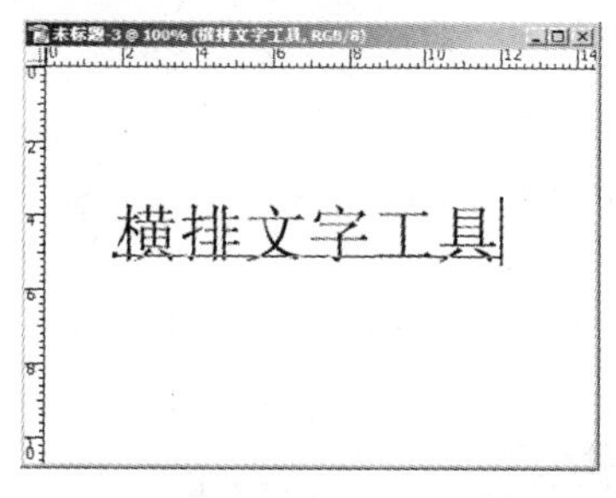

图 4-140　使用横排文字工具输入点文字

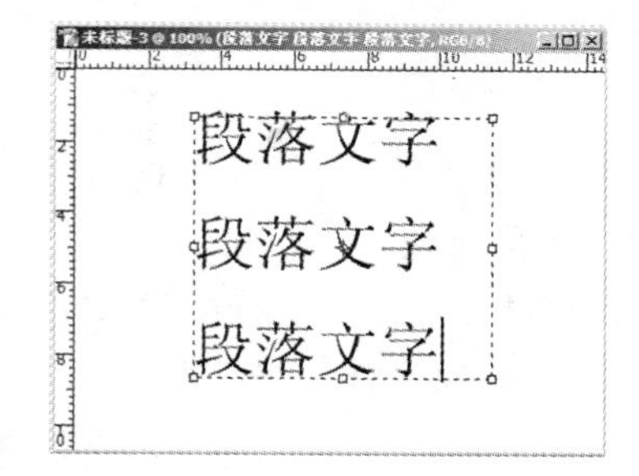

图 4-141　使用横排文字工具输入段落文字

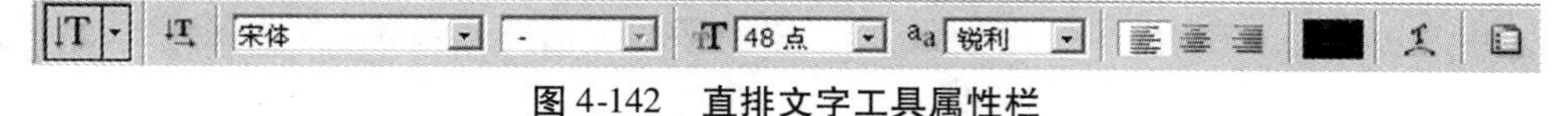

图 4-142　直排文字工具属性栏

选择直排文字工具，在图像窗口输入文字内容，效果如图 4-143 所示。

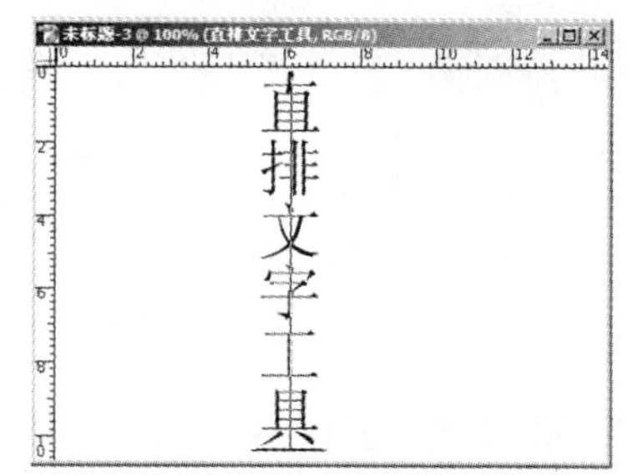

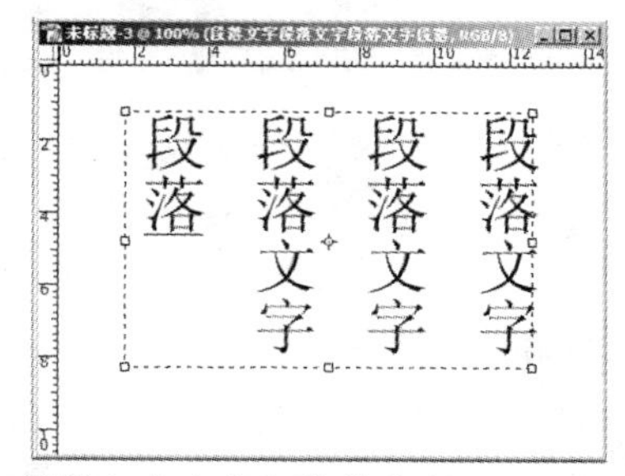

图 4-143　使用直排文字工具输入点文字和段落文字

（三）横排文字蒙版工具和直排文字蒙版工具

使用横排文字蒙版工具和直排文字蒙版工具，可以将输入的文字转化成蒙版或选区。单击工具箱中的“横排文字蒙版工具”按钮，和“直排文字蒙版工具”按钮，其属性栏如图 4-144 所示。文字转化为选区后，可对它像其他选区一样进行编辑，如图 4-145 所示。

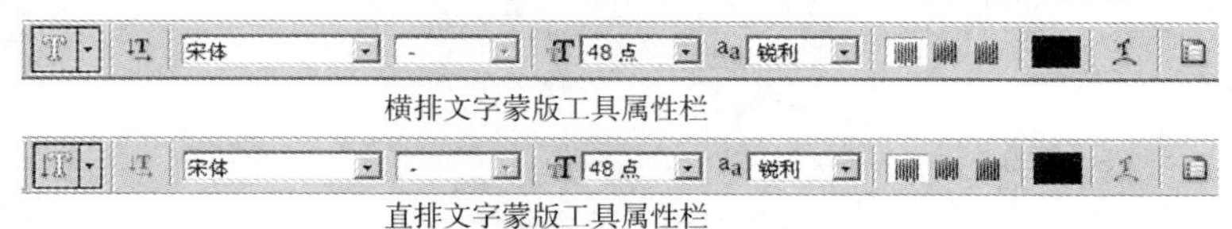

图 4-144　横排文字蒙版工具和直排文字蒙版工具属性栏

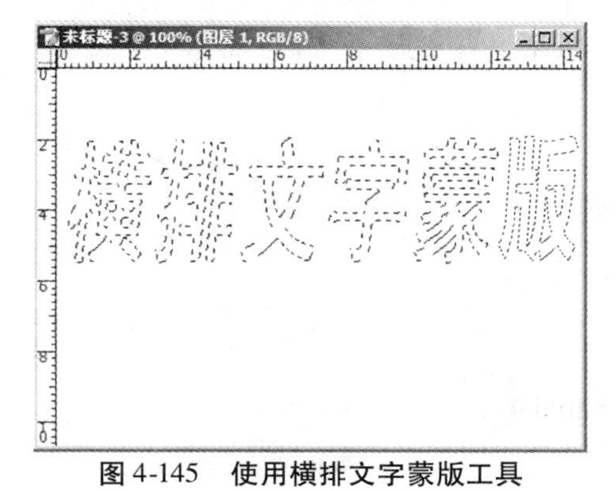

图 4-145　使用横排文字蒙版工具

二、文字编辑

Photoshop 中主要使用字符面板和段落面板对文字进行编辑调整。

(一)字符面板

选择窗口→字符命令或单击文字属性栏的"切换字符和段落调板"按钮,可以打开字符面板,字符面板中各属性功能如图 4-146 所示。

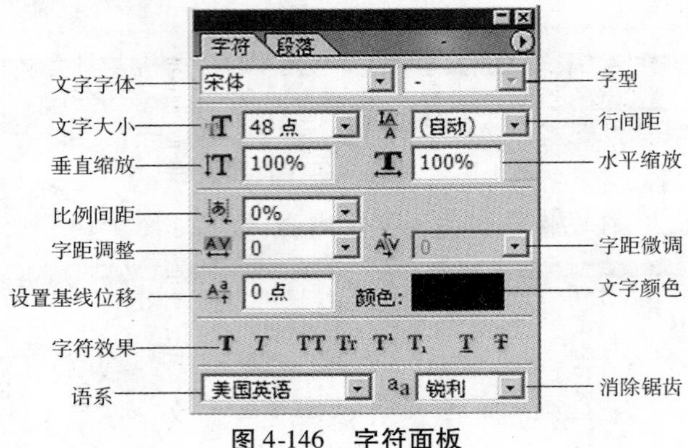

图 4-146　字符面板

(二)段落面板

选择窗口→段落命令或单击文字属性栏的"切换字符和段落调板"按钮,可以打开段落面板,段落面板中各属性功能如图 4-147 所示。

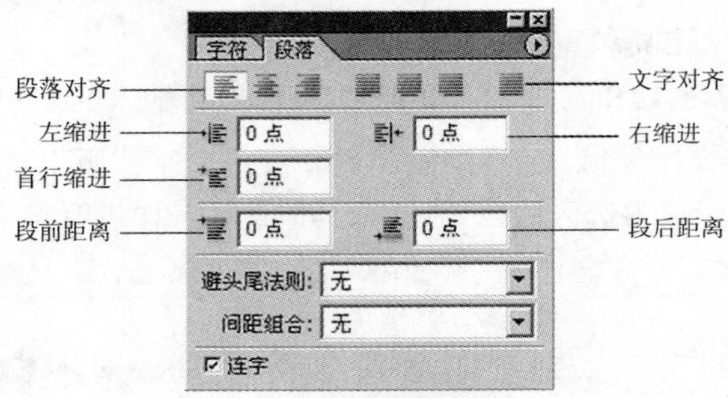

图 4-147　段落面板

(三)变形文字

选择工具选项栏中"变形文字"按钮,可以对文字进行变形处理,各属性功能如图 4-148 所示。

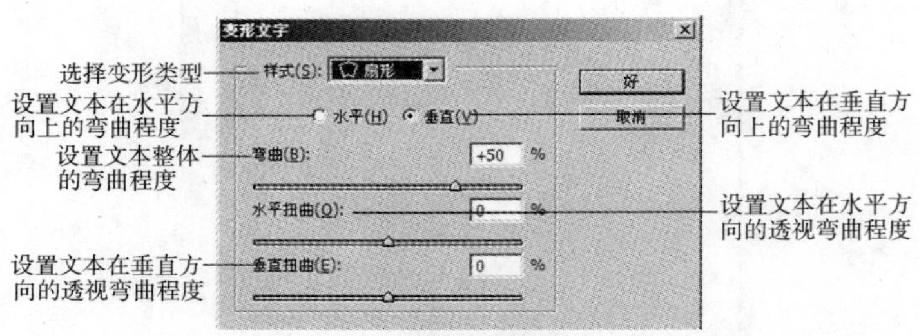

图 4-148　"变形文字"对话框

三、处理文字图层

使用文字工具输入文字后,系统会在图层中自动生成一个文字图层,如图 4-149 所示。

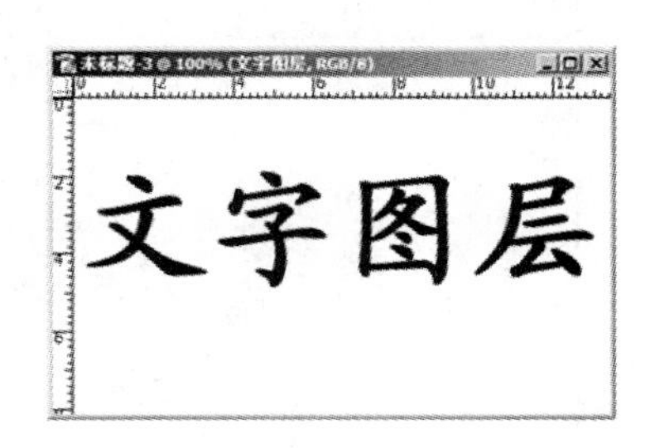

图 4-149　文字图层

选择文字图层为当前图层,可对其文字进行编辑和调整。但在文字图层上不能直接使用绘图等工具和命令,若要使用这些工具和命令,需将文字栅格化。

选择图层→栅格化命令,可将文字图层栅格化为普通图层。

四、文字与路径

Photoshop 中的文字形状除了可以使用变形文字的效果外,还可以通过创建路径得到更多的文字形状效果。

(1)单击工具箱中的自定形状工具,在属性栏中选择“绘制路径”按钮,如图 4-150 所示。

图 4-150　选择自定形状工具

(2)在图像窗口创建任意闭合路径,如图 4-151 所示。

(3)单击工具箱中的横排文字工具,将光标移至路径内单击,此时输入点文字,文字会在路径范围内依次排列,如图 4-152 所示。

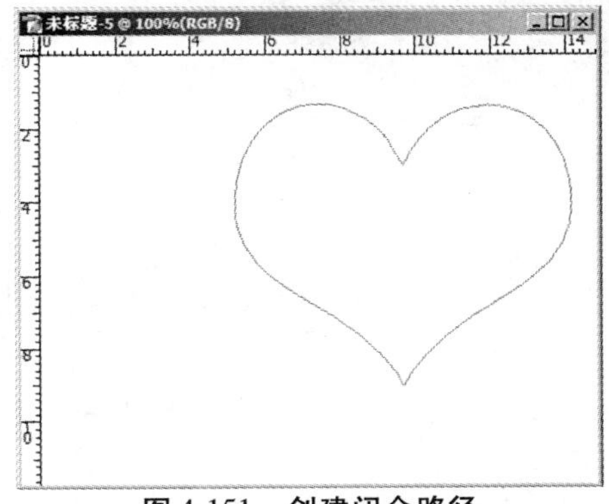

图 4-151　创建闭合路径

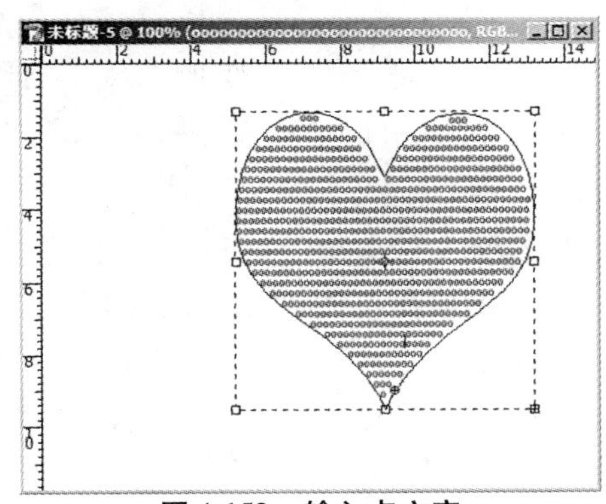

图 4-152　输入点文字

(4)单击工具箱中的钢笔工具,在属性栏中选择“绘制路径”按钮。在图像窗口创建任意开放路径,如图 4-153 所示。

(5)单击工具箱中的横排文字工具,将光标移至路径输入文字,文字会沿所绘制路径排列,效果如图 4-154 所示。

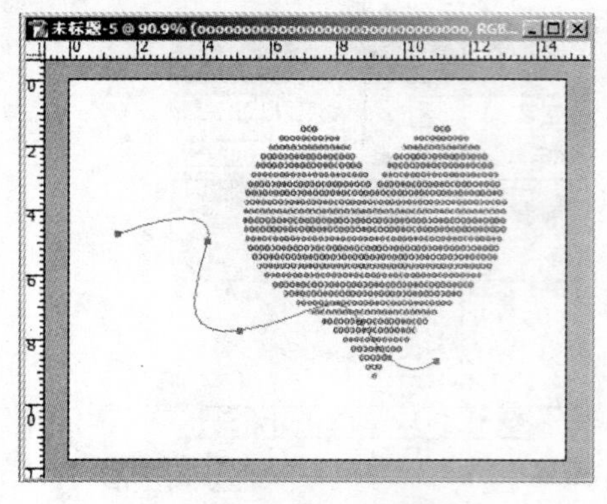

图 4-153　创建开放路径

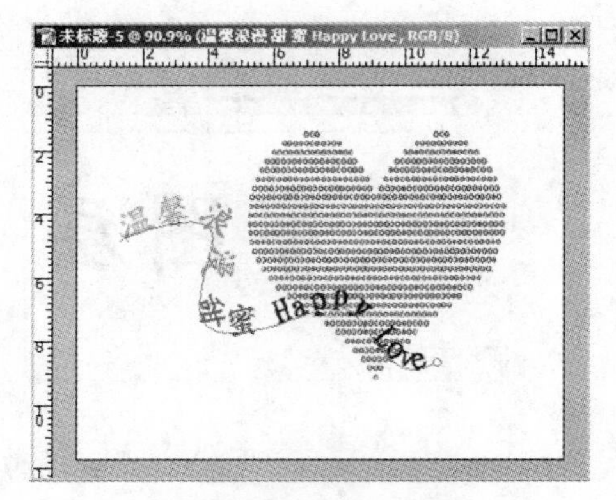

图 4-154　输入文字效果

第七节　案例实训

案例一:绘制气球(见图 4-155)

图 4-155　案例一图像

(1)选择文件菜单的打开命令,打开素材“天空”图像文件,如图 4-156 所示。

(2)在图层面板创建一个新图层“图层一”,选择工具箱中的椭圆选框工具,在“图层一”创建椭圆选区,如图 4-157 所示。

(3)设置前景色为红色(255,0,0),选择工具箱中的渐变工具,在工具选项栏设置各参数,如图 4-158 所示。

(4)在选区内绘制渐变,效果如图 4-159 所示。

图 4-156　打开文件“天空”

图 4-157　绘制椭圆选区

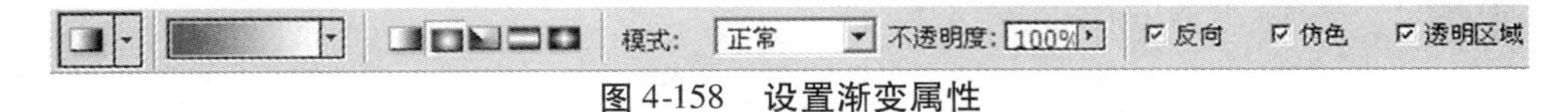

图 4-158　设置渐变属性

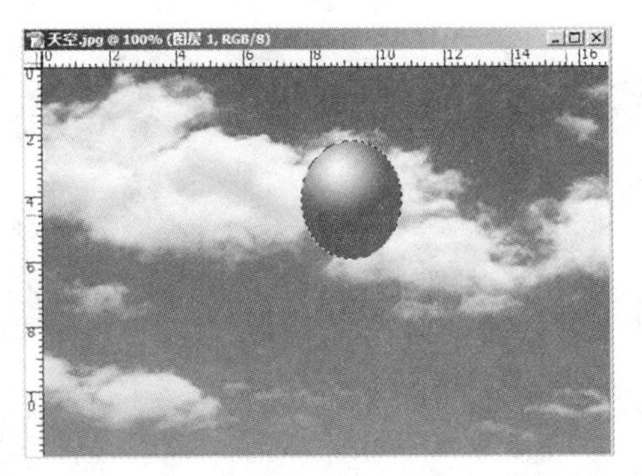

图 4-159　绘制渐变效果

(5)在图层面板设置“图层一”的不透明度为 70%，如图 4-160 所示，这样可得到透过气球隐约看到天空的效果，不透明效果如图 4-161 所示。

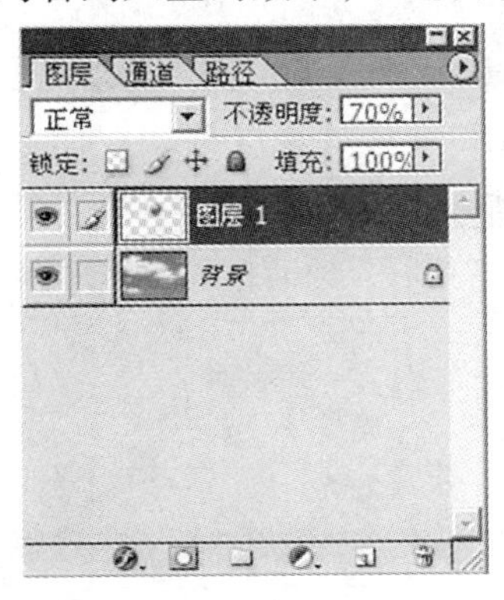

图 4-160　设置不透明度

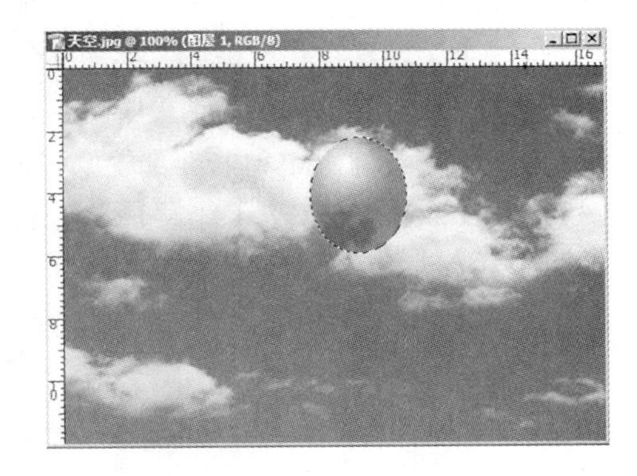

图 4-161　不透明效果

(6)使用自由变换命令调整气球位置，取消选区。设置前景色为黑色(0,0,0)，选择工具箱中的画笔工具，设置画笔笔尖大小，绘制气球拉线，效果如图 4-162 所示。

(7)按同样方法再绘制几个不同颜色的气球，效果如图 4-155 所示。

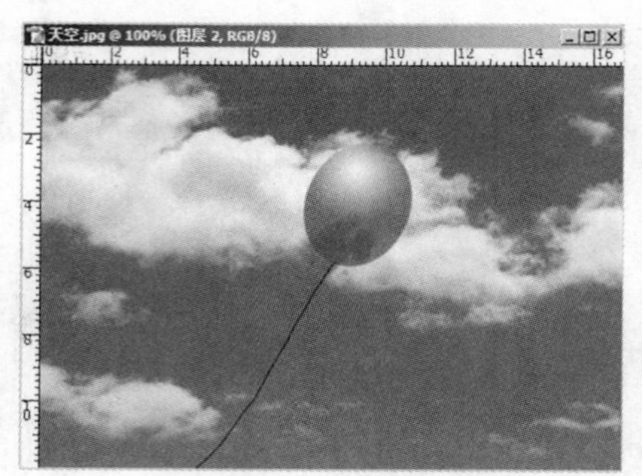

图 4-162　绘制气球拉线

案例二:绘制小动物(见图 4-163)

(1)选择文件菜单的打开命令,打开素材“小狗”图像文件,如图 4-164 所示。

图 4-163　案例二图像

图 4-164　打开文件“小狗”

(2)选择工具箱中的钢笔工具,在工具选项栏设置各参数,如图 4-165 所示。

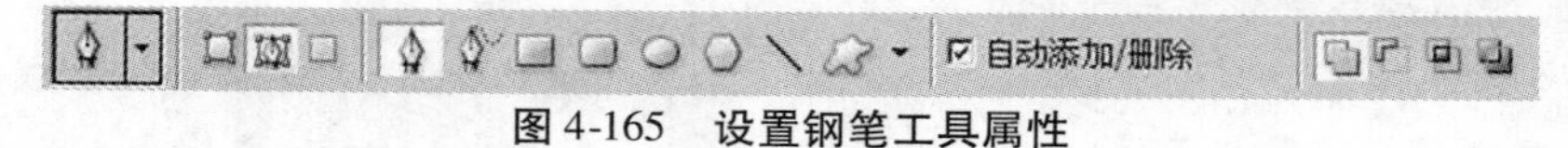

图 4-165　设置钢笔工具属性

(3)用钢笔工具勾出小狗的面部轮廓,如图 4-166 所示。

(4)在路径面板中双击“工作路径”,在弹出的“存储路径”对话框输入路径名称“面部”,如图 4-167 所示,单击“好”确认。

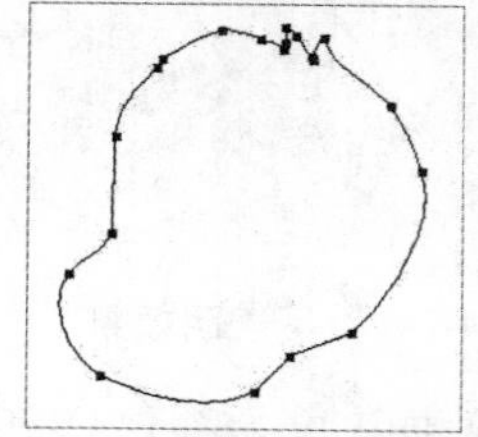
图 4-166　绘制小狗的面部轮廓

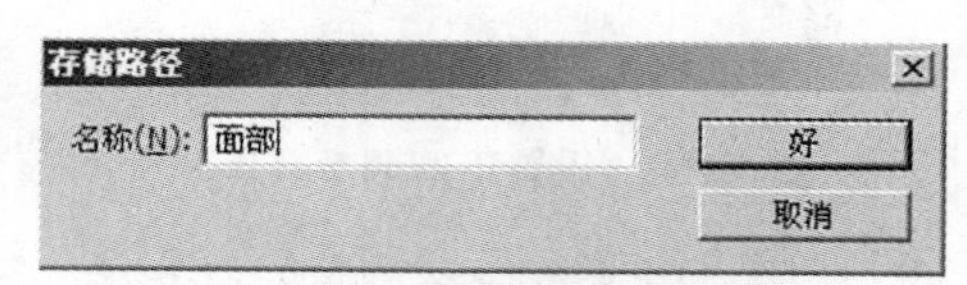

图 4-167　存储路径“面部”

(5)在图层面板创建一个新图层“轮廓”,选择工具箱中的画笔工具,在工具选项栏设置各参数,如图 4-168 所示。

图 4-168　设置画笔工具属性

(6)设置前景色为黑色(0,0,0),单击路径面板下方的“用画笔描边路径”按钮,用前景色描绘路径,效果如图 4-169 所示。

图 4-169　描边路径“面部”

(7)选择工具箱中的钢笔工具,用同样的方法将小狗的其他部分逐一勾画成封闭路径,分别存储为“耳朵”、“身体”、“腿”、“尾巴”、“项圈”、“脖子”,并相应对路径用前景色逐一描边。全部描边效果如图 4-170 所示。

(8)设置前景色为淡黄色(246,210,130),选择路径“面部”,单击路径面板下方的“用前景色填充路径”按钮,用前景色填充小狗的面部,填充“面部”效果如图 4-171 所示。

图 4-170　全部描边效果

图 4-171　填充“面部”效果

(9)用同样的方法分别选择路径“耳朵”、“身体”、“腿”、“尾巴”、“脖子”,单击路径面板下方的“用前景色填充路径”按钮,用前景色对路径逐一填充,填充效果如图 4-172 所示。

(10)设置前景色为蓝色(70,70,255),选择路径“项圈”,单击路径面板下方的“用前景色填充路径”按钮,用前景色填充小狗的项圈,全部填充效果如图 4-173 所示。

图 4-172　填充效果

图 4-173　全部填充效果

(11)设置前景色为黄色(255,255,0),选择工具箱中的画笔工具,在工具选项栏设置各参数,在项圈上绘制图案,如图 4-174 所示。

(12)在路径面板选择"面部",单击路径面板下方的"将路径作为选区载入"按钮,如图 4-175 所示。

图 4-174　绘制项圈图案

图 4-175　载入"面部"选区

(13)选择工具箱中的加深工具,在选区内部分区域涂抹,加深效果如图 4-176 所示。

(14)分别选择路径"耳朵"、"身体"、"腿"、"尾巴"、"脖子",用加深工具涂抹,全部加深效果如图 4-177 所示。

图 4-176　面部使用加深效果

图 4-177　全部加深效果

(15)在图层面板创建一个新图层"眼睛"。设置前景色为白色(255,255,255)。选择工具箱中的椭圆选框工具,创建圆形选区,填充白色,如图 4-178 所示。

(16)设置前景色为黑色(0,0,0),使用选区相减、相加创建选区,填充黑色,如图 4-179 所示。

(17)在图层面板复制图层"眼睛",单击图层"眼睛副本",使用自由变换命令调整眼睛的位置和旋转角度,效果如图 4-180 所示。

(18)新建一个图层"其他",选择工具箱中的画笔工具,设置画笔笔尖大小,绘制小狗的眉毛、鼻子和嘴巴,效果如图 4-181 所示。

图 4-178　绘制眼睛

图 4-179　填充眼睛

图 4-180　复制眼睛

图 4-181　绘制其他

(19)设置前景色为白色(255,255,255),选择工具箱中的画笔工具,设置画笔笔尖大小,绘制小狗鼻子和眼睛的高光,效果如图 4-163 所示。

本章小结

本章向读者分节介绍了 Photoshop 提供的一系列图像处理常用工具,使用这些工具是进行其他许多操作的基础,熟练掌握它们的使用方法,可以轻松地对图像进行处理。

思考与习题

一、填空题

1. 规则选区工具包括________、________、________和________四种。
2. 修改选区命令包括________、________、________和________四种。
3. 绘图工具包括________和________两种。
4. 按________快捷键可以放大图像,按________快捷键可以缩小图像。

5. 路径分为________和________两种。

6. 绘制路径工具主要包括________、________、________、________和________五种。

7. 创建文字选区的工具包括________和________两种。

8. Photoshop 提供了________种变形文本样式。

9. 按________键可以取消选区。

10. 按________键可以将整幅图像全部选取。

11. ________工具的属性栏中有磁性的选项。

12. 在创建选区工具中,________工具的属性栏中有消除锯齿选项。

13. 套索工具适用于______________图像。

14. 不规则选区工具包括________、________和________三种。

二、上机操作题

1. 练习使用选区工具创建选区。

2. 练习使用编辑选区命令来对选区进行各种变换。

3. 练习使用路径工具进行精确抠图。

4. 练习使用路径面板的菜单命令对路径进行描边和填充。

5. 练习使用文字工具输入点文字和段落文字,并利用字符面板和段落面板对其进行各种设置。

6. 练习使用文字路径绘制文字的特殊变形效果。

第五章　图层、通道和蒙版的应用

第一节　图层的基本概念

图层的概念在 Photoshop 中非常重要，它是构成图像的重要单位。图层通过上下叠加的方式来组成整个图像，任何图像的合成效果都离不开对图层的操作。我们可以通过对图像中某一图层的内容进行操作而不影响其他图层的内容。

一、图层的分类

Photoshop 中主要有以下 6 类图层。

(1)背景图层：背景图层位于图像的最底层，用户不能更改背景图层的叠放次序、混合模式或不透明度，除非先将其转换为普通图层。每幅图像只有一个背景图层。

(2)普通图层：普通图层的主要功能是存放和绘制图像，普通图层可以有不同的透明度。

(3)文字图层：文字图层只能输入与编辑文字内容。

(4)调整图层：调整图层本身并不具备单独的图像及颜色，但可以影响其下面的所有图层。它一般用于对图像进行使用颜色和应用色调调整。所有的位图工具对其无效。

(5)形状图层：使用形状工具或钢笔工具可以创建形状图层，该图层主要存放矢量形状信息。形状图层中会自动填充当前的前景色，但是也可以通过其他方法对其进行修饰，如建立一个由其他颜色、渐变或图案来进行填充的编组图层。形状的轮廓存储在链接到图层的矢量蒙版中。

(6)填充图层：其主要功能是可以快速地创建由纯色、渐变或图案构成的图层，与调整图层一样，所有的位图处理工具对其无效。

一幅图像中的所有图层都具有相同的分辨率、相同的通道数和相同的图像模式(RGB、CMYK 或灰度等)。

二、图层调板

Photoshop 图层调板可以用于创建、隐藏、显示、复制、合并、链接、锁定和删除图层。

选择窗口→显示图层命令或按 F7 键可以显示如图 5-1 所示的图层调板，其中将显示当前图像的所有图层信息。

图层调板及其各项功能如下。

图层混合模式：用于为图层添加不同的模式，使图层产生不同的效果。它包含 25 种模式。

图层不透明度：经常用于制作多图层混合效果。

图层可见性👁：通过单击该图标可以切换显示或隐藏状态，当某个图层被隐藏时，不能进行编辑操作。

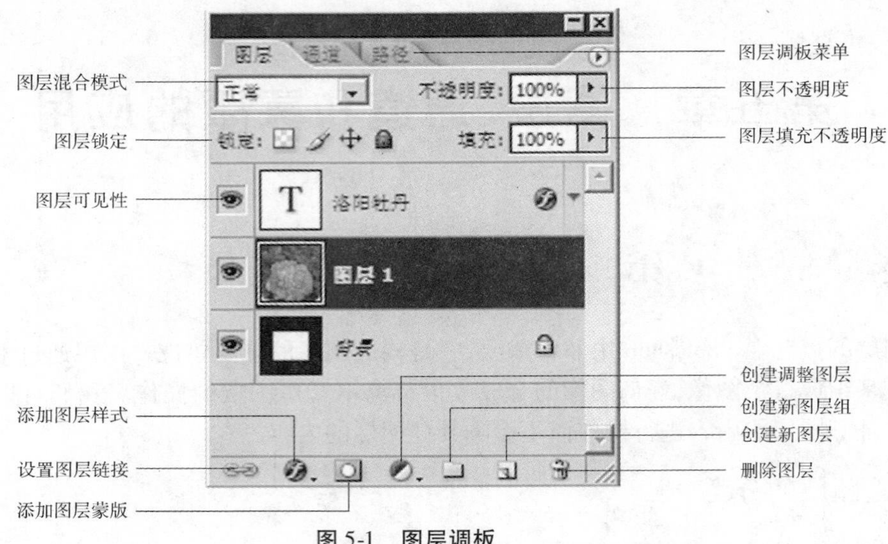

图 5-1　图层调板

添加图层样式：单击该按钮，可以在“图层样式”对话框中为当前图层图像制作各种样式效果。

图层链接：表示该图层与其他图层有链接关系。对有链接关系的图层操作时，所添加的操作会同时作用于链接的其他图层。

创建新图层：单击该按钮可以创建一个新图层，若选中图层后拖动到该图标，可以复制一个图层。

删除图层：单击该按钮可以删除当前图层。

图层蒙版：单击该按钮可以建立一个图层蒙版。

创建调整图层：可以通过蒙版对图像进行颜色校正和色调调整，而不会破坏原图像。

不同性质的图层的创建方法不同，显示的缩览图也不同。文字图层在未栅格化前显示图标“T”，图层名称为所输入的文字内容。普通缩览图主要显示该图层内容，显示样式如图 5-1 所示。这样，用户可以放大图层的预览缩略图，从而更方便地辨识图层预览缩略图中的内容，操作如下：

（1）选择图层调板右上方的按钮，选择面板选项命令，打开“图层调板选项”对话框，如图 5-2所示。

（2）在缩览图大小选项组中选择一种预览缩略图的显示大小，若选择“无”，则在图层调板中不显示预览缩略图，而只显示图层名称。

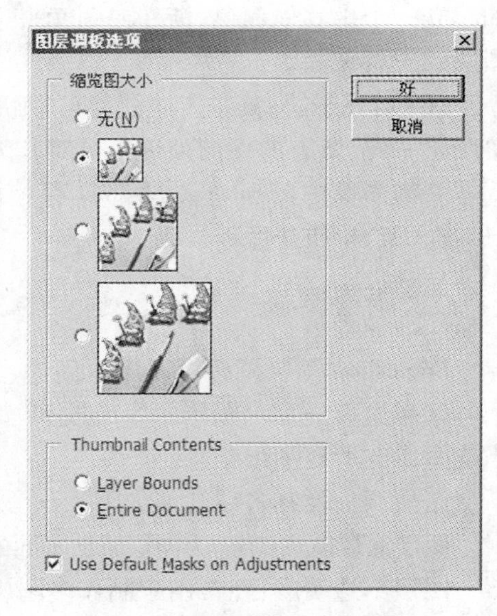

图 5-2　“图层调板选项”对话框

（3）设置好后单击“好”按钮即可。

第二节　图层的操作

一、创建图层及图层组

（一）创建图层

打开一个图像文件，有以下几种创建图层的方式：

（1）选择菜单栏图层→新建→图层命令，弹出如图5-3所示的“新图层”对话框。

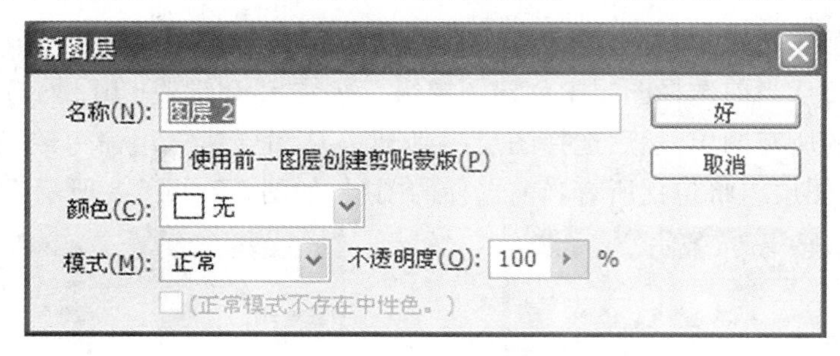

图5-3　“新图层”对话框

提示：在“名称”文本框中，可以采用默认值，也可以输入新的图层名称；在颜色下拉列表中可以选择该图层的颜色（如红色）；在模式下拉列表中选择所需的图层模式（如屏幕）；在不透明度中可以设置图层的不透明度（如80%）。设置完成后单击“好”按钮即可新建一个图层。

（2）在图层调板中单击右上方的小三角按钮，选择新图层按钮进行创建。

（3）单击图层调板下方的默认按钮，进行创建。

提示：用户也可以在图层面板上双击，给图层重命名，如图5-4所示。

图5-4　给图层重命名

(二)创建图层组

Photoshop 允许将多个图层编成组,利用图层组能够有效地管理和组织图层,并可以对组中的所有图层应用属性和蒙版。这样,在对许多图层进行同一操作时(比如,改变图层的混合模式),只需对组进行操作,从而大大提高了图层较多时图像的编辑效率。

1. 创建空图层组

单击图层调板底端的“创建新组”按钮,或者选择菜单图层→新建→组命令,即可在当前图层上方创建图层组,如图 5-5 所示。然后通过拖动的方法将图层移动至图层组中,在需要移动的图层上按住鼠标,再拖动至图层组名称或图标上释放即可,如图 5-6 所示。

2. 从图层创建组

也可以直接从当前选择图层中创建图层组。按住 Shift 键或 Ctrl 键,选择需要添加到同一图层组中的所有图层,然后选择图层→新建→从图层建立组命令或按 Ctrl + G 组合键,这样新建的图层组将包括所有当前选择的图层,如图 5-7、图 5-8 所示。

图 5-5　创建图层组

图 5-6　将图层拖动到图层组

图 5-7　选中状态

图 5-8　从图层创建组

完成图层组的创建后，可以将图层分门别类地置于不同的图层组中。当图层组中的图层比较多时，单击图层组三角形图标▼，可以折叠图层组以节省“图层调板”的空间，如图5-9所示。再次单击图层组三角形图标▶又可展开图层组。

图5-9　折叠图层组

二、图层的转换、复制和删除

（一）背景图层转换为普通图层

用户可以在背景图层与普通图层之间相互转换，方法是双击背景图层，出现如图5-10所示的对话框，在名称框中输入图层名称，然后单击“确定”按钮即可。此时，背景图层名称变成了文字，这样就可以将背景图层转换为普通图层。

图5-10　背景图层转换为普通图层

（二）复制图层

使用复制图层可以在同一图像中复制所选图层，也可以将所选图层复制并建立新文件，具体如下。

1. 在图层调板中复制图层的步骤

（1）在同一图像中复制图层，直接在图层调板中选中要复制的图层，然后将图层拖动至“创建新的图层”按钮上。

（2）按Ctrl + J组合键，可以快速复制当前图层。

（3）在不同的图像之间复制图层，首先选择这些图层，然后使用移动工具在图像窗口之间拖动复制。

提示:复制图层后,新复制的图层出现在原图层的上方,并且其文件名在原图层名的基础上加上了"副本"两字,如图 5-11 所示。

2. 使用图层菜单复制图层步骤

先选中要复制的图层,然后选择图层→复制图层命令,打开"复制图层"对话框,如图 5-12 所示。在"为"文本框中可以输入复制后的图层名称;在"目的"选项组中可以为复制后的图层指定一个目标文件;在"文档"下拉列表框中列出当前已经打开的所有图像文件,从中可以选择一个文件以便在复制后的图层上存放。如果选择"新建"选项,则表示复制图层到一个新建的图像文件中,此时"名称"文本框将被激活,用户可在其中为新文件指定一个文件名,单击"好"按钮即可将图层复制到指定的新建图像中。

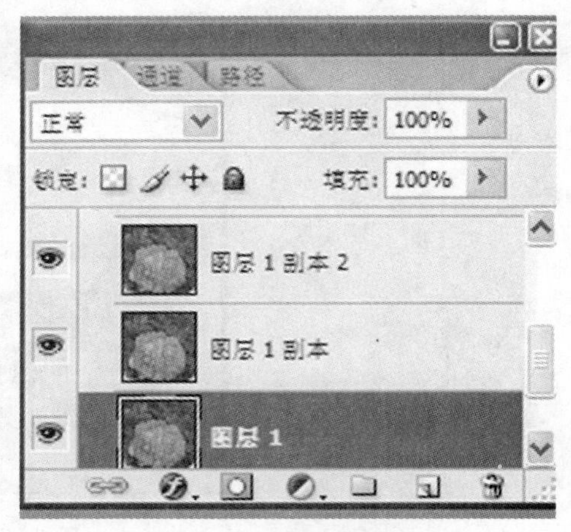

图 5-11　复制后的图层

另外,单击图层调板右上角小三角按钮,在弹出的菜单中选择复制图层命令,打开"复制图层"对话框,如图 5-12 所示。

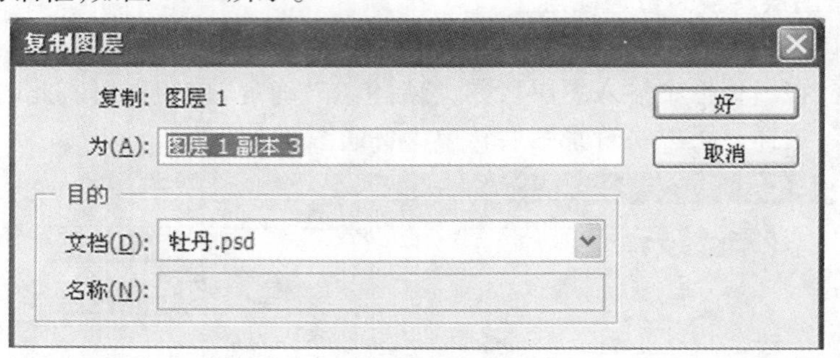

图 5-12　"复制图层"对话框

(三)删除图层

对于不需要的图层,可以将其删除。删除图层后,该图层中的图像也将被删除。删除图层有以下几种方法:

(1)在图层调板中选中需要删除的图层,单击图层调板底部的"删除图层"按钮。

(2)在图层调板中将需要删除的图层拖动至"删除图层"按钮上。

(3)在图层调板中选中要删除的图层后,选择菜单栏图层→删除→图层命令。

(4)在图层调板中要删除的图层上右击,在弹出的快捷菜单中选择删除图层命令。

三、调整图层的叠放次序

图层调板中的堆叠次序决定了图层或图层组中的内容是出现在图像中其他图素的前

面还是后面。

在图层调板中的“图层 1”上按住鼠标左键不放，此时鼠标变成一个抓手形状，向下拖动到所需要的位置，即文字图层“洛阳牡丹”的下方，呈粗线状，如图 5-13 所示。松开鼠标左键，画面效果如图 5-14 所示。

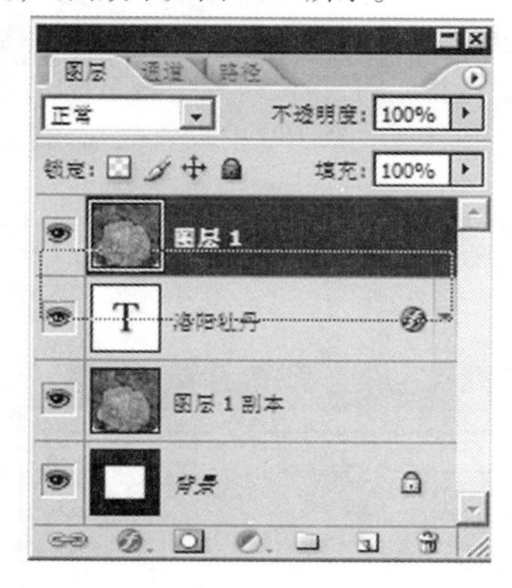

图 5-13 拖动“图层 1”到文字图层“洛阳牡丹”下方

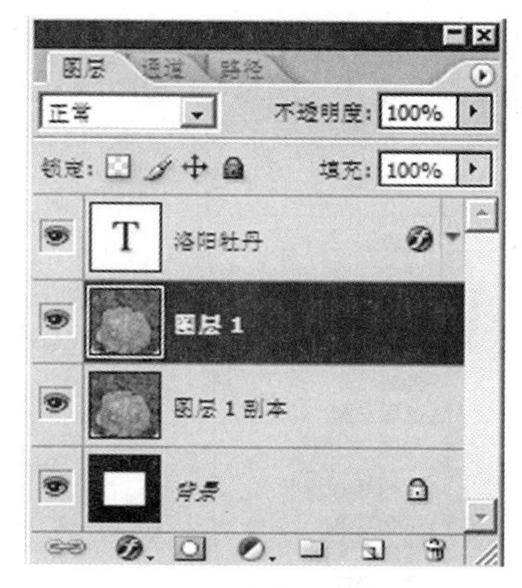

图 5-14 移动后的图层位置

四、图层的链接与合并

（一）图层的链接

可以将多个图层链接成一组，在移动其中某一图层内容时，其他图层将同时移动。需要注意的是，移动图层内容是使用移动工具在图像编辑区完成的，和调整图层位置有本质的区别。

链接方法是依次选择多个图层后，点击图层调板下方的链接按钮，就实现了所选择的图层的互相链接。此时图层调板中每层后面会显示一个链接图标，代表这些图层已经链接。如果想取消链接图层，只要选择处在链接中的图层后，点击图层调板下方的链接按钮将其删除即可。

（二）图层的合并

通过合并图层可以将几个图层合并成一个图层，这样可以减小文件大小，方便对合并后的图层进行编辑。Photoshop 的图层合并方式共有 3 种：

（1）向下合并：可以将当前图层与下面的一个图层进行合并。

（2）合并可见图层：可以将图层调板中所有显示的图层进行合并，而被隐藏的图层将不合并。

（3）拼合图层：用于将图像窗口中所有的图层进行合并，并放弃图像中隐藏的图层。

五、创建填充图层和调整图层

可以使用调整图层对图像使用颜色和色调调整，而不会永久地修改图像中的像素。此时，颜色和色调更改位于调整图层内，该图层像一层透明膜一样，下面图层图像可以透过它显示出来。因此，调整图层会影响它下面的所有图层，可以通过制作一个调整图层校正多个图层，而不是分别对每个图层进行调整。不需要时，可删除调整图层，而原图像不受影响。

填充图层时用户可以用纯色、渐变或图案填充图层。与调整图层不同，填充图层不影响它们下面的图层。

单击图层面板下方的按钮，从弹出的菜单中可以看见图层调整和图层填充的所有选项，如图 5-15 所示。图中的前 3 项即纯色、渐变或图案是图层填充项，而后几项都是图层调整项。在“渐变填充”对话框（见图 5-16）中进行相应的设置，得到如图 5-17 所示添加“渐变”填充图层后的效果；在“色彩平衡”对话框（见图 5-18）中设置之后，得到如图 5-19所示添加“色彩平衡”调整图层后的效果。

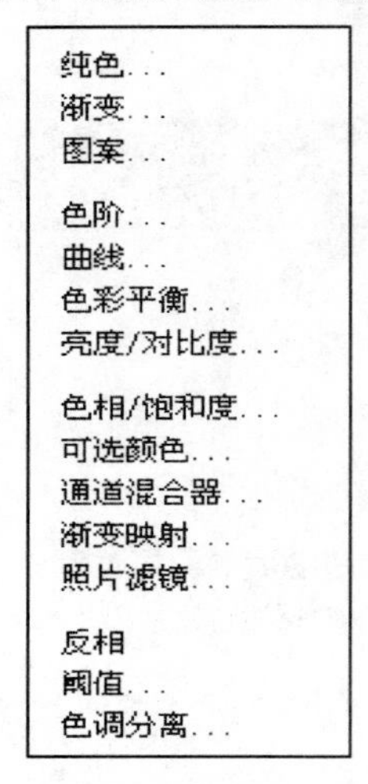

图 5-15　调整和填充图层菜单

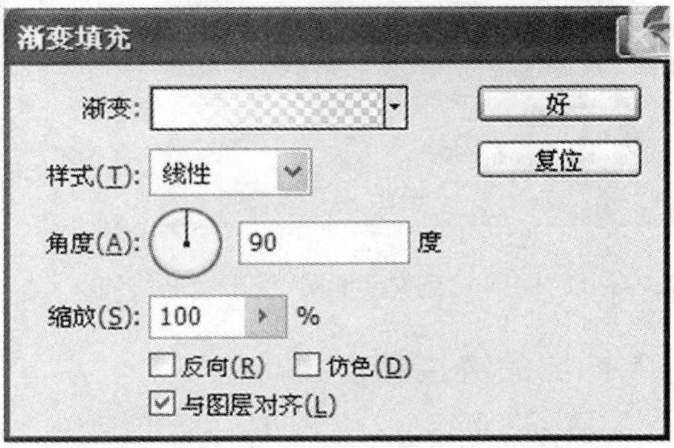

图 5-16　“渐变填充”对话框

图 5-17　添加“渐变”填充图层

使用调整图层和使用调整命令的功能非常相似，但是使用调整图层还具有以下特点：

(1) 使用调整图层可以影响其下面所有图层的显示效果，而使用调整命令只能调整一个图层的内容。

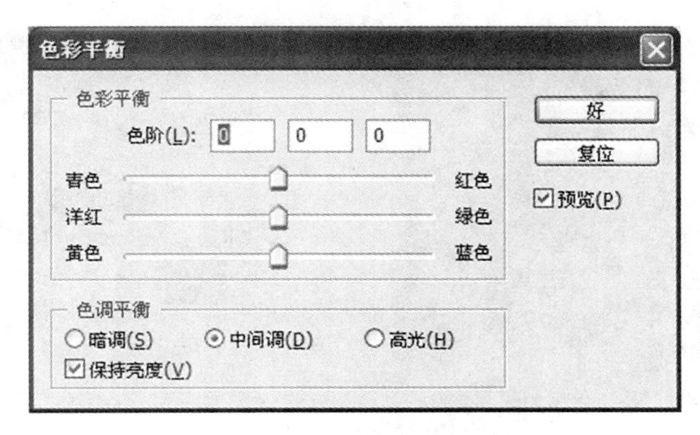

图 5-18　“色彩平衡”对话框

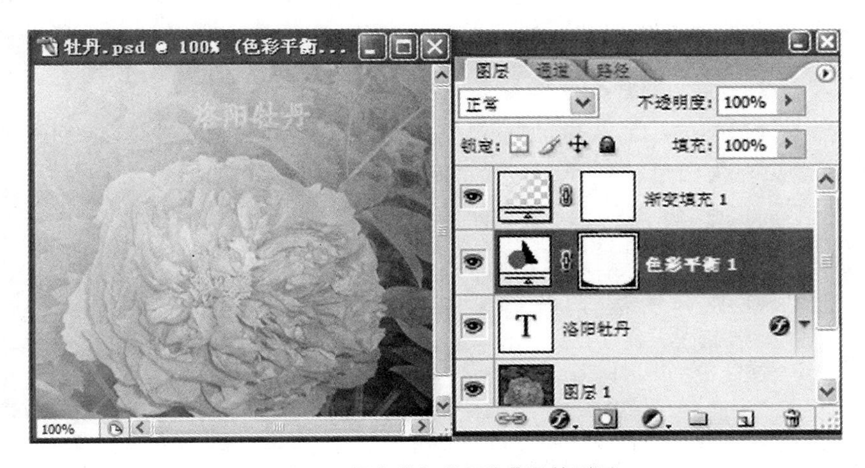

图 5-19　添加“色彩平衡”调整图层

(2)使用调整图层并没有改变其下面图层的实际内容,当不需要调整时,只须删除该调整图层即可;而使用调整命令将改变被调整图层的实际内容,当不需要调整时,只能通过“历史记录”进行还原,而且调整之后的所有操作将一起被撤销,若调整之后的步骤过多,将无法还原。

课堂案例:图像胶片效果的制作

(一)实训目标

练习图层的基本操作。

(二)操作步骤

(1)新建一个空白 RGB 图像文件,命名为“图像的胶片效果”。

(2)单击编辑→填充命令,在“填充”对话框中的“使用”下拉列表中选择“前景色”,单击“确定”按钮,将前景色设置为黑色,如图 5-20 所示。

(3)打开图层调板,单击其底部的“创建新图层”按钮,新建“图层 1”,如图 5-21 所示。

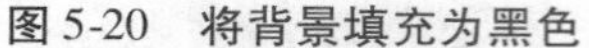

图 5-20　将背景填充为黑色

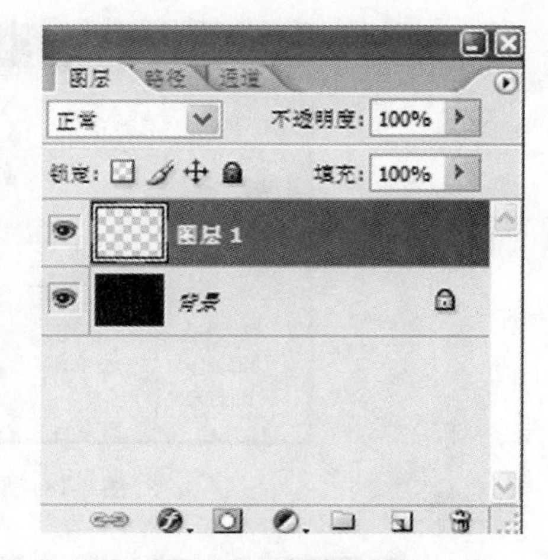

图 5-21　新建图层

(4)选择工具箱中的矩形选择工具，在图像窗口中单击鼠标并拖动，创建一个矩形选区，并将选取填充为白色，然后取消选区，如图 5-22 所示。

(5)在图层面板中，将“图层 1”拖到面板下部的“创建新图层”按钮上，复制“图层 1”，得到“图层 1”副本，重复执行此操作 7 次，如图 5-23 所示。

(6)选择工具箱中的移动工具，在图像窗口中调整“图层 1 副本 8”中的白色矩形的位置，如图 5-24 所示。

图 5-22　创建选区并填充为白色

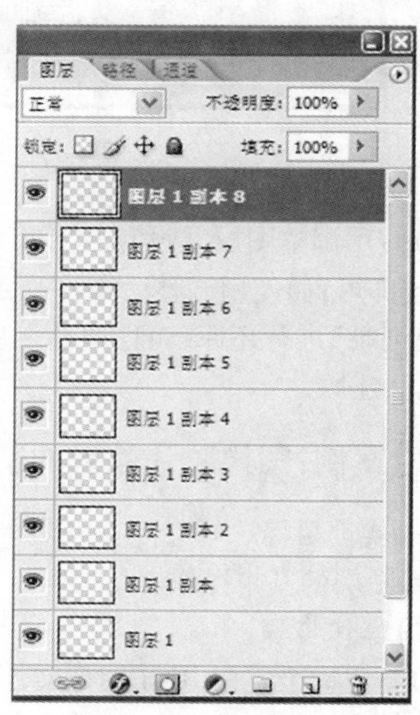

图 5-23　复制图层

(7)选中除背景外的所有图层，然后单击图层面板底部左边的“链接图层”按钮，对图层进行链接，如图 5-25 所示。

图 5-24　调整"图层 1 副本 8"白色矩形位置

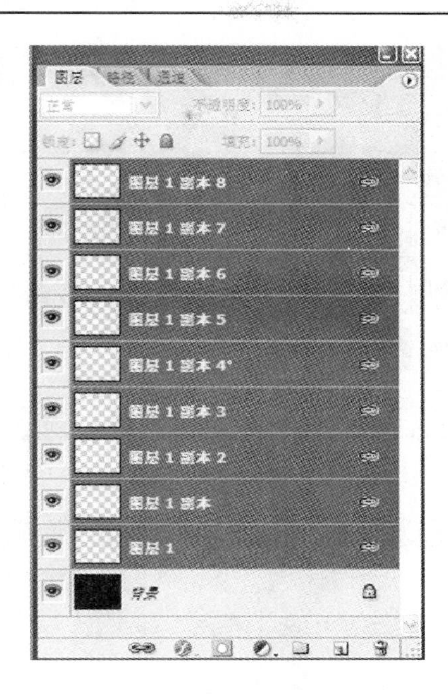

图 5-25　链接除背景图层外的图层

(8)执行图层→分布链接图层→水平居中命令,图像效果如图 5-26 所示。

(9)执行图层→合并图层命令,此时的图层面板如图 5-27 所示。

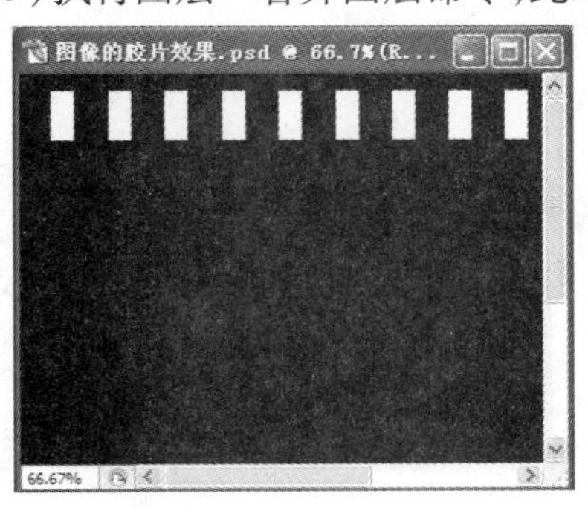

图 5-26　水平居中各链接图层

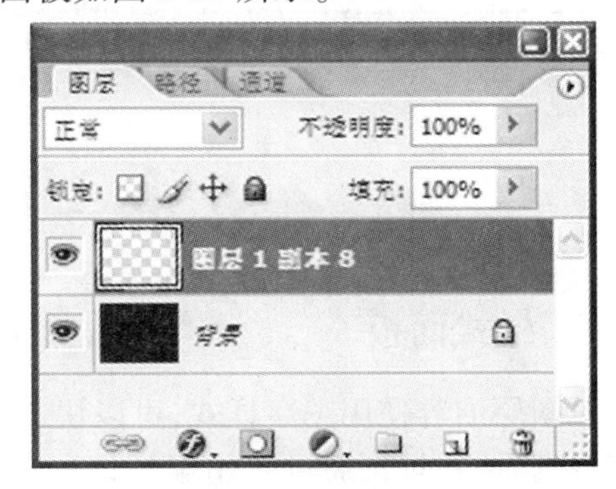

图 5-27　合并链接图层

(10)在图层面板中复制"图层 1 副本 8",得到"图层 1 副本 9",如图 5-28 所示。

(11)选择工具箱中的移动工具,在图像窗口中调整"图层 1 副本 9"中图像的位置,如图 5-29 所示。

(12)打开素材图像,如图 5-30 所示。单击选择→全部命令全选图像,然后单击编辑→拷贝命令来复制图像。

(13)激活原始图像窗口,单击编辑→粘贴命令粘贴图像,然后利用工具箱中的移动工具调整图像的位置,得到最终的胶片效果如图 5-31 所示。

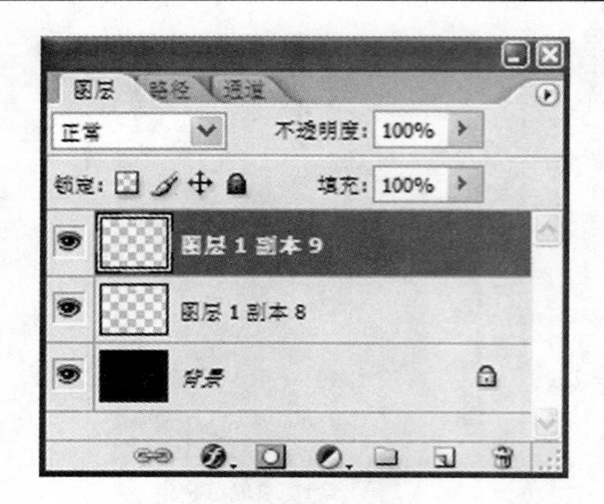

图 5-28　复制“图层 1 副本 8”

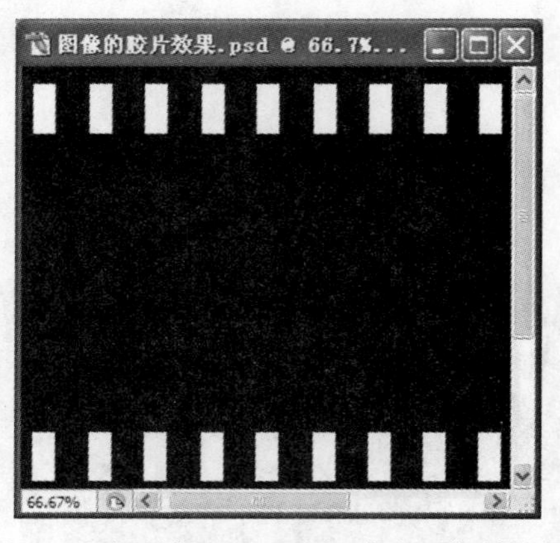

图 5-29　调整“图层 1 副本 9”中图像的位置

图 5-30　素材图片“胶片”

图 5-31　最终的胶片效果

第三节　图层样式

一、样式面板

对图层内容使用图层样式，可以快速得到特殊效果。预定义的图层样式可以通过样式调板查看，并且仅通过单击鼠标即可应用“图层样式”对话框的样式，如图 5-32 所示。另外，也可以通过对图层应用多种效果创建自定义的样式，还可以通过样式调板菜单设定图层样式的预览效果。

二、图层样式分类

（一）预定义样式

系统默认的预定义样式只有 16 种，一般显示在样式调板，还可以通过载入的方法，将一些系统已设定好的样式或通过其他方式得到的样式导入到样式调板。单击样式调板右侧的调板，选择载入样式，如图 5-33 所示，在弹出的对话框中选择所需要的样式。

（二）自定义样式

可以使用下面的一种或多种效果创建自定义样式：

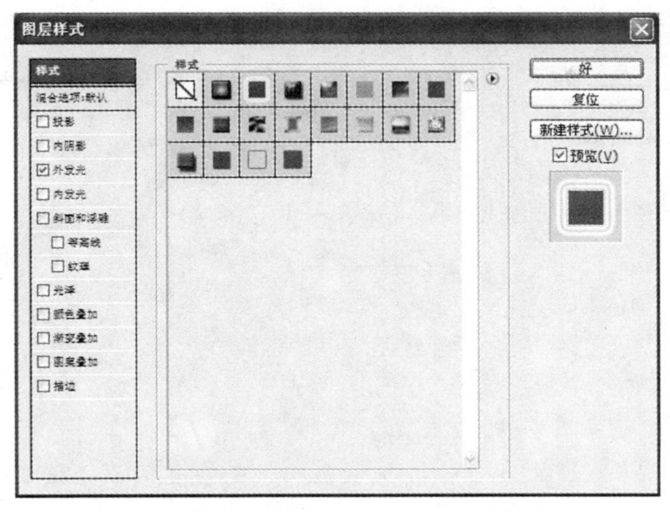

图 5-32　“图层样式”对话框

(1)单击图层调板中的“增加图层样式”按钮，如图 5-34 所示，从列表中选取效果，弹出图层样式调板，如图 5-35 所示，单击“样式”，得到“图层样式”对话框如图 5-32 所示，选择相应的样式即可。还可以从图层→图层样式子菜单中选取效果，如图 5-36 所示。

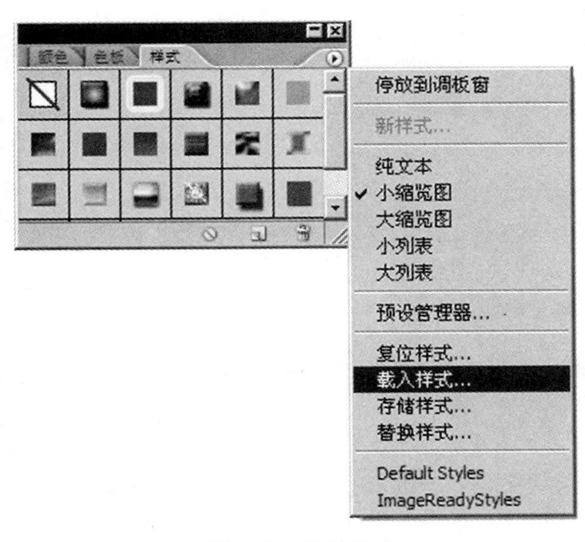

图 5-33　载入样式

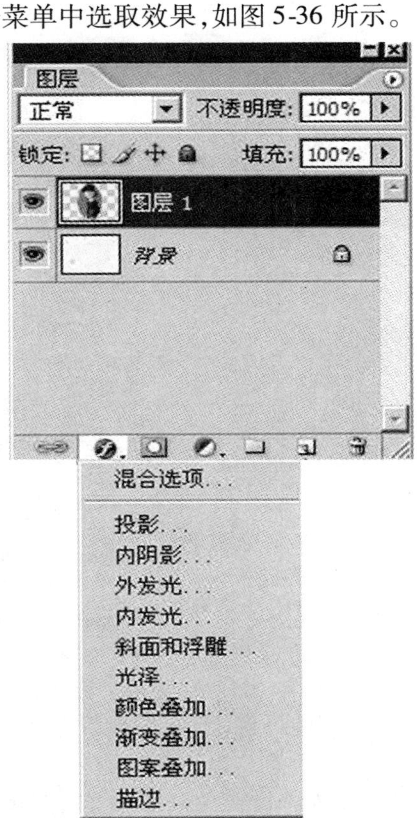

图 5-34　从图层面板添加图层样式

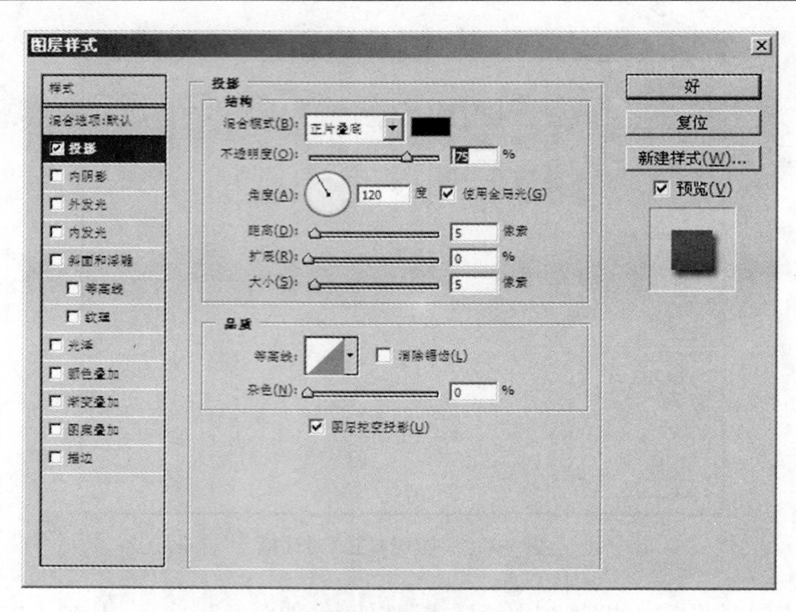

图 5-35　图层样式调板

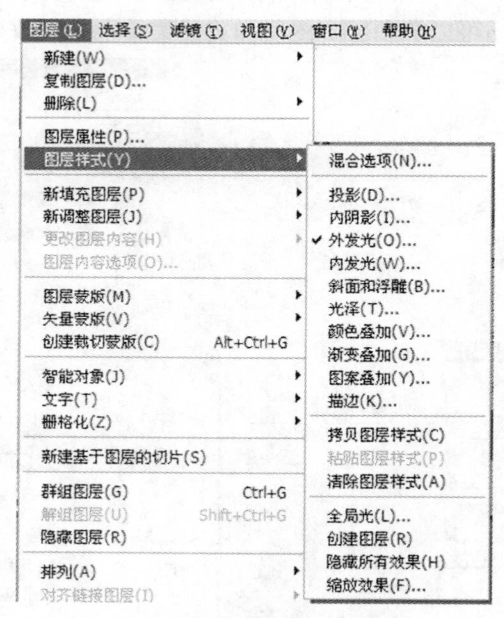

图 5-36　图层样式子菜单

(2)在图层调板中,双击图层缩览图(普通图层),会打开“图层样式”对话框,可在对话框的左侧选择效果,如图 5-32 所示。

其样式效果有以下几种。

投影:在图层内容的后面添加阴影。

内阴影:紧靠在图层内容的边缘添加阴影,使图层具有凹陷外观。

外发光和内发光：添加从图层内容的外边缘或内边缘发光的效果。

斜面和浮雕：对图层添加高光与暗调的各种组合。

光泽：在图层内部根据图层的形状应用阴影，通常都会创建出光滑的磨光效果。

颜色叠加、渐变叠加和图案叠加：用颜色、渐变或图案填充图层内容。

描边：使用颜色、渐变或图案在当前图层上描画对象的轮廓。它对于硬边形状（如文字）特别有用。

选择某一样式后，可以在"图层样式"对话框中设置效果的选项。还可以选择其他效果。单击效果名称左侧的复选框，添加"外发光"效果，但不调整其选项，如图 5-37 所示。

图 5-37　应用"外发光"样式

第四节　图层效果制作

一、投影与阴影效果

创建一个图像文件，添加文字图层，输入"PHOTOSHOP"，如图 5-38 所示。然后分别添加如下几种图层样式，观察各自的效果。

图 5-38　图像

（一）投影效果

使用投影能给图层加上一个阴影。打开"图层样式"对话框，选中"投影"复选框，双击打开投影面板，如图 5-39 所示。对文字所在图层添加投影效果，得到如图 5-40 所示效果。

投影面板中，各项具体功能如下：

混合模式：设置阴影与下方图层的混合模式。

不透明度：设置阴影效果的不透明度。

角度：设置阴影的光照角度。

距离：设置阴影效果与原图层内容偏移的距离。

扩展：用于扩大阴影的边界。

大小：用于设置阴影边缘模糊的程度。

等高线：用于设置阴影的轮廓形状，可以在其下拉列表框中进行选择。

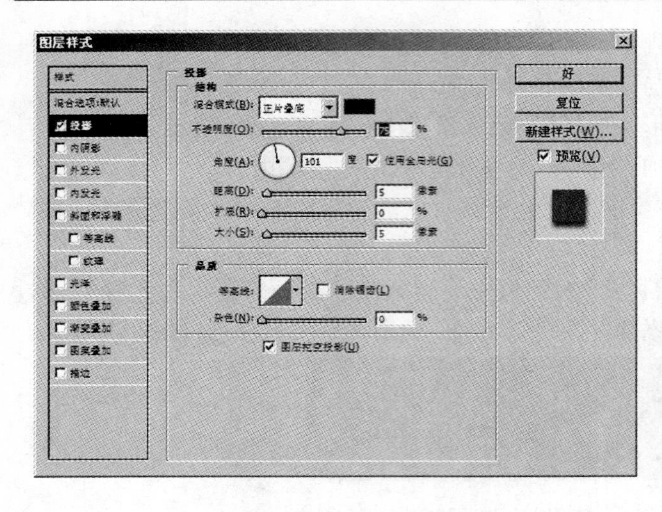

图 5-39　投影面板

图 5-40　添加投影的文字效果

消除锯齿:使投影边缘更加平滑。

杂色:用于设置是否使用噪声点来对阴影进行填充。

图层挖空投影:用于控制半透明图层中投影的可视性。

(二)内阴影效果

内阴影可使图层产生内陷的阴影效果。打开"图层样式"对话框,选中"内阴影"复选框,双击打开内阴影面板,如图 5-41 所示。添加该样式后,得到如图 5-42 所示效果。内阴影的设置和投影的设置基本相同,只是两者产生的效果有所差异。

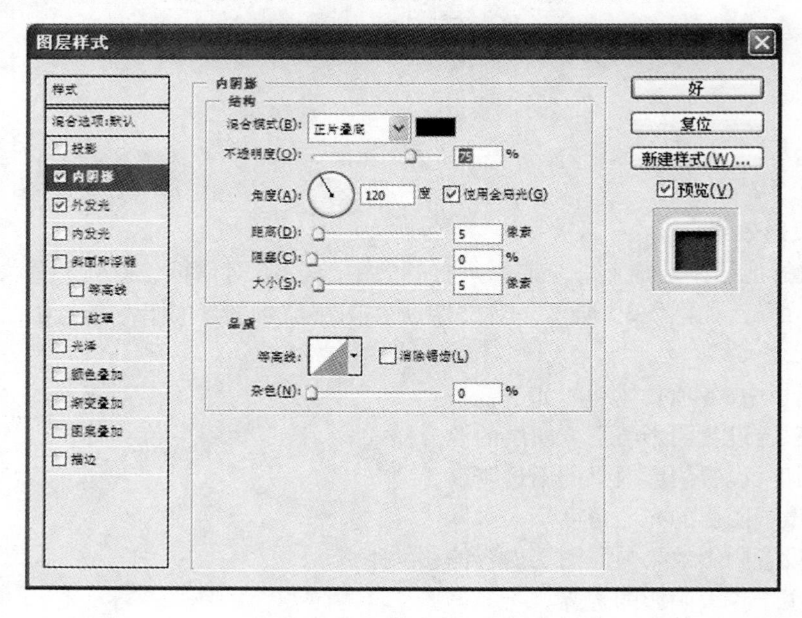

图 5-41　内阴影面板

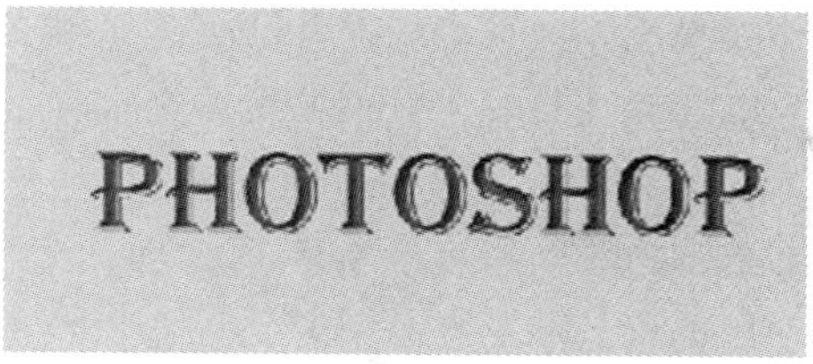

图 5-42　添加内阴影效果

另外,“阻塞”滑块与“投影”选项中的“扩展”滑块相似,用于设置内阴影的强度。

二、斜面及浮雕效果

斜面及浮雕效果可以给图层加上生动的效果。打开“图层样式”对话框,选中“斜面及浮雕”复选框,双击打开斜面及浮雕面板,如图 5-43 所示。添加“斜面及浮雕”后,得到如图 5-44 所示效果。

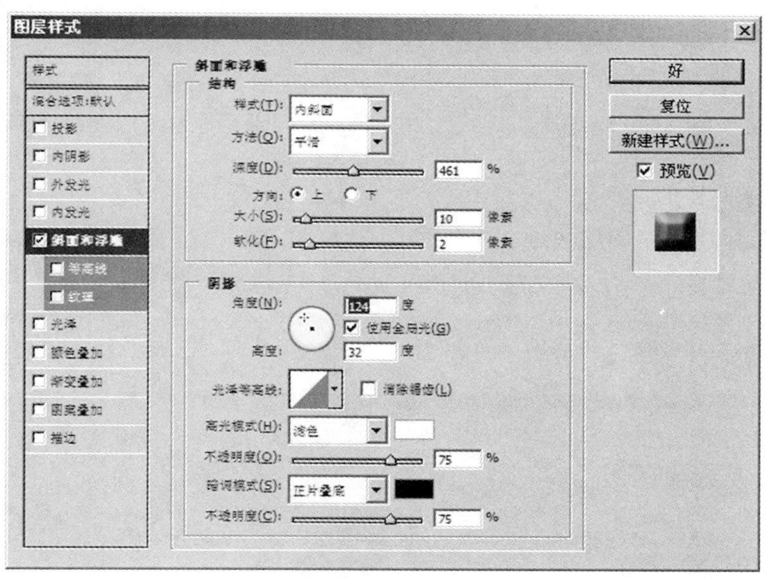

图 5-43　斜面及浮雕面板

图 5-44　添加斜面及浮雕效果

各选项功能如下。

样式:指定斜面样式。选“内斜面”可在图层内容的内边缘上创建斜面;选“外斜面”可在图层内容的外边缘上创建斜面;选“浮雕效果”可使图层内容相对于下层图层呈浮雕状的效果;选“枕状浮雕”可产生将图层内容的边缘压入下层图层中的效果;选“描边浮雕”可将浮雕限制应用于图层的描边效果的边界(如果未将任何描边应用于图层,则描边浮雕效果不可见)。

方法:用来设置斜面和浮雕的雕刻精度。有 3 个选项:“平滑”、“雕刻清晰”和“雕刻柔和”。

深度:指定斜面深度。

大小:指定阴影大小。

软化:模糊阴影效果,可减少多余的人工痕迹。

角度:所采用的光照角度。

高度:设置光源的高度。值为 0 表示底边,值为 90 表示图层的正上方。

光泽等高线:创建有光泽的金属外观。光泽等高线是在为斜面或浮雕加上阴影效果后应用的。

高光或阴影模式:指定斜面或浮雕高光或阴影的混合模式。

等高线:在斜面和浮雕中,可以使用等高线勾画在浮雕处理中被遮住的起伏、凹陷和凸起。

三、发光效果与光泽效果

(一)外发光效果

外发光效果可以给图层边缘加上一个光芒环绕的效果。打开“图层样式”对话框,选中“外发光”复选框,双击打开外发光面板,如图 5-45 所示。添加“外发光”样式后,得到如图 5-46所示的效果。

外发光面板中,各选项功能如下。

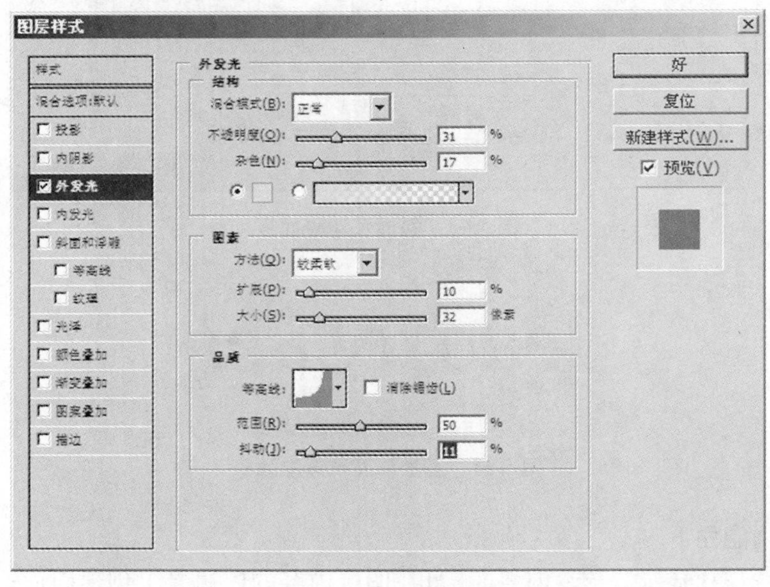

图 5-45　外发光面板

图 5-46　添加外发光后的效果

○□:单击色块可以设置光晕颜色。

◉[渐变色块]:单击色块可以打开“渐变编辑器”,编辑设置光晕的渐变色。

方法:用于选择处理蒙版边缘的方法,可以选择“柔和”和“精确”两种设置。

扩展:设置光晕向外扩展的范围。

大小:控制光晕的柔滑效果。

等高线:控制外发光的轮廓样式。

范围:控制等高线的应用范围。

抖动:控制随机发光光晕的渐变。

(二)内发光效果

打开“图层样式”对话框,选中“内发光”复选框,双击打开内发光面板,如图 5-47 所示。添加“内发光”样式后,图层效果如图 5-48 所示。与“外发光”效果的对话框类似,只是产生的辉光效果方向不同。其中 源:○居中(E) 单选按钮表示光线将从图像中心向外扩展,◉边缘(G) 单选按钮表示将从边缘内侧向中心扩展。

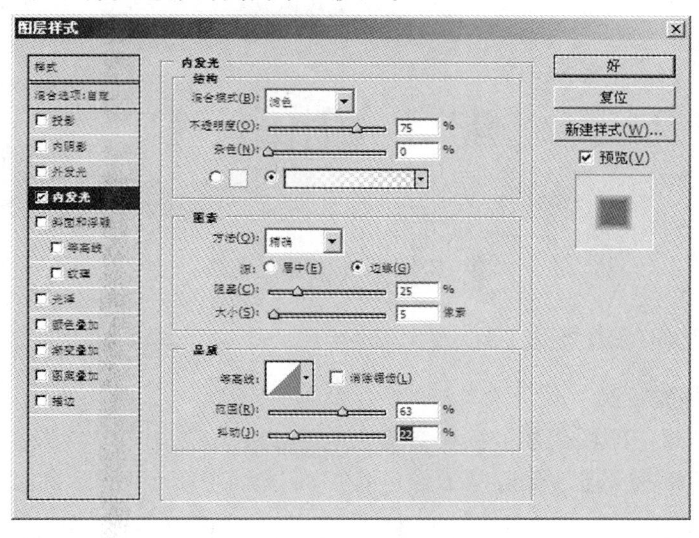

图 5-47　内发光面板

图 5-48　添加内发光后的效果

(三)光泽效果

使用光泽效果能给图层加上类似于绸缎的光泽。打开“图层样式”对话框,选中“光泽”复选框,双击显示光泽面板,如图 5-49 所示。添加“光泽”样式后,得到如图 5-50 所示效果。其中的各项参数与其他样式中同名的参数含义相同。

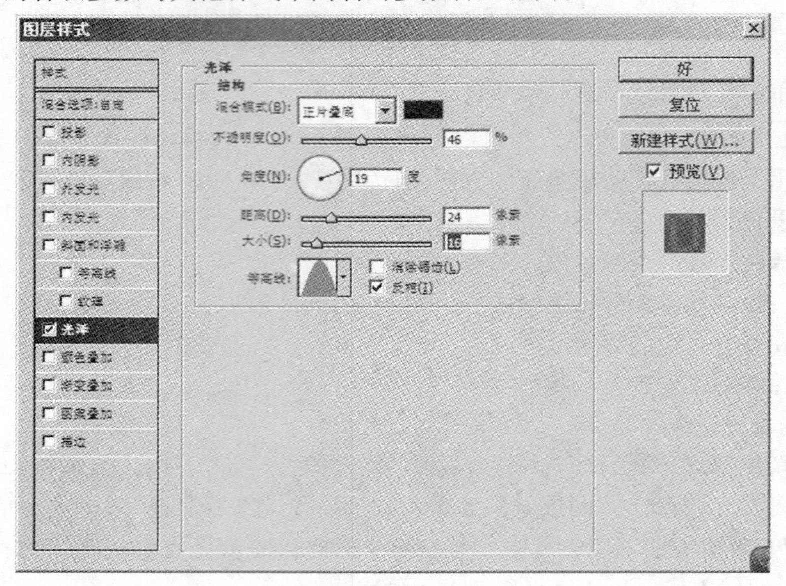

图 5-49　光泽面板

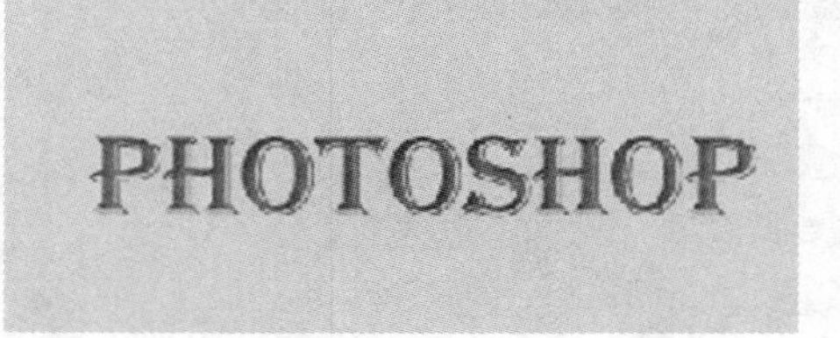

图 5-50　添加光泽后的效果

四、层覆盖和描边效果

(一)颜色叠加效果

颜色叠加效果能给图层加上一个带有混合模式的单色图层。在“图层样式”对话框中选中“颜色叠加”复选框,双击显示颜色叠加面板,如图 5-51 所示。添加该样式,得到图 5-52 所示效果。

(二)渐变叠加效果

使用渐变叠加效果能给图层加上一个层次渐变的效果。在“图层样式”对话框中选中“渐变叠加”复选框,双击显示渐变叠加面板,如图 5-53 所示。添加该样式后,得到如图 5-54 所示效果。

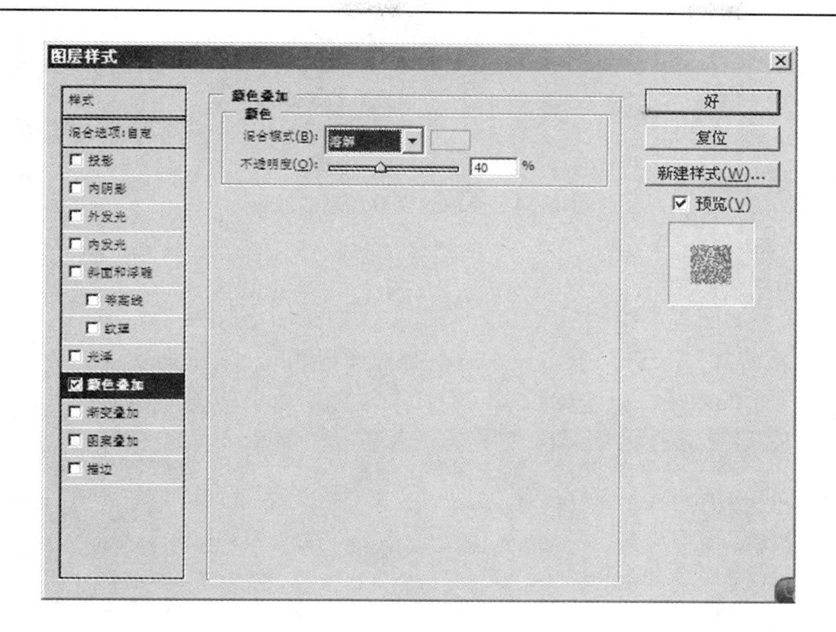

图 5-51　颜色叠加面板

图 5-52　添加颜色叠加后的效果

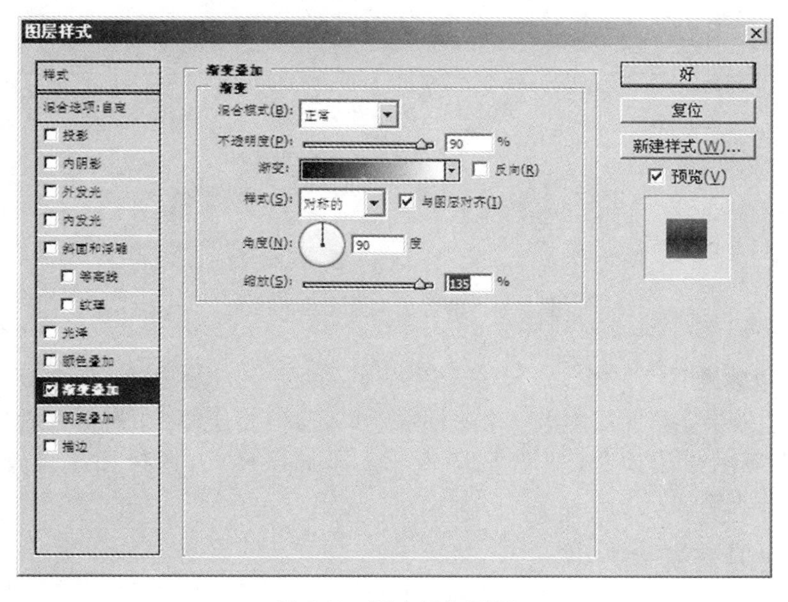

图 5-53　渐变叠加面板

图 5-54　添加渐变叠加后的效果

(三) 图案叠加效果

使用图案叠加面板能给图层加上一个图案化的图层叠加效果。在“图层样式”对话框中选中“图案叠加”复选框，双击显示图案叠加面板，如图 5-55 所示。添加该样式后，得到如图 5-56 所示的效果。其中的设置与斜面及浮雕面板中的图案选项相似。

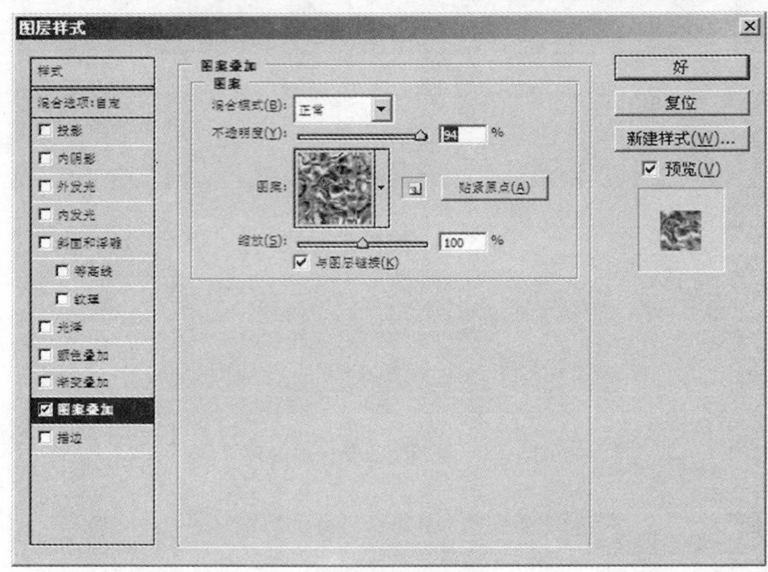

图 5-55　图案叠加面板

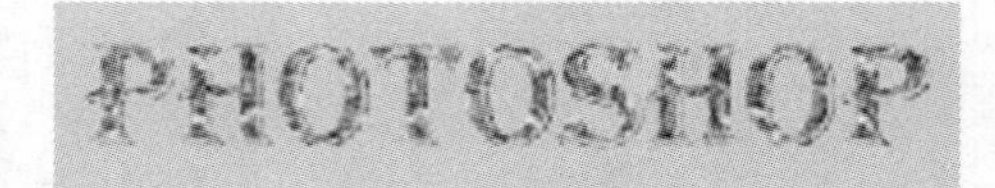

图 5-56　添加图案叠加后的效果

(四) 描边效果

使用描边效果能给图层加上一个边框的效果。在“图层样式”对话框中选中“描边”复选框，双击显示描边面板，如图 5-57 所示。添加该样式，选择相应设置后，得到如图 5-58所示的效果。

五、图层混合模式效果

图层的混合模式决定了当前图层中的图像如何与下层图像的颜色进行色彩混合。在“图层样式”对话框的“混合模式”下拉列表框中选择所需的混合模式即可，如图 5-59

所示。

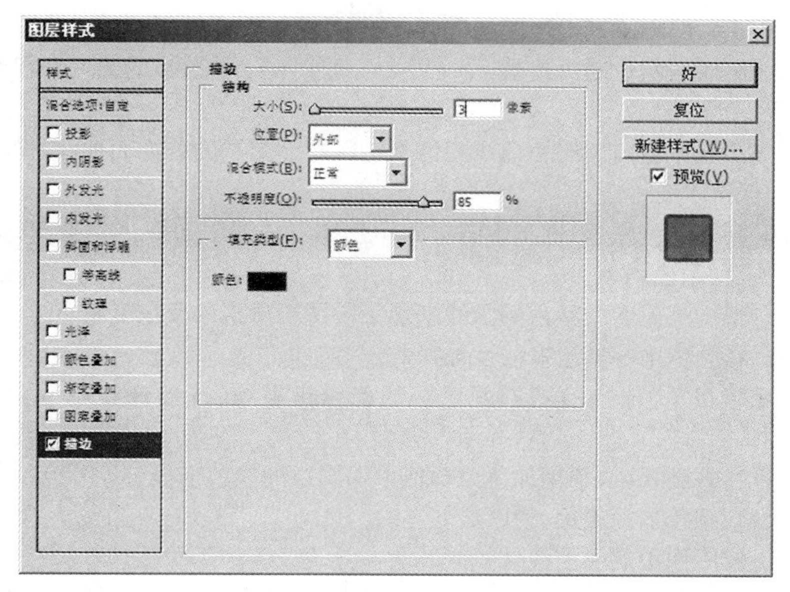

图 5-57 描边面板

图 5-58 添加描边后的效果

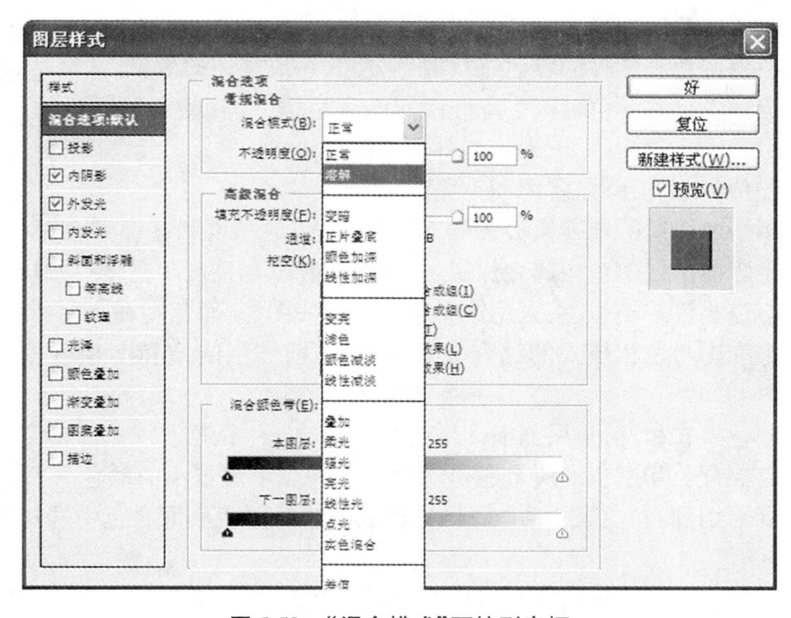

图 5-59 “混合模式”下拉列表框

各种模式的作用如下。

正常:使用正常的方式和下面图层混合,效果受不透明度的影响。

溶解:当前图层的颜色随机地被下一图层的颜色替换,被替换的强度和程度取决于不透明度的设置。

变暗:下面图层比当前图层颜色浅的像素会因当前图层的替换而加深,而比当前图层颜色深的像素保持不变。

正片叠底:利用减色原理,把当前图层的颜色和下一图层的颜色相乘,产生比这两种颜色都深的第三种颜色。

颜色加深:根据当前图层颜色的深浅来使下一图层像素的颜色变暗。

线性加深:将图像中的颜色按线性加深。

变亮:与变暗相反,比当前图层颜色深的像素被替换,浅的像素不变,从而使图像变亮。

滤色:和正片叠底相反,利用加色原理使下一图层的颜色变浅。

颜色减淡:与颜色加深相反,使图像变亮。

线性减淡:按图像中的颜色线性减淡。

叠加:综合正片叠底和屏幕两种模式效果,这种模式对图像中的中间色调影响大,而对高亮和阴影部分影响不大。

柔光:图像产生柔和的光照效果,使当前图层比下面图层亮的区域更亮,暗的区域更暗。

强光:使图像产生强烈的光照效果。

亮光:使图像的色彩变得鲜明。

线性光:产生线性的光照效果。

点光:限制减弱光照效果。

实色混合:将底色和选择的颜色进行混合,使其达成统一的效果。

差值:用当前图层的颜色值减去下面图层的颜色值,比较绘制的颜色值,从而产生反相效果。

排除:与差值类似,但颜色要柔和一些。

色相:只用当前图层的色度值去影响下一图层,而饱和度和亮度不会影响下一图层;反过来说,就是当前图层的色相属性保留,合成时饱和度与亮度都受下一图层影响。

饱和度:与色相模式相似,它只用饱和度影响下一图层,而色度和亮度不会被影响。

颜色:是饱和度与色相模式的综合效果,即用当前图层的饱和度和色相影响下一图层,而亮度不影响。

明度:和颜色模式相反,只用当前图层的亮度影响下一图层。

深色:比较混合色和基色的所有通道值的总和并显示值较小的颜色。“深色”不会生成第三种颜色(可以通过“变暗”混合获得),因为它将从基色和混合色中选择最小的通道值来创建结果颜色。

浅色:比较混合色和基色的所有通道值的总和并显示值较大的颜色。“深色”不会生成第三种颜色(可以通过“变亮”混合获得),因为它将从基色和混合色中选择最大的通道值来创建结果颜色。

打开两幅图像，如图 5-60 所示，在实例中演示各种模式，用移动工具将人物图像拖曳到背景图像上，调整人物大小，“图层”控制面板中的效果如图 5-61 所示。

分别对图像应用“正片叠底”、“差值”和“亮度”模式后，得到图像的混合效果如图 5-62 ~ 图 5-64 所示。

图 5-60　原始图像的效果

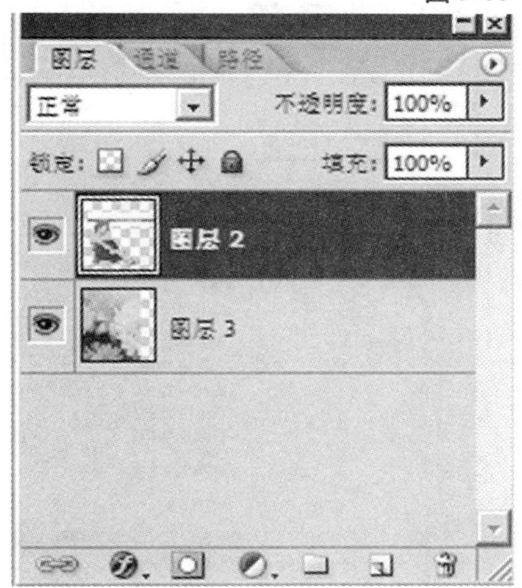

图 5-61　图层控制面板中的效果

图 5-62　添加“正片叠底”模式的效果

图 5-63　添加“差值”模式的效果

图 5-64　添加“亮度”模式的效果

六、图层效果的保存、复制、显示和隐藏

(一) 保存样式

当自定义了某种样式后,可以将样式保存起来,以后使用。单击“图层样式”对话框的“新建样式”按钮,在弹出的对话框中给新样式命名,勾选相应的复选框,单击“好”按钮,如图 5-65 所示。

(二) 复制样式

通过在图层调板中进行相应的操作,可以把当前图层样式复制到其他图层上。

首先,在有样式的图层上单击鼠标右键,在弹出的快捷菜单中选择“拷贝图层样式”命令,如图 5-66 所示。然后在需要应用该样式的图层上右击,在弹出的快捷菜单中选择“粘贴图层样式”命令即可。

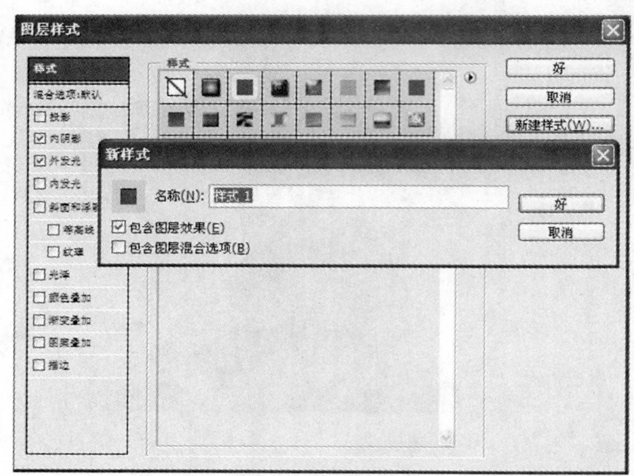

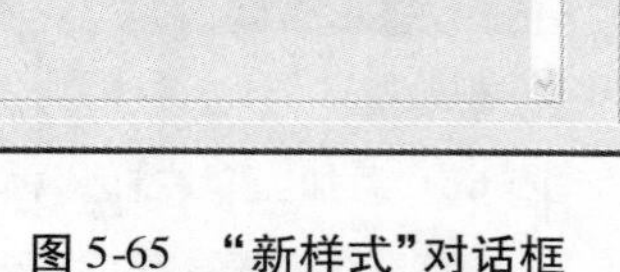

图 5-65　“新样式”对话框

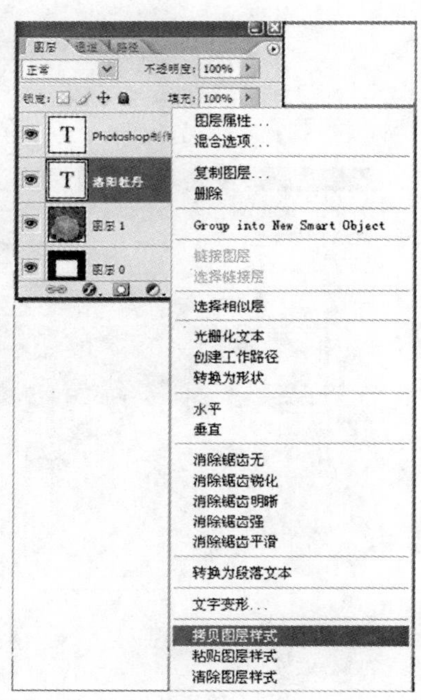

图 5-66　选择“拷贝图层样式”

(三) 显示和隐藏图层样式

在图层调板中添加了图层效果的图层的右侧会显示一个图标,表示该图层添加了图层样式效果。单击该图标右侧图标,可以显示该图层所添加的全部图层样式效果,如图 5-67 所示。单击效果前面的图标,在图像窗口中将不显示该图层的所有图层样式;单击某一项图标样式效果前面的图标,如投影效果,在图像窗口中将不显示该图层样式效果。

课堂案例:给图片添加特殊文字效果

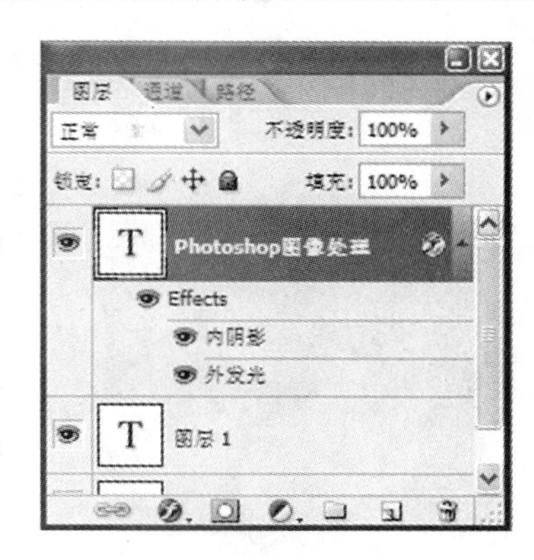

图 5-67　图层调板

(一)实训目标

练习使用多种图层样式和拼合图层命令,并自由组合。

(二)操作步骤

(1)打开素材图像文件,如图 5-68 所示。

(2)选择工具箱中的横排文字工具,并对文字进行设置,在图片中输入“夏天的味道”,如图 5-69 所示。

(3)选择图层→图层样式→投影命令,打开“投影”对话框,将“距离”设置为 15,如图5-70所示,单击“好”完成操作,投影效果如图 5-71 所示。

图 5-68　原始图像与效果对比

图 5-69　输入文字

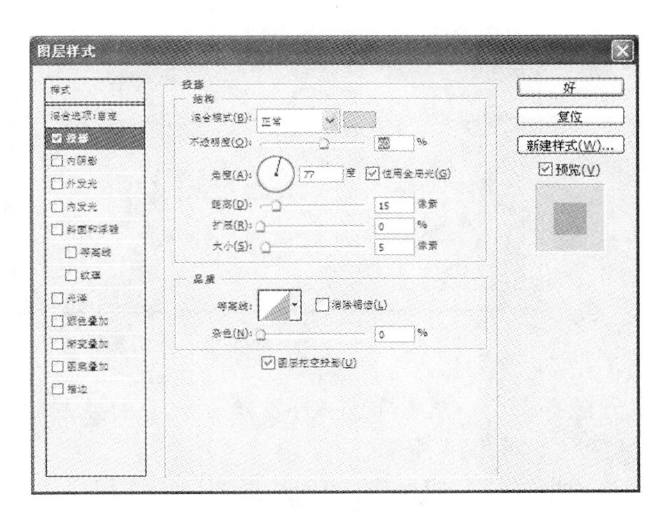

图 5-70　“投影”对话框

(4)选择图层→图层样式→混合选项命令,打开“混合选项”对话框,将“填充不透明度”设置为 5,如图 5-72 所示。

图 5-71　投影效果

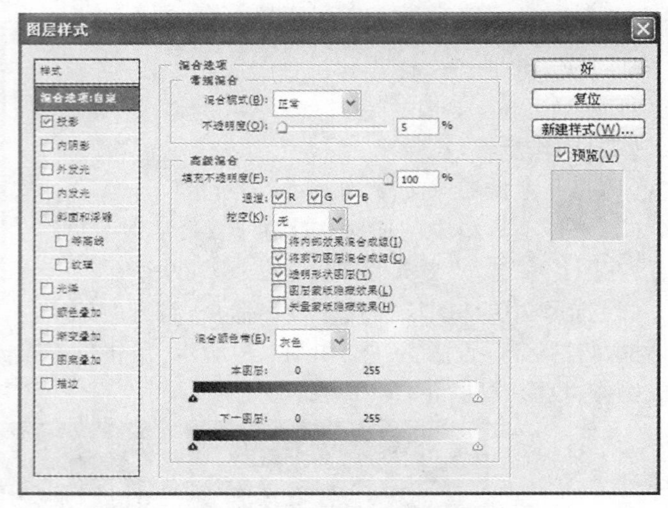

图 5-72　混合选项设置

(5)选择图层→图层样式→内阴影命令,打开“内阴影”对话框,将“不透明度”设置为 50,单击“好”完成操作,如图 5-73 所示。

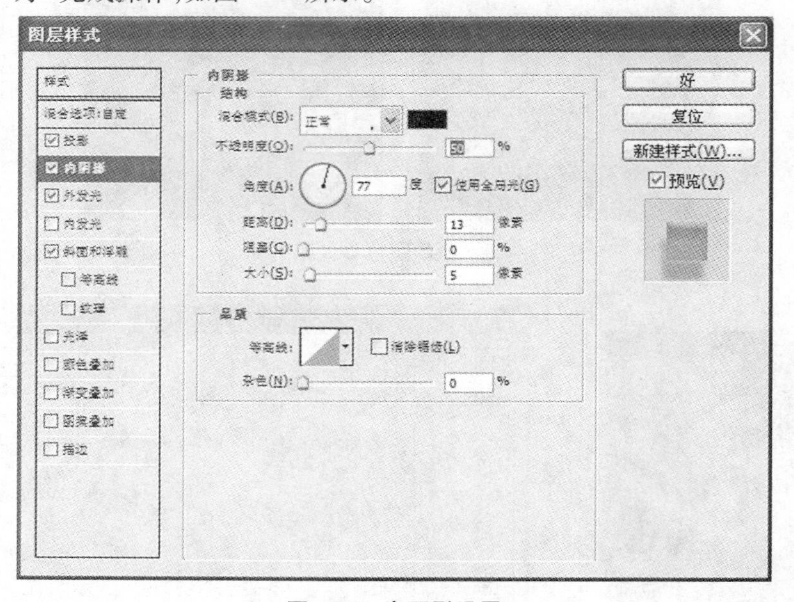

图 5-73　内阴影设置

(6)选择图层→图层样式→外发光命令,在打开的对话框中将“渐变”设置为“黄色到透明渐变”,如图 5-74 所示。

(7)单击“好”完成操作,然后选择图层→图层样式→斜面和浮雕命令,将“暗调”模式设置为“线性减淡”,如图 5-75 所示。单击“好”完成操作后,图像效果如图 5-76 所示。

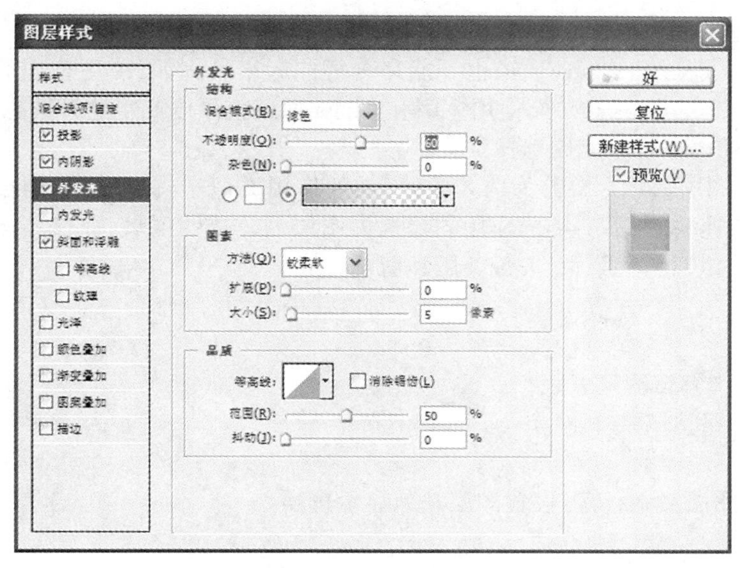

图 5-74　外发光设置

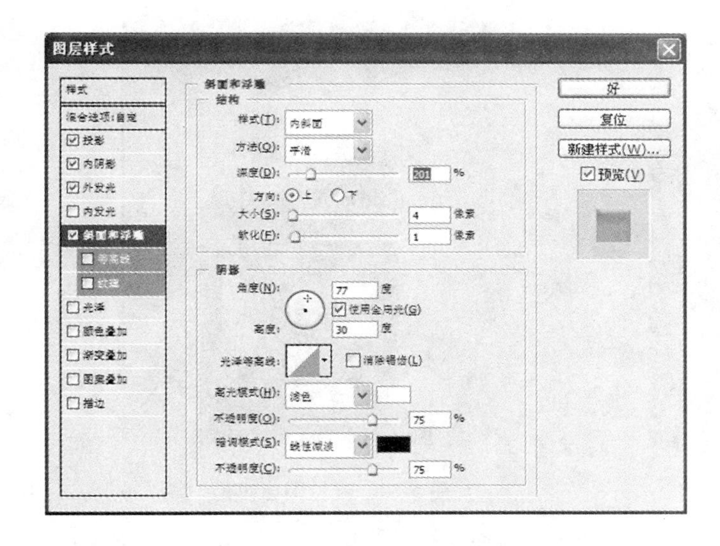

图 5-75　斜面和浮雕

图 5-76　添加特殊效果之后的图像效果

第五节　蒙　版

一、蒙版的基本概念

蒙版实际上是一幅 256 级灰度图像，可以用来保护图像的某些区域，而只对这些区域以外的地方进行操作。从某种意义上讲，蒙版和选区的作用正好相反。

选区、蒙版和 Alpha 通道是 Photoshop 中三个非常重要而且紧密相关的概念，可以把它们视为同一个事物的不同方面。选区一旦选定，实际上也就创建了一个蒙版，选区和蒙版存储起来,就是 Alpha 通道,它们之间可以相互转换。对这三者的关系可以通过图来理解。

不过,选区、蒙版和 Alpha 通道也不能完全等同起来。例如,使用普通的选择工具无法产生诸如 54% 之类的选择,而使用蒙版和 Alpha 通道就可以产生这种选择。另外,编辑蒙版和 Alpha 通道也可以使用选择工具。

Photoshop 图层蒙版主要分为两大类:一类的作用类似于选择工具,用于创建复杂的选区,主要是快速蒙版;另一类的作用主要是为图层创建透明区域,而又不改变图层本身的内容,其主要包括图层蒙版、矢量蒙版和剪贴蒙版。

二、创建和编辑蒙版

(一)创建和编辑图层蒙版

课堂案例:拼接照片

1. 实训目标

练习添加图层蒙版,练习设置图层蒙版显示选项。

2. 操作步骤

(1)打开素材图像“照片 1”和“照片 2”,如图 5-77 和图 5-78 所示。

图 5-77 素材图像“照片 1”

图 5-78 素材图像“照片 2”

(2)在“照片 1”中,按住 Ctrl + A 组合键全选图像,然后按住 Ctrl + C 组合键将图像复制到剪贴板。

(3)按 Ctrl + V 组合键将图像粘贴到图像“照片 2”中,如图 5-79 所示。

(4)单击图层面板底部的“添加图层蒙版”按钮,添加蒙版后的图层面板如图 5-80 所示。

(5)双击“图层 1”,打开“图层蒙版显示选项”对话框,将“颜色”设置为黑色,将“不透明度”设置为“100%”,如图 5-81 所示。

(6)选择工具箱中的“画笔工具”,从选项栏选择一种较粗的笔尖,这里选择了 60 像素的笔尖形状。

(7)选中图层蒙版,用画笔涂抹不需要的区域,使两张照片自然融合在一起,此时的图层面板如图 5-82 所示。

图 5-79　将“照片 1”粘贴到“照片 2”中

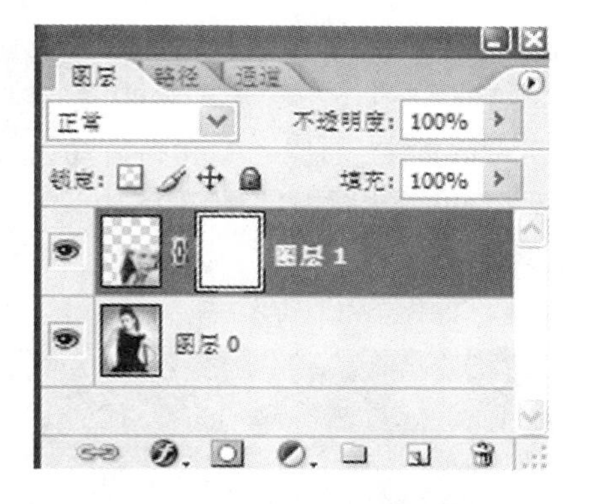

图 5-80　添加蒙版后的图层面板

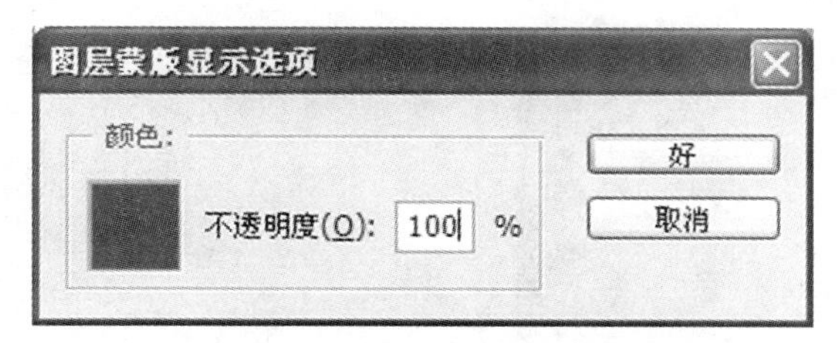

图 5-81　“图层蒙版显示选项”对话框

(8)完成后,单击图层→合并可见图层命令合并图层,得到的最终效果如图 5-83 所示。

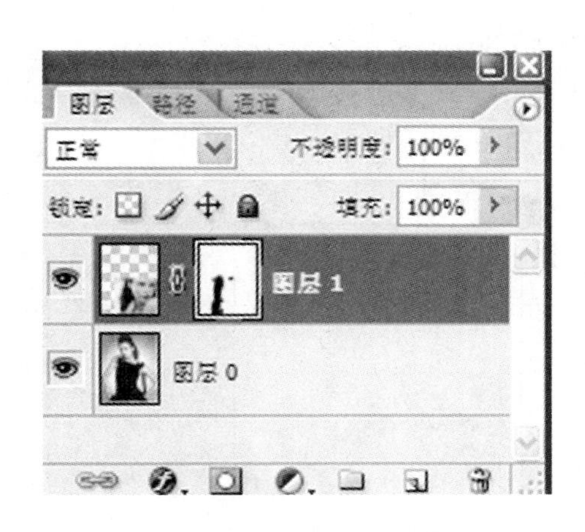

图 5-82　用画笔涂抹时的图层面板

图 5-83　拼接照片后效果

(二)创建和编辑快速蒙版

课堂案例:制作艺术相框

1. 实训目标

练习使用快速蒙版;

练习为选区填色和描边。

2. 操作步骤

(1)打开素材图像,如图 5-84 所示。按 Ctrl + A 组合键将图片全选,然后按 Ctrl + C 组合键,将选区中的图像复制到剪贴板上。

(2)新建一个名为"艺术边框"的空白图像文件,由于上一步执行了拷贝命令,所以在"新建"对话框中,图像的宽和高自动设置为复制的图像的宽和高。按 Ctrl + V 组合键,将剪贴板上的图像粘贴到"图层 1"中。

(3)单击图像→画布大小命令,在弹出的"画布大小"对话框中设置参数,然后单击"好"按钮,如图 5-85 所示。

图 5-84　素材图像

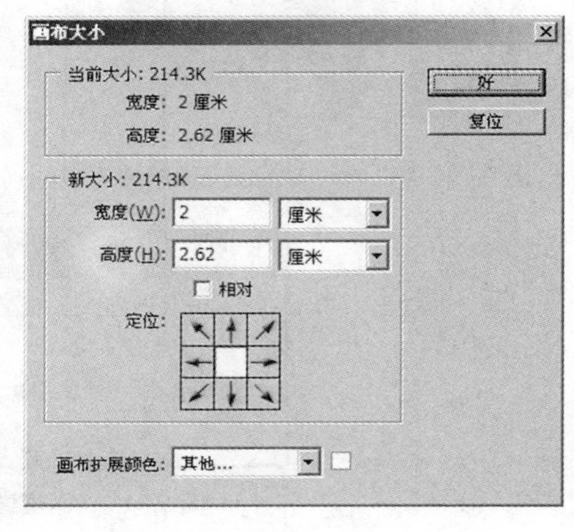

图 5-85　设置画布大小

(4)单击⬚在图像编辑区绘制矩形选区,如图 5-86 所示。

(5)单击工具箱中的"以快速蒙版模式编辑"按钮◙(或者按 Q 键),执行滤镜→波纹命令,在弹出的"波纹"对话框中设置适当的参数,如图 5-87 所示。

图 5-86　绘制矩形选区

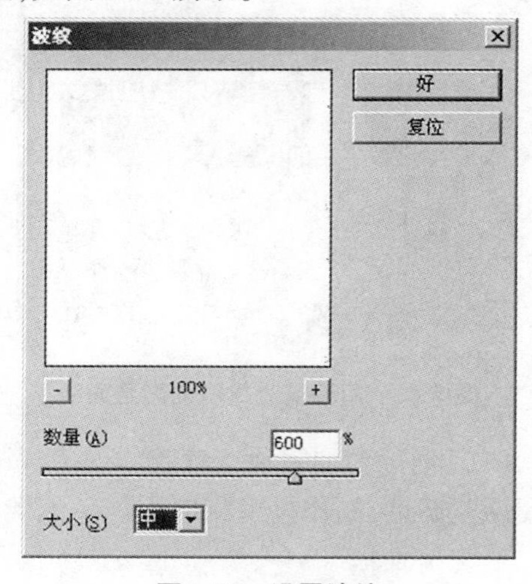

图 5-87　设置波纹

（6）单击工具箱中的“以标准模式编辑”按钮（或者再次按 Q 键切换），此时图像中的选区如图 5-88 所示。

（7）单击选择→反向命令反选选区，设置前景色（R：100、G：20、B：250），然后用前景色填充选区，如图 5-89 所示。

图 5-88　波纹形选区

图 5-89　填充选区

（8）执行编辑→描边命令，在弹出的“描边”对话框中设置“宽度”为 3 像素，如图 5-90 所示；颜色的 RGB 值分别为 200、147、250。单击“好”按钮，然后按 Ctrl + D 组合键取消选区，最终效果如图 5-91 所示。

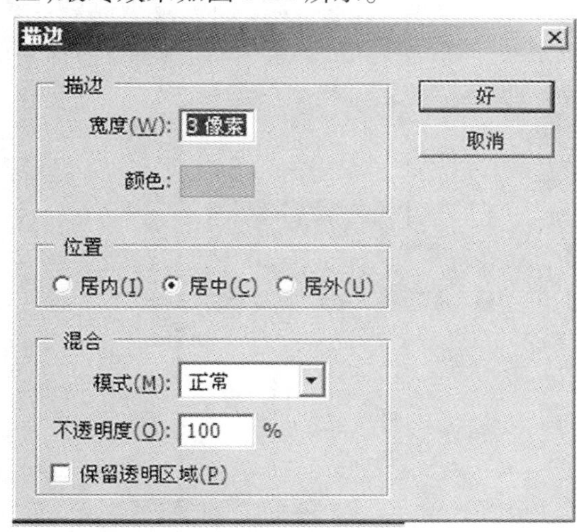

图 5-90　设置描边

图 5-91　艺术相框效果

（三）创建和编辑矢量蒙版

打开一个图像文件，选择工具箱中的钢笔工具，在图像中绘制一条路径，如图 5-92 所示。在图层面板选中要创建矢量蒙版的图层，按住 Ctrl 键不放，单击图层面板的“添加图层蒙版”按钮，即可为该图层创建一个矢量蒙版，如图 5-93 所示。

图 5-92　选择一个路径

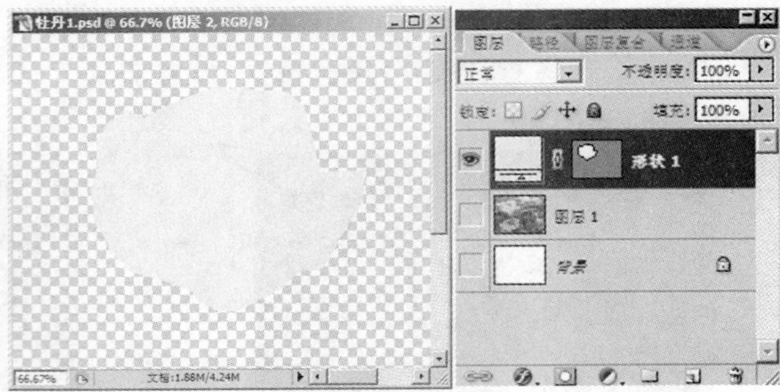

图 5-93　添加矢量蒙版

单击图层蒙版中矢量蒙版的缩略图，可以在图像窗口中显示或隐藏矢量蒙版的路径，然后使用钢笔工具修改路径。

当不需要矢量蒙版时，选择要删除的矢量蒙版图层后，使用鼠标拖动矢量蒙版缩略图到图层面板中的按钮上，单击“确定”按钮即可删除矢量蒙版，将图层恢复到正常状态。

(四)创建和编辑剪贴蒙版

当需要为多个图层使用相同的透明效果时，使用图层蒙版比较麻烦，也容易出现不一致的情况，而使用剪贴蒙版就可以解决这个问题。剪贴蒙版利用一个图层作为一个蒙版，所有被设置了剪贴蒙版的图层都将以该图层的透明度为标准。

将要作为蒙版的图层放置在其他图层的下面，并将它和所有要创建剪贴蒙版的图层链接，如图 5-94 所示。选择图层→创建剪贴蒙版命令为所有的链接图层创建剪贴蒙版，如图 5-95 所示。

图 5-94　链接要创建剪贴蒙版的图层

对蒙版图层所做的任何有关透明度或透明区域的操作都将影响其他图层的效果，修改蒙版图层的不透明度的效果如图 5-96 所示。

在图层面板中选择一个添加了剪贴蒙版的图层，再选择图层→释放剪贴蒙版命令，即可将该图层及其上面的所有添加蒙版效果的图层从剪贴蒙版中释放出来。

图 5-95　创建剪贴蒙版

图 5-96　修改蒙版图层的不透明度的效果

第六节　通道的基本概念

一、通道

通道相当于一个灰度图像,可以和灰度图像一样进行处理。用户可以使用绘图工具在通道上进行绘制,也可以分别对几个原色通道进行明暗度、对比度的调整,甚至可以对原色通道单独执行滤镜等功能,还可以把其他灰度图像粘贴到通道中。另外,通道和选区还可以相互转换,制作出许多特技效果。

简单地说,通道就是选区。通道既是选区,又保存着图像的颜色信息,而图像由一个个有着色彩信息的像素构成。因此,我们可以这样理解通道的本质:通道是一个保存着不同种颜色的选区。

通道作为图像的组成部分,是与图像的格式密不可分的,图像颜色、格式决定了通道的数量和模式。在 Photoshop 中涉及的通道主要有复合通道、颜色通道、专色通道、Alpha 通道、单色通道几种类型。

二、通道面板

通道面板用来创建和管理通道,并监视编辑效果。单击菜单窗口→通道命令,即可打开通道面板,如图 5-97 所示。

各项按钮功能如下。

“载入选区”按钮:将通道中的选择区域调出。该按钮与单击菜单选择→载入选区命令作用相同。

“保存选区”按钮:单击该按钮可以将当前选区转化为一个 Alpha 通道,该按钮与单击菜单选择→保存选区命令作用相同。

“新建通道”按钮:单击该按钮可以新建一个 Alpha 通道,最多可以创建 24 个通道。

“删除通道”按钮:单击该按钮可以删除当前选择的通道,但是不能删除 RGB 主通道。

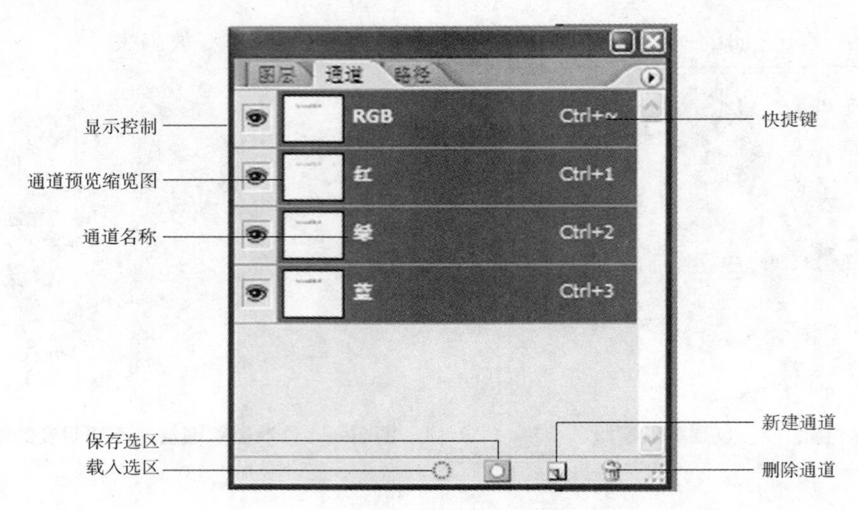

图 5-97　通道面板

第七节　通道的操作

对图像的编辑实质上是对通道的编辑,因为通道才是真正记录图像信息的地方,无论色彩的改变、选区的增减,还是渐变的产生,实际上都是对通道的操作。

一、创建新通道

单击通道面板底部的"新建通道"按钮,可以快速新建一个 Alpha 通道。另外,也可以单击面板右上角的按钮,在弹出的快捷菜单中选择新通道命令,弹出"新通道"对话框,如图 5-98 所示。在"名称"文本框中输入新通道的名称,在"色彩指示"选项组中设置色彩的显示方式,其中选中单选按钮 ⊙被蒙版区域(M) 表示将设置蒙版区为浅色,选中单选接钮 ○所选区域(S) 表示将设置选定区为深色。单击"颜色"栏下的颜色方框可以设置填充的颜色,在"不透明度"文本框中可以设置不透明度的百分比。设置完成后单击"好"按钮,即可新建一个通道,如图 5-99 所示。

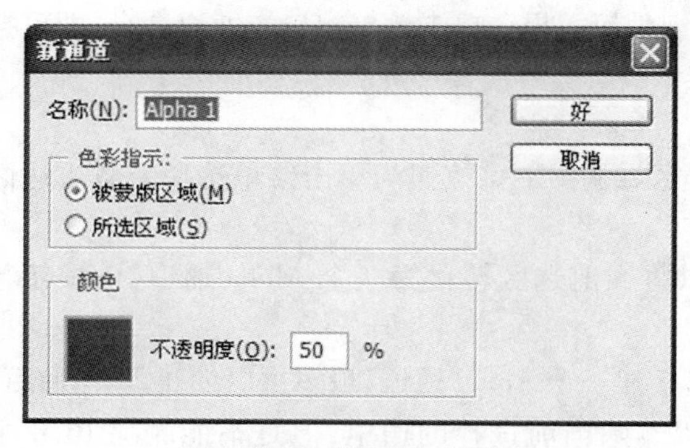

图 5-98　"新通道"对话框

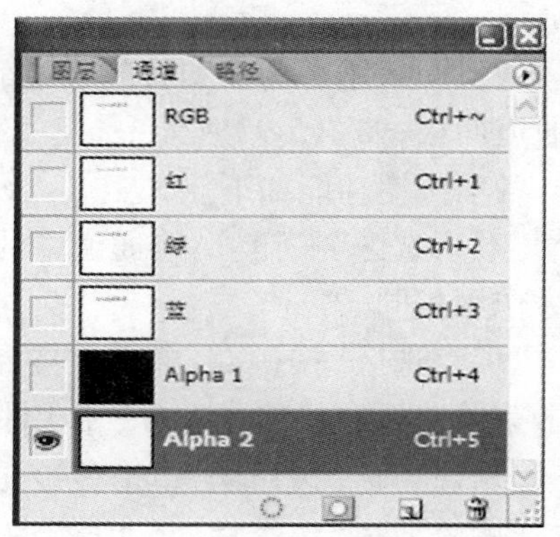

图 5-99　新建通道

二、复制通道

如果需要直接对通道进行编辑,最好是先将该通道复制后再进行编辑,以免编辑后不能还原。在需要复制的通道上右击,在弹出的快捷菜单中选择复制通道命令,即可弹出“复制通道”对话框,如图 5-100 所示。在“为”文本框中输入复制后通道的名称,单击“好”按钮,即可复制出一个新的通道,如图 5-101 所示。

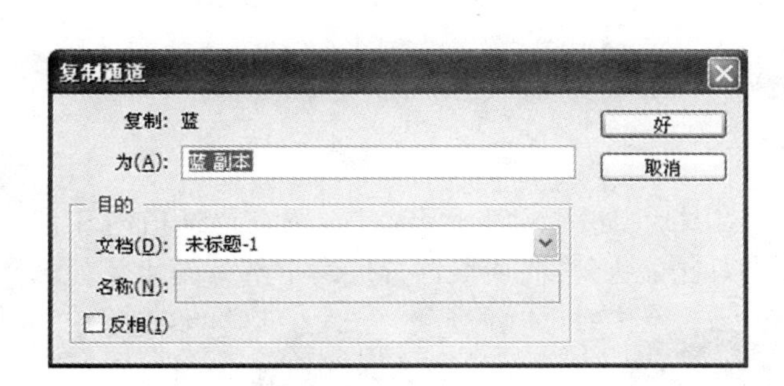

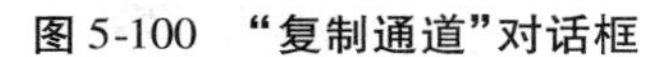
图 5-100　“复制通道”对话框

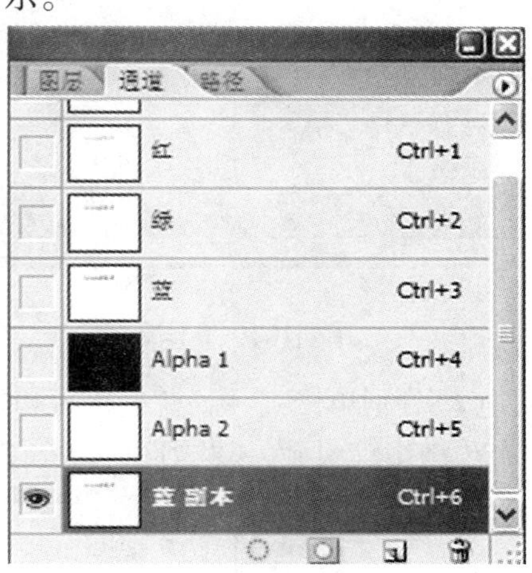

图 5-101　复制好的通道

三、删除通道

由于包含 Alpha 通道的图像会占用很多的磁盘空间,所以存储图像前,应删除不需要的 Alpha 通道。在通道上右击,在弹出的快捷菜单中选择删除通道命令即可,也可以用鼠标将要删除的通道拖动到通道面板下方的“删除通道”按钮上。

四、存储和载入选区

可以将一个区域存储到一个 Alpha 通道中,在以后需要使用该选区时,再从这个Alpha通道中载入这个选区。

(一)存储选区

先绘制一个选区,如图 5-102 所示,然后单击通道面板下的“将选区存储为通道”按钮,此时,选区已作为通道被保存,通道中白色区域是选区,如图 5-103 所示。

(二)载入选区

存储选区后,使用时即可将其载入,方法是按住 Ctrl 键,同时单击要载入的选取的通道。

课堂案例:合成照片

1. 实训目标

利用通道来完成选择,实现照片的合并。

2. 操作步骤

(1)按 Ctrl + O 组合键打开“人物 3”图像。

图 5-102 制作选区

图 5-103 保存好的通道

(2)分别单击红、绿、蓝通道,同时观察图片,如图 5-104 所示。衣服在绿通道内和背景的对比比较明显,头发则在蓝通道内的对比最为鲜明,所以需分成两个部分创建蒙版。

图 5-104 依次为红、绿、蓝通道

(3)复制蓝通道,创建头发蒙版,如图 5-105 所示。

(4)选中复制的蓝通道,选择图像→调整→色阶命令进行色阶调整,如图 5-106 所示,将输入色阶的第一项改为 45,单击“好”按钮,效果如图 5-107 所示。

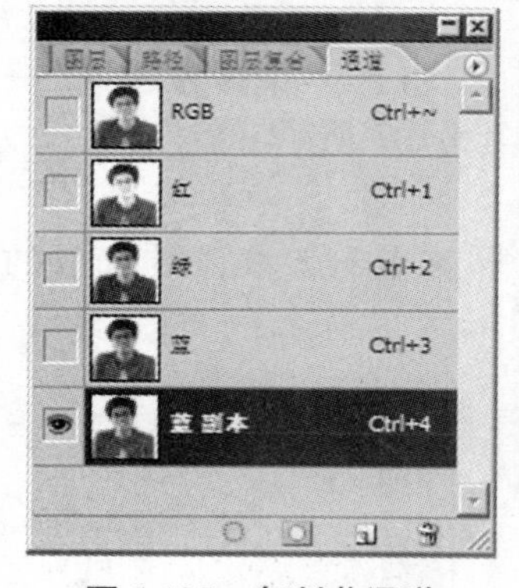

图 5-105 复制蓝通道

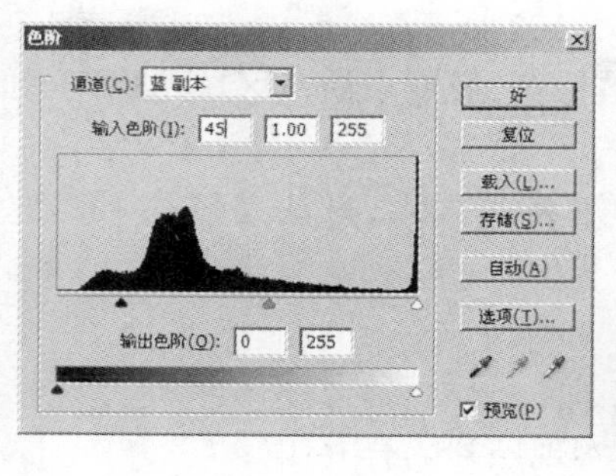

图 5-106 修改色阶

图 5-107 修改色阶后的效果

(5)用套索工具在头发内部及面部周围选择选区，选中头发内部的杂色区域，如图 5-108 所示。

(6)将前景色设置为黑色，按 Alt + Delete 组合键将选中的区域填充为黑色，如图 5-109所示；按 Ctrl + D 组合键取消选择，头发蒙版制成。

图 5-108　选中头发内部

图 5-109　填充黑色

(7)复制绿通道，创建衣服蒙版，如图 5-110 所示。

(8)选中复制的绿通道，选择图像→调整→色阶命令进行色阶调整，如图 5-111 所示。将输入色阶的第一项改为 30，单击“好”按钮。

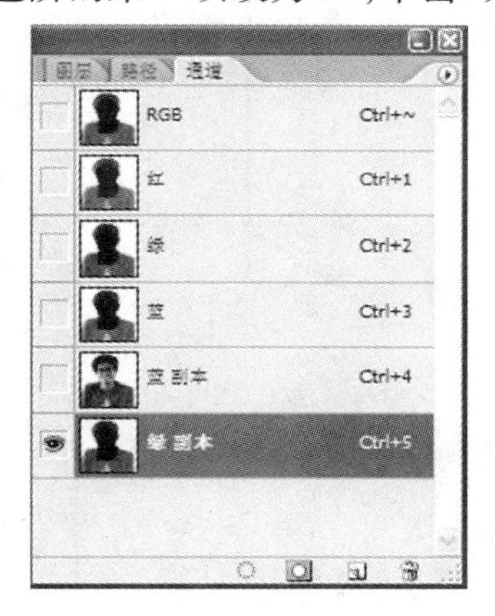

图 5-110　复制绿通道

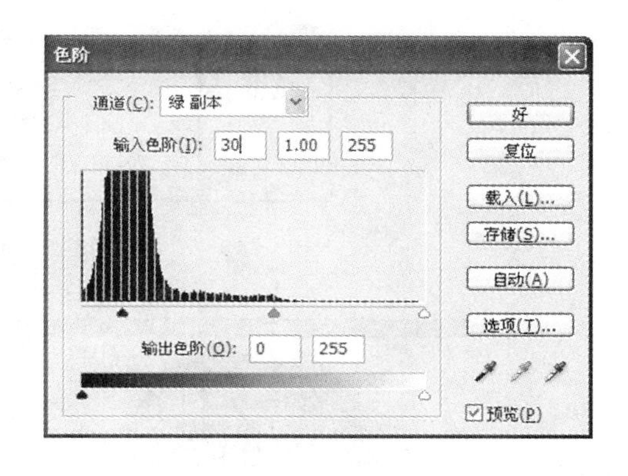

图 5-111　修改色阶

(9)用套索工具在衣服内部选择选区，选中衣服内部的杂色区域，如图 5-112 所示。

(10)将前景色设置为黑色，按 Alt + Delete 组合键将选中的区域填充为黑色，如图 5-113所示；按 Ctrl + D 组合键取消选择，衣服蒙版制成。

(11)选择图像→计算命令，弹出“计算”对话框，在对话框中选择相应的源、图层和通道，设置混合方式为正片叠底，并保持不透明度不变，设置好后如图 5-114 所示，然后单击“好”按钮，就得到了如图 5-115 所示的 Alpha1 蒙版。

(12)按住 Ctrl 键不放，单击计算生成的 Alpha 通道，把通道载入选区，如图 5-116 所示。

图 5-112　选中衣服内部

图 5-113　填充黑色

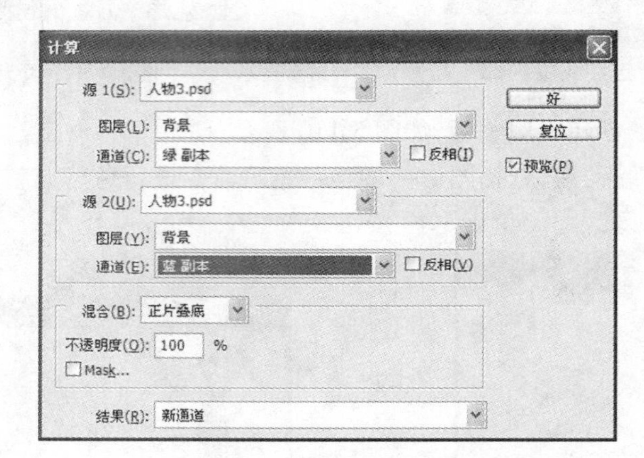

图 5-114　“计算”对话框

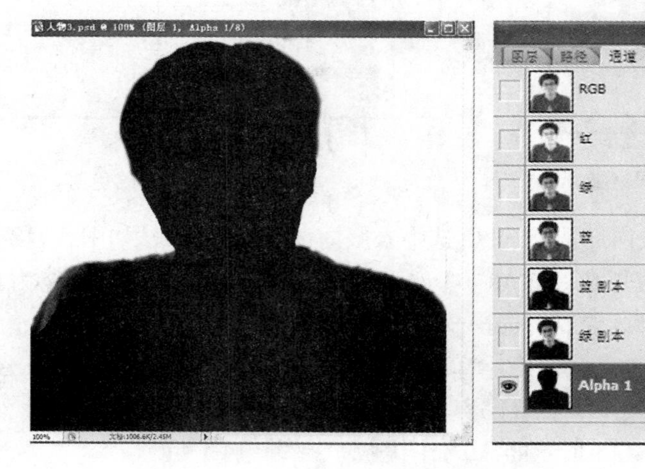

图 5-115　计算后效果

(13)切换到图层面板,删除白色背景使其成为透明,并适当修复图像边缘,效果如图 5-117 所示。

(14)按 Ctrl + O 组合键打开背景图像,如图 5-118所示,把刚才处理好的图层拖到此背景图层中,利用自由变换命令调整图像为合适的大小,如图 5-119 所示。

(15)按住 Ctrl 键,单击“图层 1”,选中人物;单击图层面板中的按钮◐,弹出如图 5-120 所示的菜单,选择照片滤镜命令,弹出“照片滤镜”对话框,设置如图 5-121 所示,然后单击“好”按钮,最终效果如图 5-122 所示。

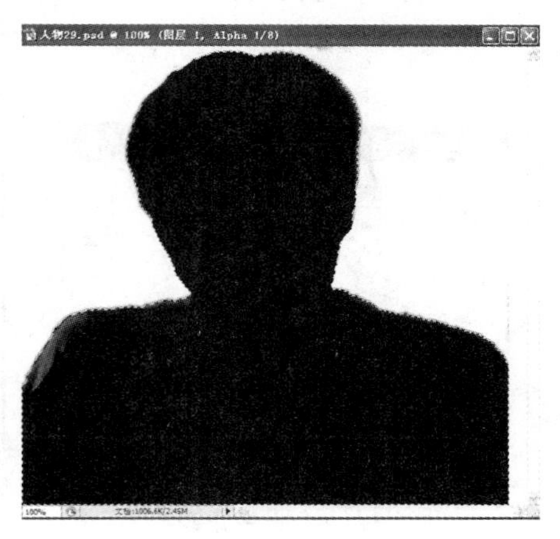

图 5-116　选中 Alpha1 通道

图 5-117　删除白色背景

图 5-118　背景图像

图 5-119　组合后的图片

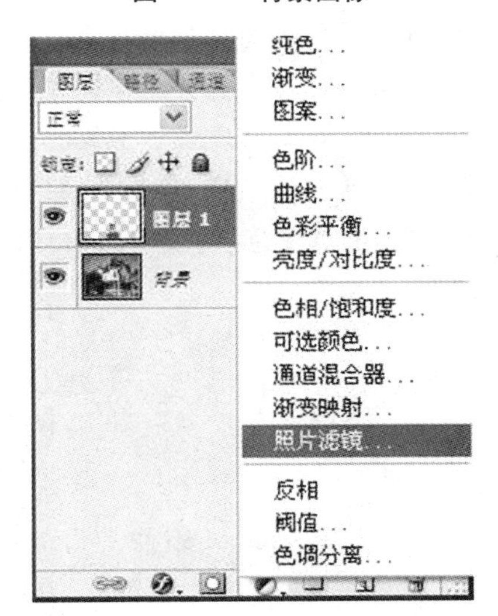

图 5-120　调整层菜单

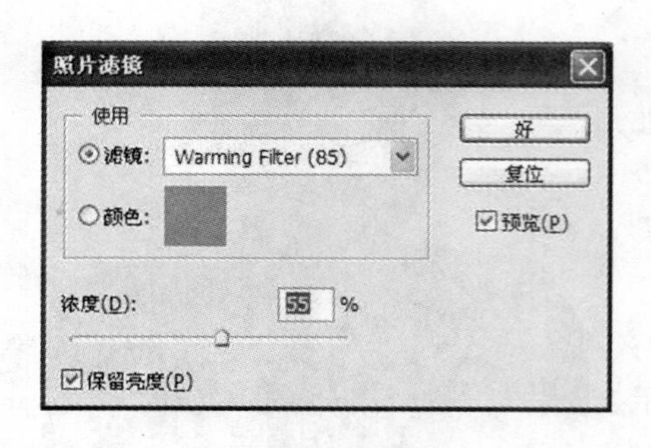

图 5-121　"照片滤镜"对话框

图 5-122　最终效果

本章小结

本章主要讲解了 Photoshop CS 中图层的应用，包括图层调板的使用、图层的基本操作、图层混合模式以及图层样式的应用效果，通道的基本概念、分类、使用，以及蒙版的分类和使用。图层、通道和蒙版是 Photoshop 中不可缺少的重要工具，利用图层、通道和蒙版可以创建出丰富的图像效果。

思考与习题

一、选择题

1. 下面关于背景图层的说法正确的是(　　)
   A. 可以将背景图层转换为普通图层
   B. 背景图层不能进行混合模式设置
   C. 背景图层不一定位于图像的最底层
   D. 和普通图层一样，背景图层也可以被编辑
2. 当图层中出现🔒时，表示该图层(　　)
   A. 有图层样式　　B. 为填充图层
   C. 该图层已经被锁定　　D. 为调整图层
3. 图层调整和填充是处理图层的一种方法，下面选项中属于图层填充范围的是(　　)
   A. 颜色叠加　　B. 纯色
   C. 曲线　　D. 色调分离
4. (　　)不是 Photoshop 中的通道。
   A. 色彩通道　　B. 专色通道
   C. Alpha 通道　　D. 复合通道
5. 一幅 RGB 图像的主通道由三个通道组成，它们分别为(　　)

A. 红　　　　B. 绿

C. 蓝　　　　D. 黑

6. 通道的功能主要有(　　)

A. 保存蒙版　　　　B. 修饰图像

C. 保存选区　　　　D. 保存颜色信息

二、简答题

1. 什么是图层,Photoshop 有哪几种图层类型?

2. 简述通道的功能。

3. 简述图层蒙版的作用。

三、操作题

1. 魅力女孩效果:使用图层相关知识,利用如图 5-123 所示素材,制作相应的如图 5-124所示效果。

图 5-123　操作题 1 素材

图 5-124　操作题 1 效果

2. 利用通道相关知识,使用如图 5-125 所示素材,制作如图 5-126 所示变换婚纱背景。

3. 利用蒙版知识,使用如图 5-127 所示素材,制作如图 5-128 所示合成图像效果。

图 5-125　操作题 2 素材

图 5-126　操作题 2 效果

图 5-127　操作题 3 素材

图 5-128　操作题 3 效果

第六章　滤镜和图像色彩处理

第一节　滤镜的使用技巧

一、滤镜概述

滤镜是 Photoshop 中为图像制作各种特殊效果的一个重要手段，在 Photoshop 中，提供了像素化、扭曲、杂色等 13 大类滤镜，而每一大类滤镜下又包含了若干不同的滤镜命令，同时还包含了抽出、滤镜库、液化、图案生成器及消失点等 5 个实用的滤镜插件。

在使用滤镜时，为了更加高效与合理，需要注意以下几个原则：

（1）滤镜不能应用于索引模式和位图模式的图像。

（2）文本图层要使用滤镜命令必须先进行栅格化。

（3）滤镜效果只能应用于当前可见图层或当前图层中被选定的区域，若当前图层中没有选择区，则滤镜效果将应用于整个图层。

（4）滤镜以像素为单位进行图像处理，因此即使滤镜的参数设置完全相同，但因为图像本身的分辨率不同，也会使处理后的图像产生不同效果。

§小贴士

按 Ctrl + F 组合键可按上次的设置快速重复执行上次使用的滤镜。

二、Photoshop CS2 的滤镜插件及内置滤镜

（一）滤镜插件

1. 抽出

抽出滤镜插件（Alt + Ctrl + X）可以辅助我们快速选取某些用常规方法难以选取的区域，如马的鬃毛、鸟的羽毛、人的头发以及植物散乱的叶子等。现以在图像中抠出马的轮廓为例，讲解其应用方法及操作步骤。

（1）在 Photoshop 中打开马的图像，然后执行菜单滤镜→抽出命令，打开“滤镜”对话框，如图 6-1 所示。

（2）先将不易正常选取的鬃毛和睫毛部分使用边缘高光器工具对其边缘进行高光涂抹（高光默认显示为绿色），此时不要勾选“智能高光显示”选项，且涂抹时画笔的大小可以调节，如图 6-2 所示。

（3）勾选“智能高光显示”选项，描出余下轮廓，此时画笔会自动收缩智能描边。勾好轮廓后，选择填充工具，在轮廓内部点击进行填充（填充默认显示为蓝色），如图 6-3 所示。

（4）点击“确定”，填充部分完全选出，高光部分与填充部分的相似部分被选出，不相似部分被忽略，马的轮廓被较好地抠出，背景默认显示为透明，此时就可以将马运用于其

他背景当中，如图 6-4 所示。

图 6-1　打开“滤镜”对话框

图 6-2　进行高光涂抹

图 6-3　进行填充

图 6-4　抠出马的轮廓

§小贴士

若原图像背景与高光或填充默认颜色相近似,不易区分,可在“滤镜”对话框中的“工具选项”处,调整高光和填充的显示颜色。

2. 滤镜库

滤镜库的作用是可以在当前图像中方便地应用多种滤镜命令,产生滤镜叠加的效果。其操作方法与图层操作类似,具体操作方法如下。

(1)在 Photoshop 中打开图像,然后执行菜单滤镜→滤镜库命令,打开“滤镜库”对话框,如图 6-5 所示。

图 6-5　打开“滤镜库”对话框

(2)在对话框中对图像应用某种滤镜效果,此时,对话框右下角将自动创建当前滤镜效果层,滤镜效果层上部会显示当前滤镜的各种参数值,我们可对各参数进行调节,控制滤镜效果,而对话框左侧图像则显示为图像应用滤镜后的效果预览,如图 6-6 所示。

(3)若需对当前图像应用另外的滤镜效果,可先单击对话框右下角的“新建效果层”

按钮，然后在新建效果层上应用其他滤镜效果，如图 6-7 所示。

图 6-6 效果预览

图 6-7 应用其他滤镜效果

(4)若需对当前图像再次应用其他滤镜效果，可重复上一步操作；若希望删除某种滤镜效果，则选中该滤镜后，单击对话框右下角的“删除效果层”按钮。完成后，点击确定可对图像应用所有的滤镜效果。

§ 小贴士

多种滤镜效果共同应用时，滤镜顺序不同，效果也不同，可直接拖动各滤镜进行滤镜顺序调整，而点击各滤镜效果层前部的“眼睛”按钮，则可选择是否显示该滤镜层效果。

3. 液化

液化插件(Shift + Ctrl + X)的作用是使当前图像产生各种特殊的扭曲变形效果。其操作方法是首先在 Photoshop 中打开图像，然后执行菜单滤镜→液化命令，并在打开的“液化”对话框中使用左侧的各种工具对图像进行多种液化操作，其应用如图 6-8 所示。

图 6-8　液化操作

4. 图案生成器

图案生成器插件(Alt + Shift + Ctrl + X)的作用是选择当前图像中的部分或全部图像，并使选择部分的图像无缝衔接后生成各种图案。其具体操作方法如下。

(1)在 Photoshop 中打开图像，然后执行菜单滤镜→图案生成器命令，打开“图案生成器”对话框，如图 6-9 所示。

图 6-9　打开“图案生成器”对话框

(2)在“图案生成器”对话框中，使用左侧工具箱中的矩形选框工具，在图像中选取需要生成图案的范围，如图 6-10 所示。

(3)在对话框中单击“生成”按钮 生成 即可生成图案，此时“生成”按钮将变为“再次生成”按钮 再次生成，单击“再次生成”按钮图案会进行变化，直至出现满意图案为止，如图 6-11 所示。

§ 小贴士

图案生成后点击确定会覆盖原背景，若不愿覆盖背景，可先在背景层上将所需图案部分用矩形选框工具选出(选择范围可比需要范围稍大)，随后执行 Ctrl + J(通过拷贝新建图层)命令，使选择范围形成一个新的图层，然后在该图层上进行图案生成器滤镜的操作。

图 6-10　选取需要生成图案的范围

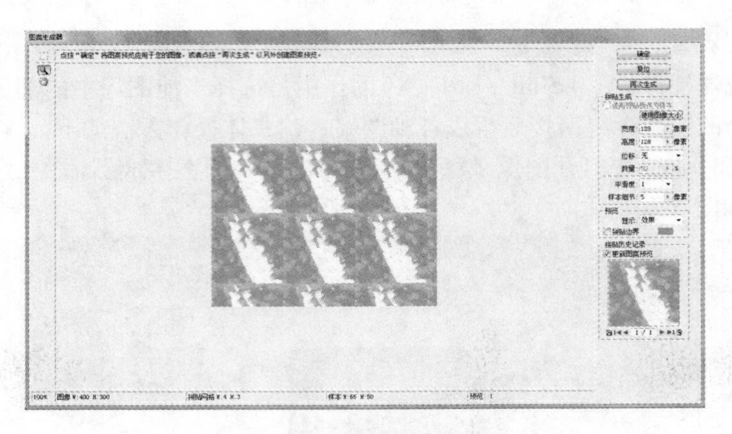

图 6-11　生成满意图案

5. 消失点

消失点插件(Alt + Ctrl + V)的作用是在包含透视平面的图像中进行透视校正编辑。其具体操作方法如下。

(1)在 Photoshop 中打开软件自带图像消失点(Photoshop 安装路径文件夹→样本→消失点),然后执行菜单滤镜→消失点命令,打开“消失点”对话框,如图 6-12 所示。

(2)该图像本身自带平面网格,可以删除后自行创建。点击“创建平面工具”按钮,依次点击需要定义平面的四个角节点,重新创建一个可供调整的平面;点击“编辑平面工具”按钮,则可以对平面进行选择、编辑、移动等操作。按住 Ctrl 键,同时拖移创建平面某一边的节点,则可拉出一个垂直平面,如图 6-13 所示。

(3)点击“选框工具”按钮,并在预览图中拖移,可以创建任意矩形或立方形选区;按住 Alt 键,同时拖移选区,可以创建该选区的一个副本;按住 Ctrl 键,同时拖移选区,可以使用原图像填充该选区。此时修复选项如选择关,选区不会与周围像素的颜色、阴影和纹理混合;选取亮度,会将选区与周围像素的光照混合;选取开,则会将选区与周围像素的颜色、光照和阴影混合,如图 6-14 所示。

图 6-12　打开“消失点”对话框

图 6-13　创建和编辑平面

图 6-14　选区操作

(4)变换工具可通过移动选框手柄对浮动选区进行缩放、旋转和平移操作，类似于自由变换命令。它也可以沿着平面的垂直轴对浮动选区进行水平翻转,或将其沿水平轴垂直翻转。按住 Alt 键拖移选区,可以创建该选区的一个副本;按住 Ctrl 键拖移选区,可以使用原图像填充该选区,如图 6-15 所示。

图 6-15 浮动选区操作

(5)图章工具可使用一个图像样本进行绘画。其操作类似于仿制图章工具,按住 Alt 键,建立一个取样点,而后在图像中拖移即可。通过调节直径和硬度的参数,可对笔尖进行自定义,而调节不透明度可以确定选区显示其下图像时的透明程度,如图 6-16 所示。

图 6-16 使用图章工具

(6)画笔工具的作用是在图像上绘制选定的颜色。其操作与 Photoshop 工具栏中的画笔工具类似,按住 Shift 键,可以绘制直线条。

(二)内部滤镜举例

1. 像素化

在像素化滤镜组中,包含了彩块化、彩色半调、晶格化、点状化、碎片、铜版雕刻和马赛克等 7 个滤镜命令。

1)彩块化

彩块化滤镜是将图像中相同或相近颜色的像素,用一种相近的颜色替换,使图像形成色块，令其效果类似于海报图像。其操作过程为：打开图像→滤镜→像素化→彩块化。彩块化效果如图6-17所示。

原图像　　　彩块化后效果

图6-17　彩块化效果

§小贴士

效果若不明显，可执行Ctrl+Z命令，进行滤镜前后效果对比。

2）铜版雕刻

铜版雕刻滤镜是通过在图像中随机分布不规则的斑点和线条，使图像产生镂刻版画效果。其操作过程为：打开图像→滤镜→像素化→铜版雕刻。对话框中的类型列表下拉菜单中可选择10种线条和斑点。其应用示例如图6-18所示。

原图像　　　铜版雕刻后效果

图6-18　铜版雕刻效果

2. 扭曲

扭曲滤镜组中，包含了切变、扩散光亮、挤压、旋转扭曲、极坐标、水波、波浪、波纹、海洋波纹、玻璃、球面化、置换和镜头校正等13个滤镜。

1）切变

切变滤镜可对图像进行扭曲操作。其操作过程为：打开图像→滤镜→扭曲→切变。对话框中的曲线可进行调节。其应用示例如图6-19所示。

（1）折回选项是对扭曲后的空白区域以图像弯出去的部分进行填充。

（2）重复边缘像素选项是用扭曲边缘的像素填充空白区域。

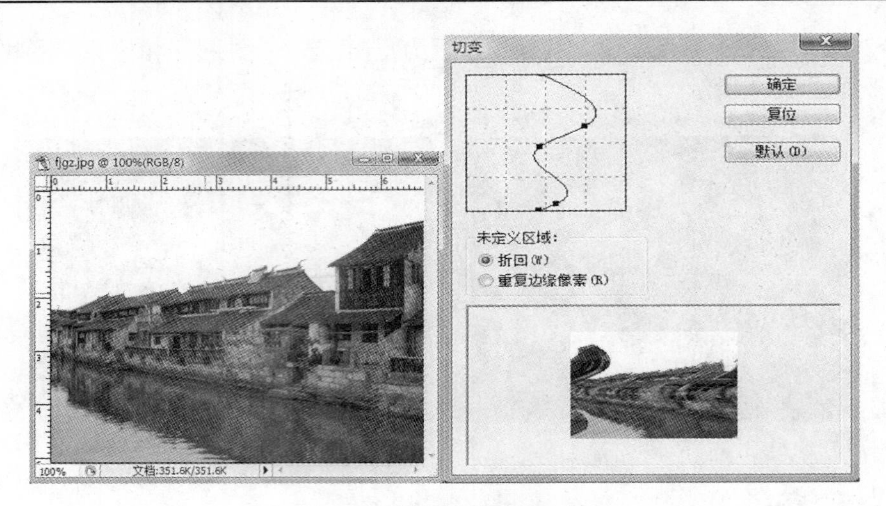

图 6-19　切变滤镜应用示例

2) 水波

水波滤镜可使图像模拟水面的波纹或倒影效果。其操作过程为:打开图像→滤镜→扭曲→水波。其应用示例如图 6-20 所示。

图 6-20　水波滤镜应用示例

(1) 数量参数设置水波的波纹数量。

(2) 起伏参数设置水波的起伏程度。

(3) 样式选项设置水波的形态。

3. 杂色

杂色滤镜组中,包含了中间值、减少杂色、去斑、添加杂色、蒙尘与划痕等 5 个滤镜命令,它们的主要作用是在图像中添加或去除杂点。

其中,减少杂色滤镜是对影响整个图像或各个通道的设置,在保留边缘的同时减少杂色。其操作过程为:打开图像→滤镜→杂色→减少杂色。其应用示例如图 6-21 所示。

(1) 强度参数用于控制所有图像通道的亮度杂色减少量。

图 6-21　减少杂色滤镜应用示例

(2)保留细节参数控制保留边缘和图像细节的程度。

(3)减少杂色参数用于移去随机的颜色像素。

(4)锐化细节参数调整对图像进行锐化的程度。

(5)移去 JPEG 不自然感选项可以移去由于使用低品质 JPEG 设置存储图像而导致的有斑驳感的图像光晕和伪像。

(6)若亮度杂色在某个或某两个颜色通道中较为明显,则单击高级按钮,从通道下拉菜单中选取该颜色通道,而后对强度和保留细节参数进行调整,来减少该通道中的杂色。

4. 模糊

模糊滤镜组主要通过降低相邻像素间对比度的方式达到柔和与模糊像素边缘的效果,它包含了动感模糊、平均、形状模糊、径向模糊、方框模糊、模糊、特殊模糊、表面模糊、进一步模糊、镜头模糊和高斯模糊等 11 个滤镜命令。

1)径向模糊

径向模糊滤镜可使图像产生一种旋转或放射状的模糊效果。其操作过程为:打开图像→滤镜→模糊→径向模糊。其应用示例如图 6-22 所示。

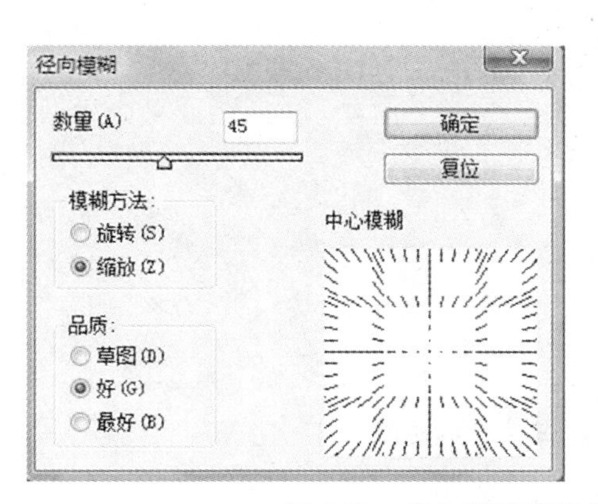

图 6-22　径向模糊滤镜应用示例

(1)数量参数控制模糊的强度。

(2)中心模糊设置模糊的扩散原点。

(3)模糊方法中,旋转选项可产生旋转模糊效果,缩放选项可产生放射模糊效果。

(4)品质选项可调节模糊的质量。

2)高斯模糊

高斯模糊滤镜是根据高斯曲线对图像进行模糊处理。其操作过程为:打开图像→滤镜→模糊→高斯模糊。对话框中的半径参数用来调节图像的模糊程度。其应用示例如图 6-23 所示。

图 6-23 高斯模糊滤镜应用示例

5. 渲染

渲染滤镜组主要用来模拟光线的照明效果,它包含了云彩、光照效果、分层云彩、纤维和镜头光晕等 5 个滤镜命令。

1)云彩

云彩滤镜是在系统的前景色和背景色之间随机组合并将图像转换为柔和的云彩效果。其操作过程为:打开图像→滤镜→渲染→云彩。其应用示例如图 6-24 所示。

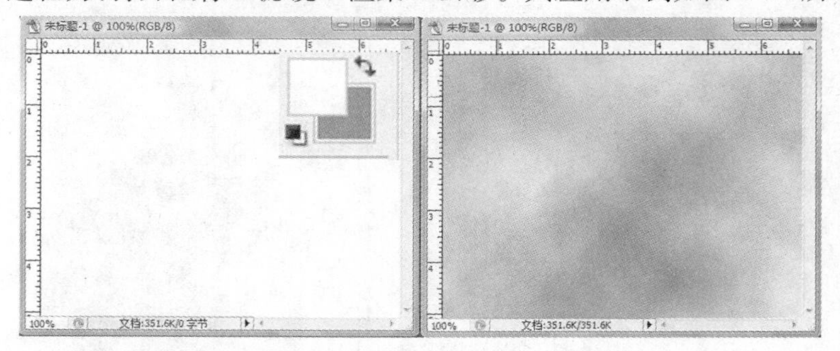

图 6-24 云彩滤镜应用示例

2)镜头光晕

镜头光晕滤镜可模拟摄像机镜头光晕效果,同时可自动调节摄像机光晕的位置和创建日光效果等。其操作过程为:打开图像→滤镜→渲染→镜头光晕。其应用示例如

图 6-25所示。

图 6-25　镜头光晕滤镜应用示例

(1)亮度参数调整反光强度。

(2)光晕中心调整反光中心位置。

(3)镜头类型设置镜头口径和类型。

6. 画笔描边

画笔描边滤镜组可以用来模拟不同的画笔或笔刷的效果对图像进行勾画,它包含了喷溅、喷色描边、墨水轮廓、强化的边缘、成角的线条、深色线条、烟灰墨和阴影线等 8 个滤镜命令。

喷溅滤镜可在图像上喷洒许多小的颜色颗粒,使图像产生笔墨喷溅的效果。其操作过程为:打开图像→滤镜→画笔描边→喷溅。其应用示例如图 6-26 所示。

图 6-26　喷溅滤镜应用示例

(1)喷色半径参数用来控制喷溅的范围。

(2)平滑度参数用来控制喷溅效果的强弱和平滑度。

7. 素描

素描滤镜组包含了便条纸、半调图案、图章、基底凸现、塑料效果、影印、撕边、水彩画纸、炭笔、炭精笔、粉笔和炭笔、绘图笔、网状、铬黄等 14 个滤镜命令。其中大部分滤镜命令分别以前景色和背景色置换当前图像中的色彩,最终使图像产生类似素描、速写和三维等效果(本命令组以前景色黑色、背景色白色为例讲述)。

1) 图章

图章滤镜用前景色和背景色填充图像,使图像产生图章盖印的效果。其操作过程为:打开图像→滤镜→素描→图章。其应用示例如图 6-27 所示。

图 6-27　图章滤镜应用示例

(1) 明/暗平衡参数用来调整前景色和背景色之间的范围。

(2) 平滑度参数用来调节图像边缘的平滑度。

2) 铬黄

铬黄滤镜可使图像模拟液态金属效果。其操作过程为:打开图像→滤镜→素描→铬黄。其应用示例如图 6-28 所示。

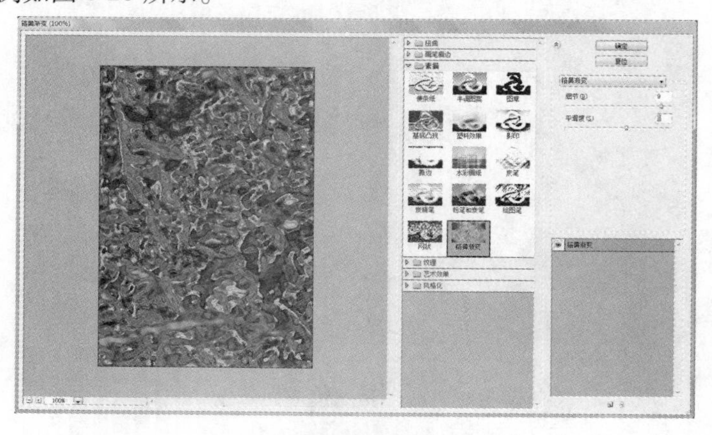

图 6-28　铬黄滤镜应用示例

(1) 细节参数用来设置图像细节的保留程度。

(2) 平滑度参数用来设置铬黄纹理的平滑度。

8. 纹理

纹理滤镜组主要用来向图像中加入纹理并使图像产生材质感和深度感。纹理滤镜组中包含了拼缀图、染色玻璃、纹理化、颗粒、马赛克拼贴和龟裂缝等6个滤镜命令。

1）纹理化

纹理化滤镜可在图像中添加纹理效果。其操作过程为：打开图像→滤镜→纹理→纹理化。其应用示例如图6-29所示。

图6-29　纹理化滤镜应用示例

（1）纹理选项用来设置纹理的类别，还可单击右侧箭头使用载入纹理参数载入PSD格式的文件作为纹理。

（2）缩放参数用来调节纹理的尺寸大小。

（3）凸现参数用来调整纹理的深度。

（4）光照选项用来选择凸现的方向，反相复选框用来设置光照方向是否反转。

2）龟裂缝

龟裂缝滤镜可在图像中随机生成龟裂纹并使图像产生浮雕效果。其操作过程为：打开图像→滤镜→纹理→龟裂缝。其应用示例如图6-30所示。

（1）裂缝间距参数用来调整裂缝的间距。

（2）裂缝深度参数用来调整裂缝的深度。

（3）裂缝亮度参数用来调整裂缝的亮度。

9. 艺术效果

艺术效果滤镜组主要是用来模拟传统绘画手法，为图像添加艺术效果。艺术效果滤镜组中包含了塑料包装、壁画、干画笔、底纹效果、彩色铅笔、木刻、水彩、海报边缘、海绵、涂抹棒、粗糙蜡笔、绘画涂抹、胶片颗粒、调色刀和霓虹灯光等15个滤镜命令（本组滤镜只适用于RGB模式和多通道模式图像）。

1）海报边缘

海报边缘滤镜可减少图像中的颜色数量，并用黑色勾画轮廓，使图像产生海报画的效果。其操作过程为：打开图像→滤镜→艺术效果→海报边缘。其应用示例如图6-31所示。

图 6-30　龟裂缝滤镜应用示例

图 6-31　海报边缘滤镜应用示例

(1)边缘厚度参数用来设置黑色边界的宽度。

(2)边缘强度参数用来设置黑色边界的数量和可视度。

(3)海报化参数用来设置颜色在图像上的渲染效果。

2)霓虹灯光

霓虹灯光滤镜可用前景色和背景色的混合色给图像重新上色,并使图像产生霓虹灯光的效果。其操作过程为:打开图像→滤镜→艺术效果→霓虹灯光。其应用示例如图 6-32所示。

(1)发光大小参数用来设置霓虹灯的照射范围。

(2)发光亮度参数用来设置霓虹灯灯光的亮度。

(3)发光颜色参数用来设置霓虹灯灯光的颜色。

10. 锐化

锐化滤镜组主要通过增加相邻像素之间的对比度,使图像变得更加清晰。锐化滤镜组中包含了 USM 锐化、智能锐化、进一步锐化、锐化和锐化边缘等 5 个滤镜命令。

其中,USM 锐化滤镜可在图像边缘的两侧分别制作一条明线或暗线来调整其边缘细

图 6-32　霓虹灯光滤镜应用示例

节的对比度,使图像边缘的轮廓锐化。其操作过程为:打开图像→滤镜→锐化→USM 锐化。其应用示例如图 6-33 所示。

图 6-33　USM 锐化滤镜应用示例

(1)数量参数用来调整边缘锐化程度。

(2)半径参数用来调整边缘被锐化的范围。

(3)阈值参数用来调整锐化的相邻像素必须达到的最低差值。

11. 风格化

风格化滤镜组主要通过移动和置换图像像素的方式产生各具风格的图像效果。风格化滤镜组中包含了凸出、扩散、拼贴、曝光过度、查找边缘、浮雕效果、照亮边缘、等高线、风等 9 个滤镜命令。

1)扩散

扩散滤镜可产生透过磨砂玻璃观察图像的分离模糊效果。其操作过程为:打开图像→滤镜→风格化→扩散。其应用示例如图 6-34 所示。

图 6-34　扩散滤镜应用示例

(1)正常模式可通过图像中像素点的随机变动来实现图像的扩散效果,但图像整体亮度不亮。

(2)变暗优先模式可通过用颜色较暗的像素替换颜色较亮的像素来实现图像的扩散效果。

(3)变亮优先模式可通过用颜色较亮的像素替换颜色较暗的像素来实现图像的扩散效果。

(4)各向异性模式可产生颜色较暗的像素与颜色较亮的像素同时进行扩散的图像效果。

2)浮雕效果

浮雕效果滤镜可通过勾画图像轮廓并降低其周围的颜色值,使图像产生浮雕的图案效果。其操作过程为:打开图像→滤镜→风格化→浮雕效果。其应用示例如图 6-35 所示。

(1)角度参数用来设置图像浮雕效果高光的角度。

(2)高度参数用来设置浮雕的高度。

(3)数量参数用来设置图像细节与颜色的保留程度。

12. 其他

其他滤镜组中包含了位移、最大值、最小值、自定和高反差等 5 个滤镜命令。滤镜组主要用来修饰图像的细节部分,同时可创建一些用户自定义的特殊效果。

位移滤镜可偏移图像中的像素。其操作过程为:打开图像→滤镜→其他→位移。其应用示例如图 6-36 所示。

(1)水平参数用来调整图像中像素在水平方向上的移动距离。

(2)垂直参数用来调整图像中像素在垂直方向上的移动距离。

(3)未定义区域选项用来设置像素位移后产生的空白区域的填充方式。

图 6-35　浮雕效果滤镜应用示例

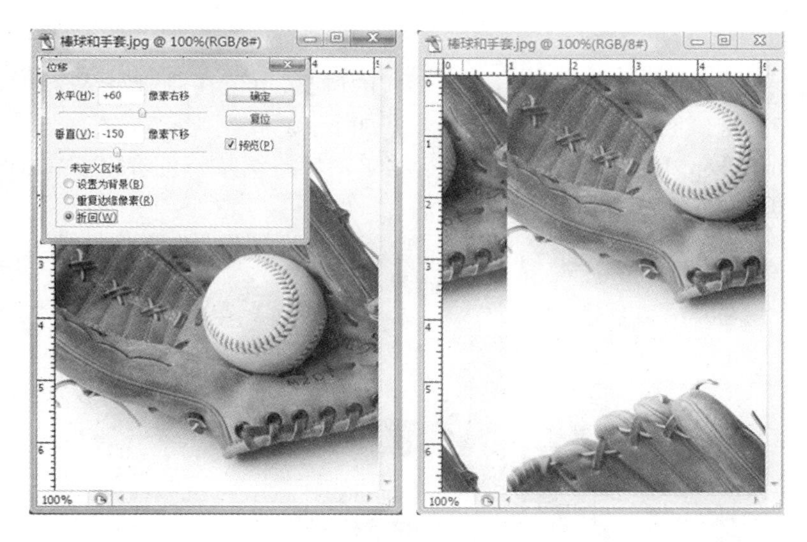

图 6-36　位移滤镜应用示例

第二节　图像的色彩处理

一、色彩处理概述及相关基本概念

图像的色彩处理主要包括色调调整命令和色彩调整命令两部分，而我们一般可以运用调整工具和图像处理命令两种方法对图像的色调和色彩进行调整。上一章我们已经学习了如何使用调整工具对图像色彩进行处理，包括使用减淡工具提亮图像、使用加深工具增加图像对比度和使用海绵工具处理图像饱和度等，本节对此不再赘述，只讲述色调调整命令和色彩调整命令。

在讲述之前，我们先复习一下几个必须掌握的基本概念：

(1)亮度是指图像原色的明暗度。亮度的调节实际上是对图像原色明暗度的调节。如 RGB 模式图像，其原色为 R(红色)、G(绿色)和 B(蓝色)，调节图像亮度其实就是调节三种原色的明暗度。

(2)色调是指从物体反射或透过物体传播的颜色。色调调整实际上就是指将图像的颜色在各种颜色之间进行调整。在图像色彩处理命令中，色阶、自动色阶、曲线等命令可对图像的色调进行调整。

(3)对比度是指不同颜色之间的差异。对比度值越大，颜色间差异越大。在所有图像色彩处理命令中，一般用亮度/对比度命令调整图像的对比度。

(4)饱和度是指图像颜色的强度和纯度，它表示纯色中灰色成分的相对比例。在所有图像色彩处理命令中，一般用色相/饱和度命令调整图像的饱和度。

二、色彩处理命令

(一)色调调整命令

1. 色阶

色阶命令可对图像的对比度进行多种形式的调整，也可在通道中结合相关的滤镜命令制作较复杂的选区。其应用方法及操作步骤如下：

(1)在 Photoshop 中打开图像，然后执行菜单图像→调整→色阶(Ctrl + L)命令，打开“色阶”对话框，如图 6-37 所示。

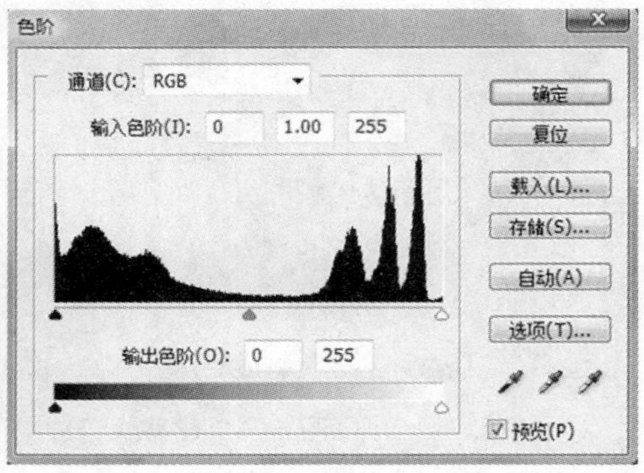

图 6-37　打开“色阶”对话框

“色阶”对话框中，纵轴的山峰图表示图像或选区内的色阶分布，横轴表示色阶值，山峰高的地方色阶处像素多，反之色阶处像素少。

(2)移动横轴下方的黑、灰、白三色滑块可分别调整图像暗部、中间色调和亮部的对比度，其中黑色滑块右移则图像颜色变深，对比度减弱，如图 6-38 所示。

(3)白色滑块左移则图像颜色变浅，对比度减弱，如图 6-39 所示。

(4)黑色滑块右移，同时白色滑块左移，则图像对比度明显加强，如图 6-40 所示。

(5)灰色滑块向右或向左移动则图像中间色调变暗或变亮，但对图像的暗部和亮部不会有太大影响，如图 6-41 所示。

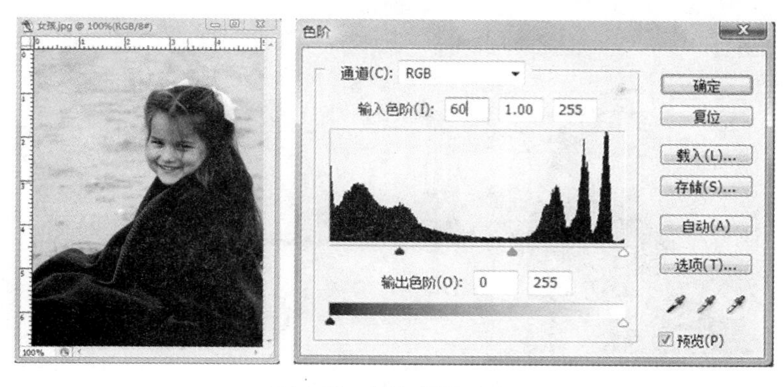

图 6-38　黑色滑块右移

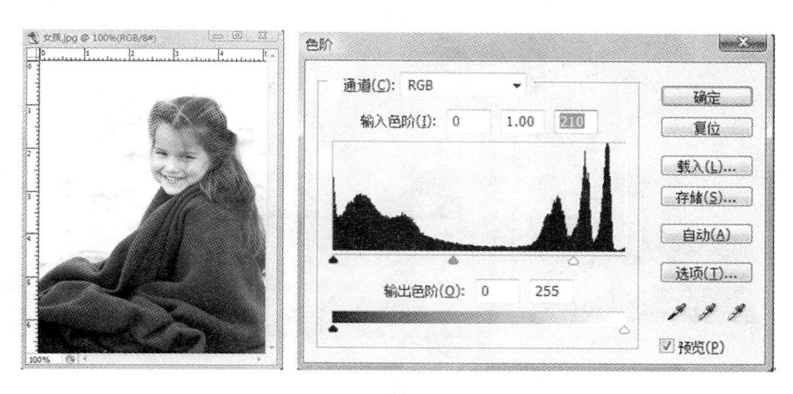

图 6-39　白色滑块左移

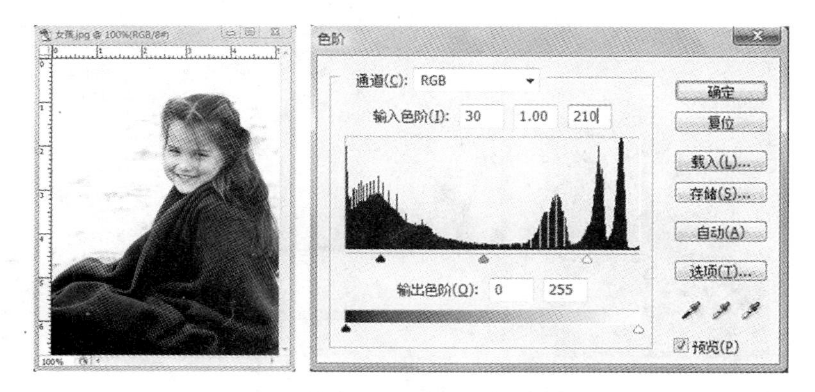

图 6-40　黑色滑块右移,白色滑块左移

(6)在“色阶”对话框中的通道下拉菜单中,可选择复合通道、颜色通道或单色通道进行单独的色阶调整,如图 6-42 所示。

(7)点击“色阶”对话框中的“设置黑场”按钮,在图像中最暗的部位点击鼠标左键,可使图像的暗部得到加强,如图 6-43 所示。

(8)点击“色阶”对话框中的“设置白场”按钮,在图像中最亮的部位点击鼠标左键,可使图像的亮部得到加强,如图 6-44 所示。

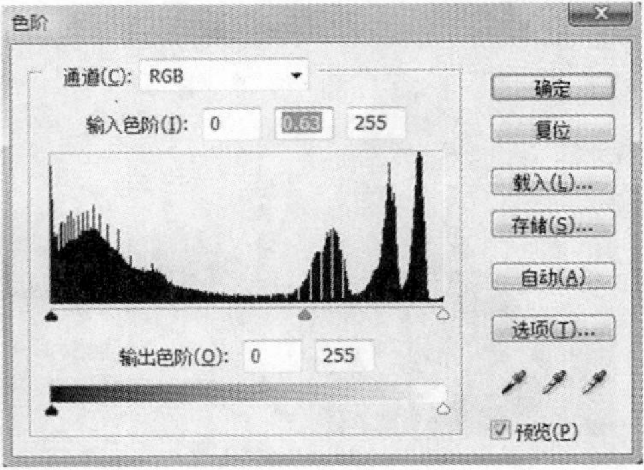

向右滑动

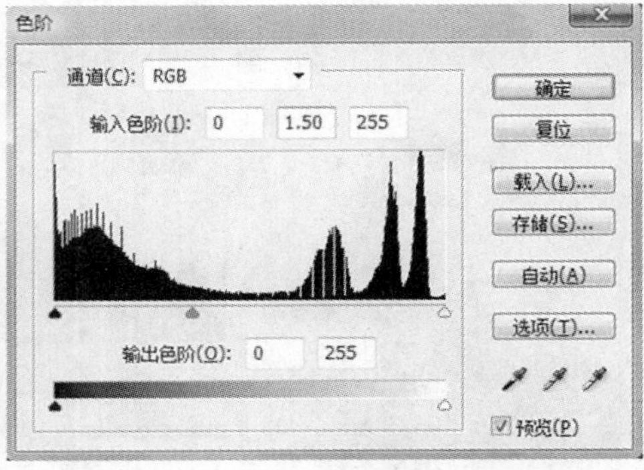

向左滑动

图 6-41　灰色滑块向右或向左移动

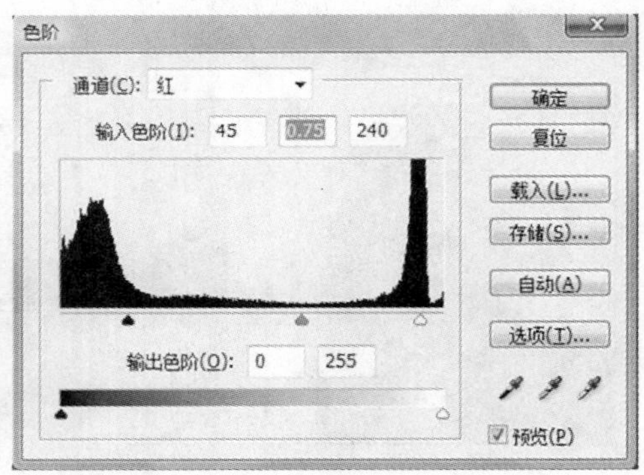

图 6-42　通道下拉菜单

(9)点击“色阶”对话框中的“设置灰点”按钮,在图像中没有偏色的部位(如黑色、白色、灰色等)点击鼠标左键,可校正图像偏色,如图 6-45 所示。

(10)单击“色阶”对话框中的“存储”按钮 存储(S)... ,可将当前色阶参数设置存储为一个 . ALV 格式的文件;单击对话框中的“载入”按钮 载入(L)... ,可载入一个先前存储的或系统自带的 . ALV 格式的文件。

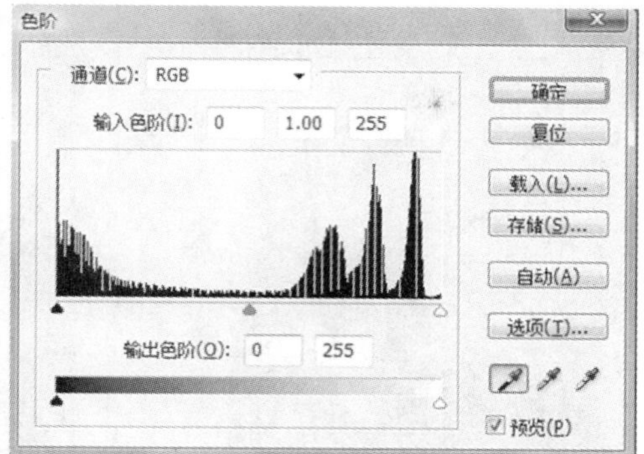

图 6-43 设置黑场

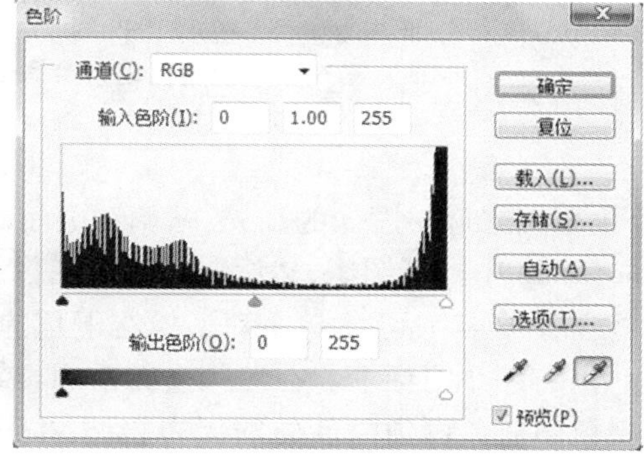

图 6-44 设置白场

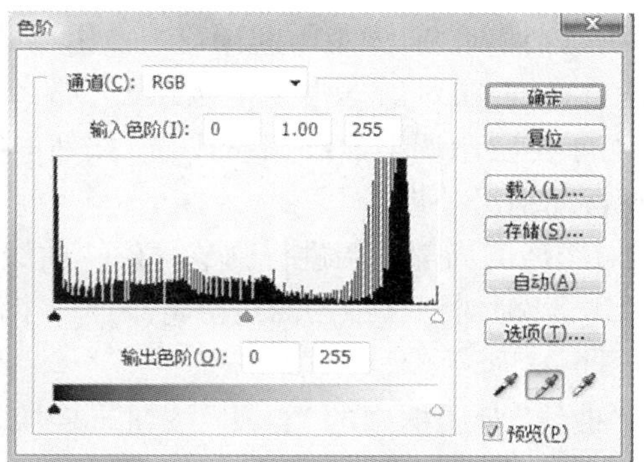

图 6-45 设置灰点

2. 自动色阶

自动色阶命令主要用来快速、粗略地调整图像的明暗度，其功能与“色阶”对话框中的“自动按钮” 自动(A) 基本一致。其应用方法及操作步骤为：在 Photoshop 中打开图像，然后执行菜单图像→调整→自动色阶(Shift + Ctrl + L)命令，如图 6-46 所示。

使用前

使用后

图 6-46　使用自动色阶命令效果

3. 曲线

曲线命令主要用来调整图像的高光、暗调和中间调。其应用方法及操作步骤如下：

(1)在 Photoshop 中打开图像，然后执行菜单图像→调整→曲线(Ctrl + M)命令，打开“曲线”对话框，如图 6-47 所示。单击对话框右下角的图标可扩大对话框，此时再单击右下角的图标，将缩小对话框。在二维坐标系中，横轴代表输入色调，纵轴代表输出色调，曲线上由黑色到灰色再到白色分别代表暗调、中间调和高光。按住 Alt 键单击网格，可切换网格疏密程度，同时“取消”按钮将变为“复位”按钮，单击“复位”按钮可将曲线恢复至默认状态。单击对话框上中间的双向三角按钮，可切换曲线高光和暗调，满足不同用户的使用习惯。在曲线上单击鼠标左键可创建一个新的色调调节点，若在对话框中按下按钮，那么只能通过原有曲线进行调整。而按下按钮，则可手工绘制调整曲线，其“平滑”按钮将被激活，单击该按钮可对绘制曲线进行自动平滑处理。

(2)若需对图像的局部色调进行调节，打开“曲线”对话框后，按住 Ctrl 键在图像中的目标位置上单击，此时对话框中的曲线上将添加一个调节点，移动该调节点可对目标位置进行调整，如图 6-48 所示。

(3)单击“曲线”对话框中的“自动”按钮，可使用自动对比度、自动色阶、自动颜色等命令对图像进行自动色彩调整，具体使用哪个命令取决于单击“选项”按钮所弹出的“自动颜色校正选项”对话框中的参数设置，如图 6-49 所示。算法选项中的增强单色对比度表示自动对比度命令，增强每通道的对比度表示自动色阶命令，查找深色与浅色表示自动颜色命令；目标颜色和剪贴区域中的阴影、高光和中间调分别表示黑场、白场和目标颜色。

(4)“曲线”对话框中的通道、设置黑场、设置灰点、设置白场、存储、载入等按钮的用途与色阶命令中的基本一致，此处不再赘述，不同的是，存储和载入的是一个 .ACV 格式文件。

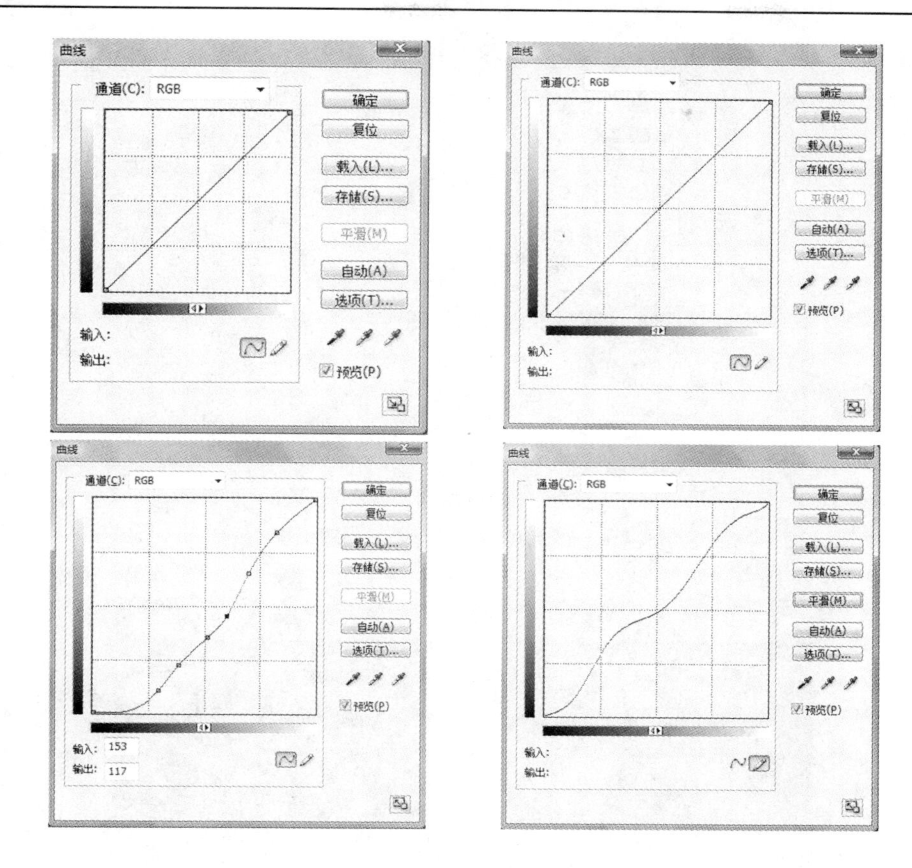

图 6-47　“曲线”对话框

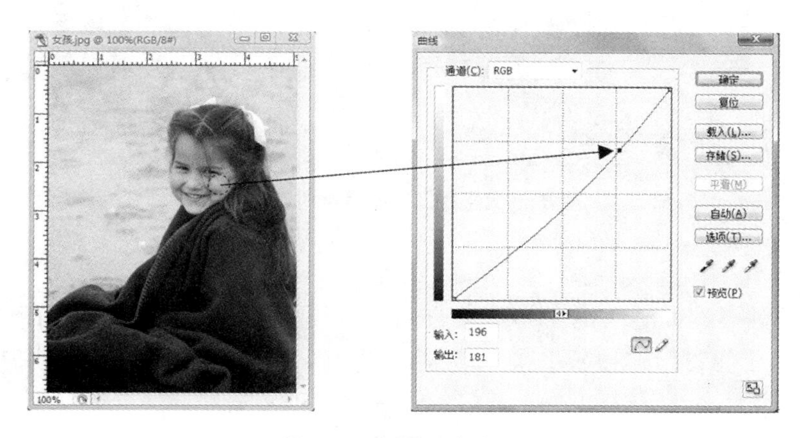

图 6-48　调节局部色调

(二) 色彩调整命令

1. 自动对比度

自动对比度命令(Alt + Shift + Ctrl + L)能够自动调节与平衡图像中颜色的对比度。其操作过程为:打开图像→图像→调整→自动对比度。其应用示例如图 6-50 所示。

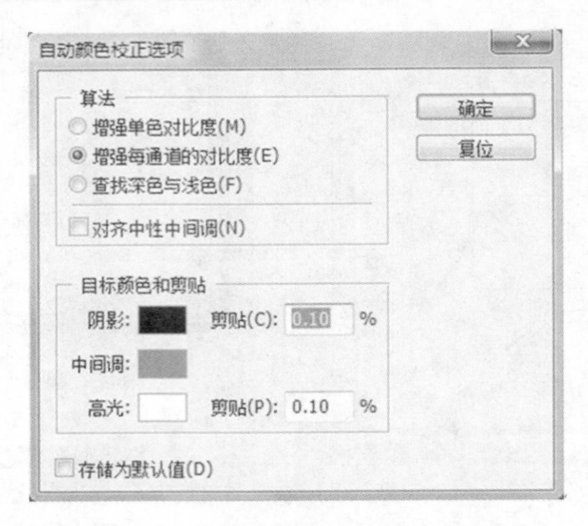

图 6-49　"自动颜色校正选项"对话框

图 6-50　自动对比度命令应用示例

2. 自动颜色

自动颜色命令(Shift + Ctrl + B)能够自动调节与平衡图像中相似颜色间的亮度与暗度。其操作过程为:打开图像→图像→调整→自动颜色。其应用示例如图 6-51 所示。

3. 色彩平衡

色彩平衡命令(Ctrl + B)主要用来对图像进行一般性的色彩校正。其操作过程为:打开图像→图像→调整→色彩平衡。其应用示例如图 6-52 所示。

(1)色彩平衡参数用来调整图像的色阶值,操作中可在色阶右侧方框中输入 -100 ~ 100 的整数值或拖动青色—红色/洋红—绿色/黄色—蓝色滑块进行调整。

(2)色调平衡选项中,阴影、中间调和高光分别用来设置调整色彩平衡的色调范围为暗调、中间调和高光;保持亮度复选框用来设置调整过程中图像的亮度是否保持不变。

图 6-51　自动颜色命令应用示例

图 6-52　色彩平衡命令应用示例

4. 亮度/对比度

亮度/对比度命令主要用来对整个图像的明暗度以及颜色的对比度进行调整。其操作过程为:打开图像→图像→调整→亮度/对比度。其应用示例如图 6-53 所示。

(1)亮度参数用来调整图像的明暗度。

(2)对比度参数用来调整图像颜色的对比度。

5. 色相/饱和度

色相/饱和度命令(Ctrl + U)主要用来对整个图像或目标通道中像素的色相、饱和度和明暗度进行调整,还可通过给像素定义新的色相及饱和度来更改灰度图像的颜色。其操作过程为:打开图像→图像→调整→色相/饱和度。其应用示例如图 6-54 所示。

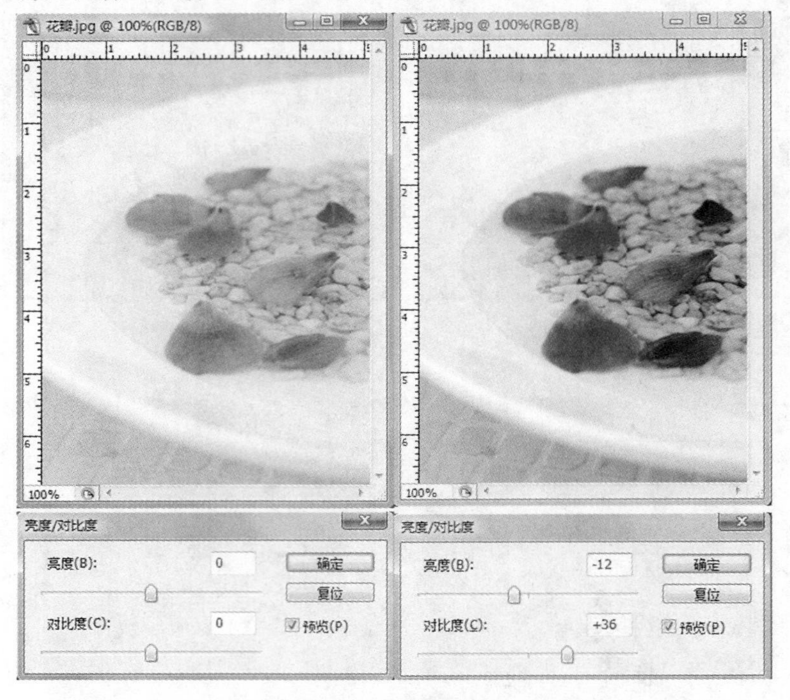

图 6-53　亮度/对比度命令应用示例

图 6-54　色相/饱和度命令应用示例

(1)编辑下拉菜单用来选择当前调整的目标是全图还是目标通道。

(2)色相参数用来调整图像或图像中目标通道的色相。

(3)饱和度参数用来调整图像或图像中目标通道的饱和度。

(4)明度参数用来调整图像或图像中目标通道的明暗度。

(5)存储按钮可将当前参数设置存储为一个 . AHU 格式的文件。

(6)载入按钮可载入一个 . AHU 格式文件的参数。

(7)着色复选框勾选后,可将当前图像或选区调整为某种单一颜色。

6. 去色

去色命令(Shift + Ctrl + U)用来将彩色图像转换为灰度图像,但图像的原始色彩模式不会发生改变。其操作过程为:打开图像→图像→调整→去色。其应用示例如图 6-55 所示。

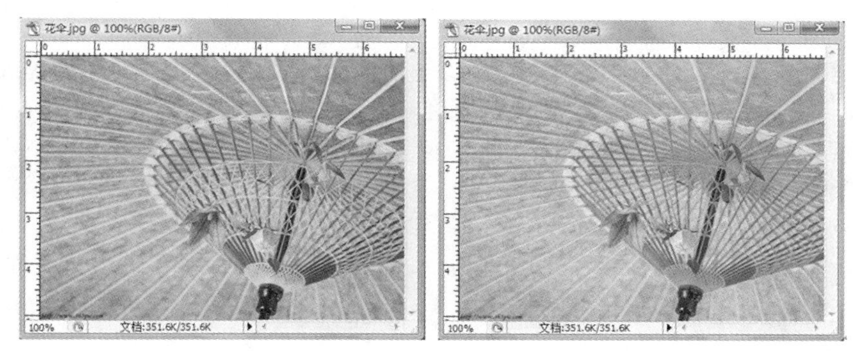

图 6-55 去色命令应用示例

7. 替换颜色

替换颜色命令用来将图像中的某种颜色替换为其他颜色,并可对替换的颜色进行色相、饱和度和明度等属性的设置。其操作过程为:打开图像→图像→调整→替换颜色。其应用示例如图 6-56 所示。

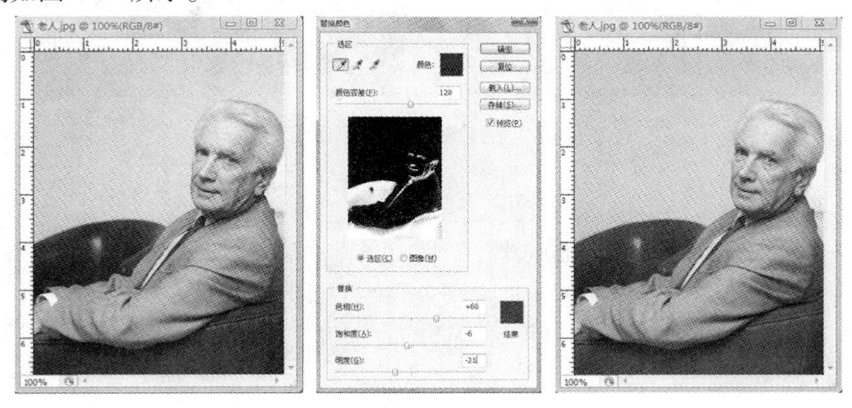

图 6-56 替换颜色命令应用示例

(1)吸管工具用来进行颜色取样,添加到取样工具用来增加取样颜色范围,从取样中减去工具用来减少取样颜色范围。

(2)颜色容差参数用来调整取样容差值,其值越大,一次取样范围越广。

(3)选区和图像选项用来设置预览图像显示效果:选择选区选项,则图像背景显示为黑色,取样后,被取样的颜色区域显示为白色;选择图像选项,则不能直观体现被取样的颜色和范围。

(4)色相、饱和度和明度参数用来调节结果颜色的色相、饱和度和明度。

(5)存储按钮可将当前参数设置存储为一个 . AXT 格式的文件。

(6)载入按钮可载入一个 . AXT 格式的文件。

§小贴士

匹配颜色命令只能用于 RGB 模式图像,而替换颜色命令可以用于几乎所有模式的图像。

8. 照片滤镜

照片滤镜命令主要针对图像中的某个颜色通道或某种颜色进行饱和度等属性的调整,还可在调整时保持颜色通道或颜色的亮度不变。其操作过程为:打开图像→图像→调整→照片滤镜。其应用示例如图 6-57 所示。

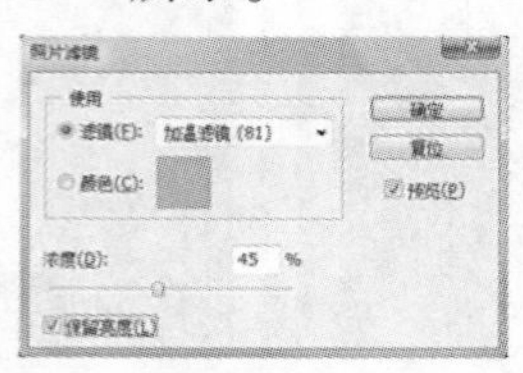

图 6-57 照片滤镜命令应用示例

(1)在滤镜下拉菜单中可选择自定义滤镜颜色。

(2)颜色选项选择后可打开拾色器对话框,自行选择需要的滤镜颜色。

(3)浓度参数可调节当前颜色通道或颜色的浓度,即饱和度。

(4)保留亮度复选框勾选后,可保证在调整时图像亮度保持不变。

9. 阴影/高光

阴影/高光命令主要用来调整图像中阴影和高光数量的多少,从而调节图像的明暗程度。其操作过程为:打开图像→图像→调整→阴影/高光。其应用示例如图 6-58 所示。

(1)阴影数量参数可调节图像阴影的程度。

(2)高光数量参数可调节图像高光的程度。

(3)显示其他选项复选框勾选后,可对现有参数进行扩展。

图 6-58　阴影/高光命令应用示例

(4)存储按钮可将当前参数设置存储为一个 . SHH 格式的文件。

(5)载入按钮可载入一个 . SHH 格式的文件。

10. 曝光度

曝光度命令通过在线性颜色空间执行计算,从而调整图像的颜色(主要用于 HDR 这种 32 位图像,也可用于 8 位和 16 位图像)。其操作过程为:打开图像→图像→调整→曝光度。其应用示例如图 6-59 所示。

(1)曝光度参数用于调整色调范围的高光区域,对极限阴影影响很小。

(2)位移参数用于调整阴影和中间色调,对高光区域影响很小。

(3)灰度系数参数是利用乘方函数计算调节图像灰度系数。

11. 反相

反相命令(Ctrl + I)一般用来将图像颜色进行反转从而得到负片效果,本命令可对独立图层、单独通道、选区或整个图像进行操作。其操作过程为:打开图像→图像→调整→反相。其应用示例如图 6-60 所示。

12. 色调均化

色调均化命令主要用来重新分配图像像素的亮度值,使图像中像素更加均匀地表现所有的亮度级别。其操作过程为:打开图像→图像→调整→色调均化。其应用示例如图 6-61所示。

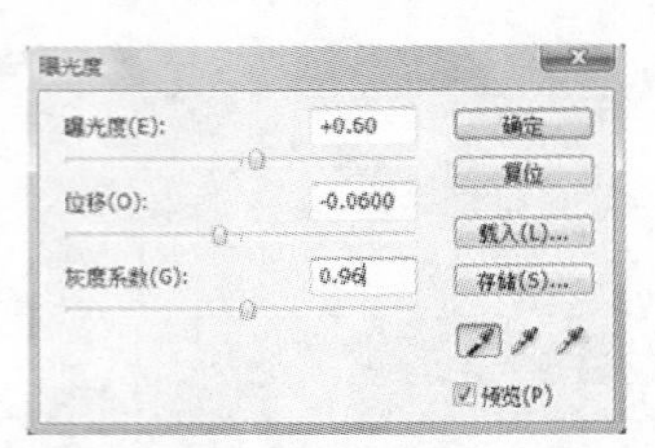

图 6-59　**曝光度命令应用示例**

图 6-60　**反相命令应用示例**

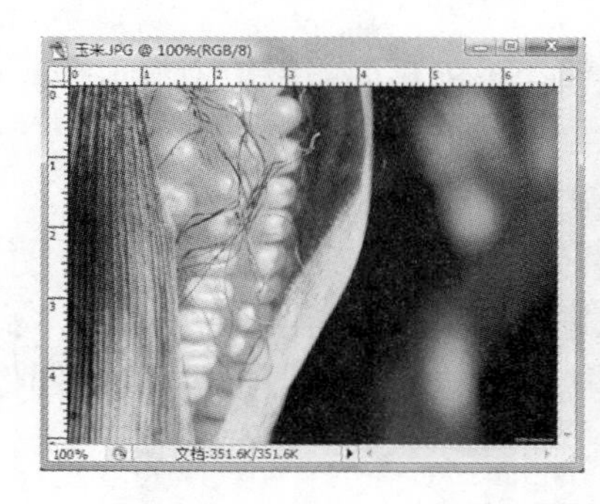

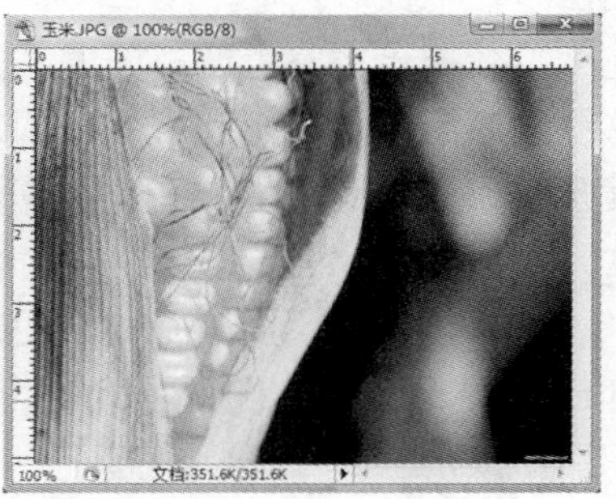

图 6-61　**色调均化命令应用示例**

13. 阈值

阈值命令主要用来将灰度图像或彩色图像转化为对比度非常明显的黑白图像。其操作过程为:打开图像→图像→调整→阈值。其应用示例如图 6-62 所示。对话框中的阈值色阶参数用于设置图像转化为黑白图像过程中黑色像素的多少。

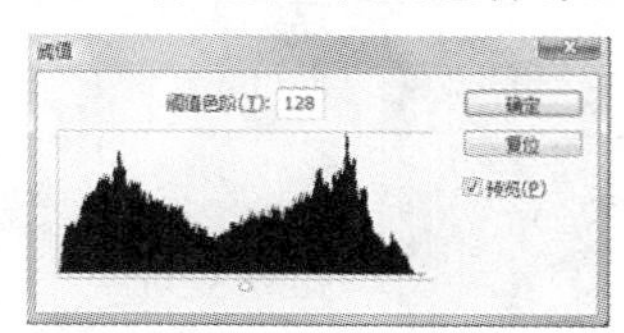

图 6-62　阈值命令应用示例

14. 色调分离

色调分离命令主要用来设定图像中某个颜色通道的亮度级别。其操作过程为:打开图像→图像→调整→色调分离。其应用示例如图 6-63 所示。

图 6-63　色调分离命令应用示例

15. 变化

变化命令可以在调整图像、选区或图层的色彩平衡、对比度和饱和度的同时,精确查看调整后的效果。其操作过程为:打开图像→图像→调整→变化。其应用示例如图 6-64 所示。

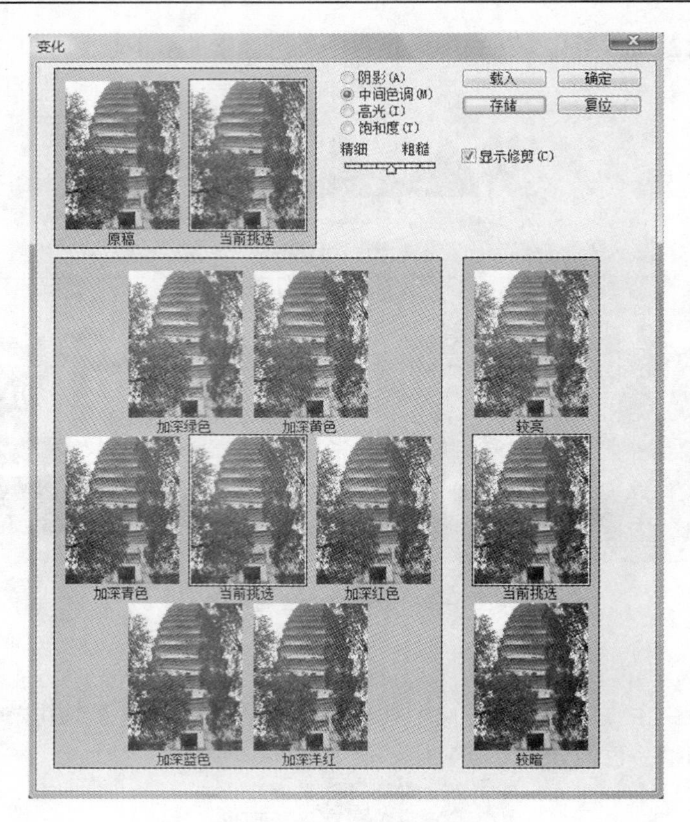

图 6-64　变化命令应用示例

第三节　案例实训

本节案例主要向读者展示一些简单滤镜和图像处理命令综合使用的效果。

案例一:绘制黑白炫亮马赛克

黑白炫亮马赛克的绘制如图 6-65 所示。

图 6-65　案例一图像

（1）按图 6-66 的设置新建一个空白文档，而后执行滤镜→杂色→添加杂色命令，具体参数设置如图 6-67 所示，得到如图 6-68 所示的效果。

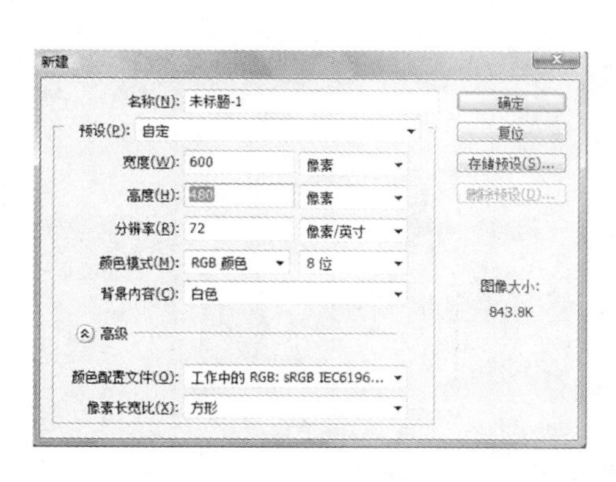

图 6-66　新建空白文档

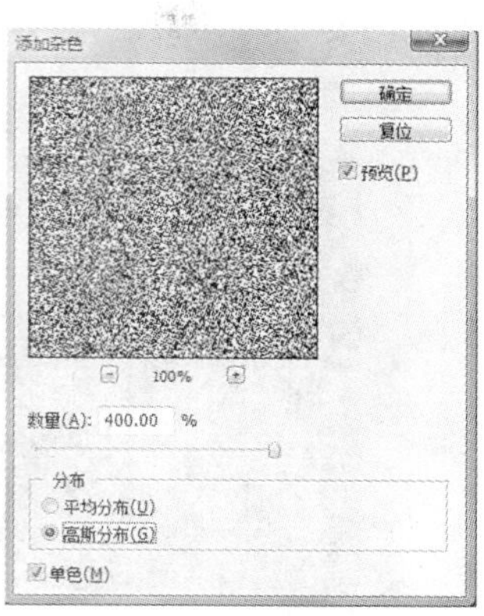

图 6-67　设置参数 1

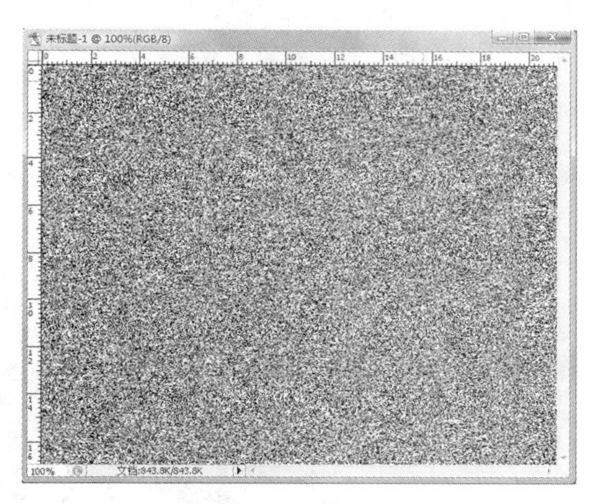

图 6-68　效果 1

（2）执行滤镜→像素化→马赛克命令，具体参数设置如图 6-69 所示，得到如图 6-70 所示的效果。

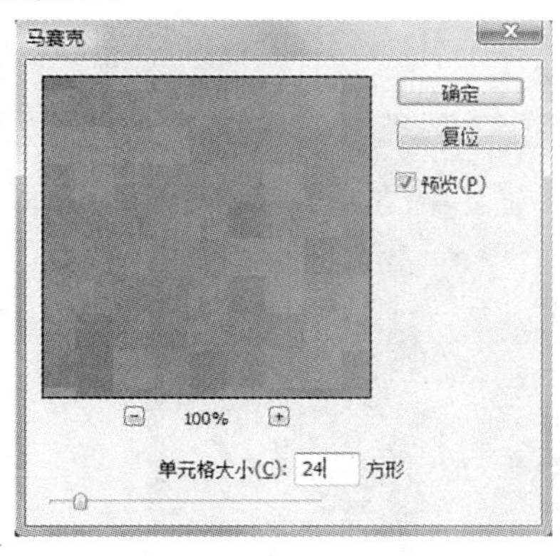

图 6-69　设置参数 2

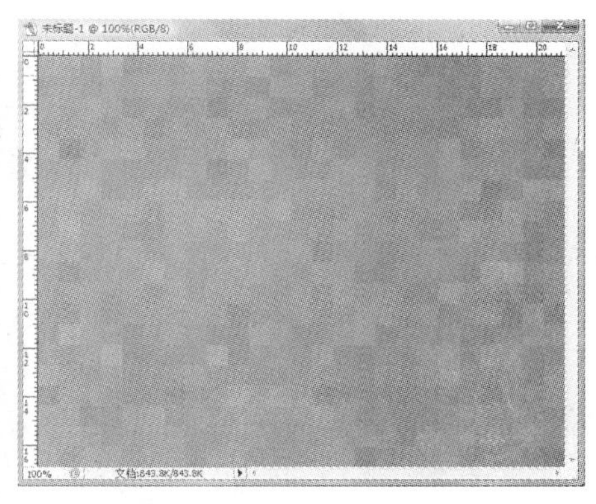

图 6-70　效果 2

(3)执行滤镜→风格化→照亮边缘命令,具体参数设置如图 6-71 所示,得到如图 6-65 所示的效果,即任务完成。

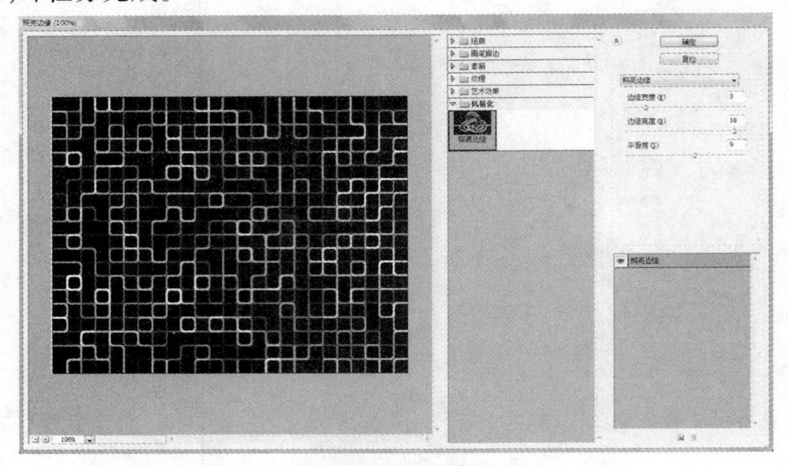

图 6-71　设置参数 3

案例二:对案例一的效果进行色彩调整处理,得到不同效果

具体步骤略,可参照图 6-72 ~ 图 6-75 自行完成。

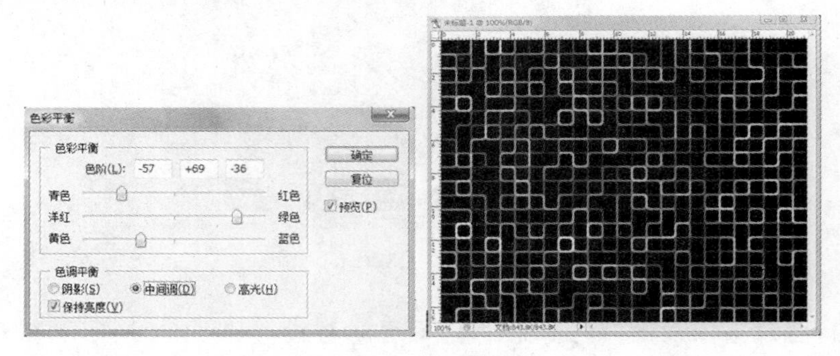

图 6-72　色彩平衡命令

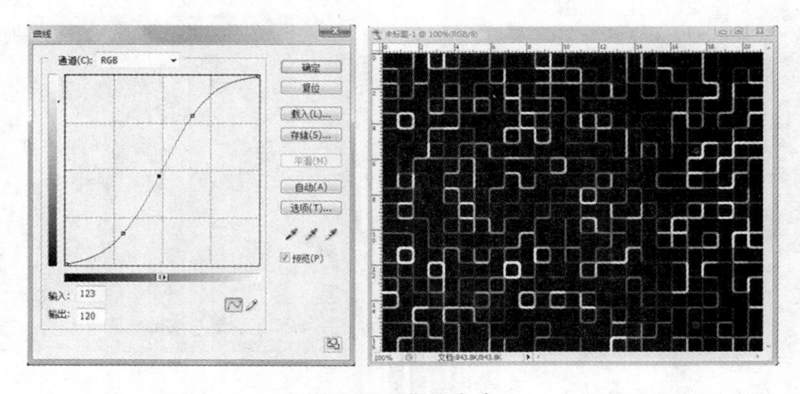

图 6-73　曲线命令

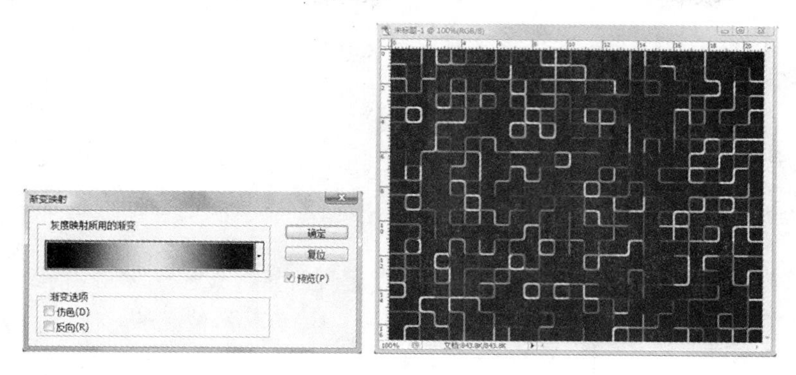

图 6-74　渐变映射命令 1

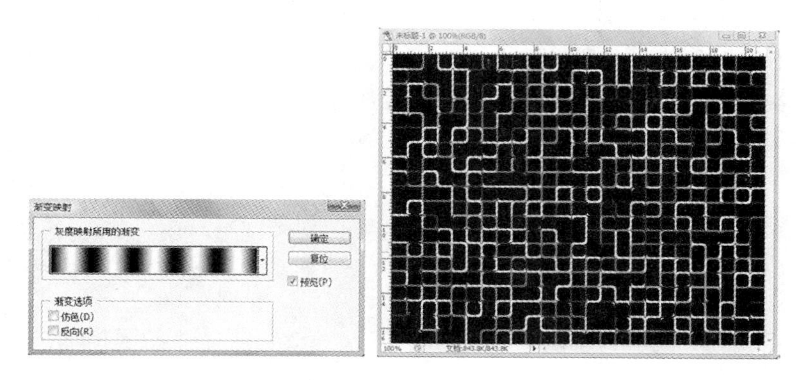

图 6-75　渐变映射命令 2

本章小结

本章主要介绍了 Photoshop 中一系列滤镜工具的使用和图像色彩处理的基本操作。通过对本章的学习,学习者应熟练掌握常用滤镜工具的使用方法以及图像色彩处理的方法和过程,以便对图像进行特效处理和色彩优化。

思考与习题

一、填空题

1. Photoshop 中,按快捷组合键________可反复执行最后一次使用过的滤镜,执行抽出滤镜插件的快捷组合键是________,执行消失点滤镜插件的快捷组合键是________。

2. 滤镜只能应用于当前正在编辑的________或________,若当前图层中没有选择区,则滤镜效果将应用于整个图层。

3. 滤镜不能应用于________和________的图像,________要使用滤镜命令必须先进行栅格化。

4. 滤镜以________为单位进行图像处理,因此即使滤镜的参数设置完全相同,因为图像本身的________不同,也会使处理后的图像产生不同效果。

5. 像素化滤镜组中,包含了________、________、________、________、________、________和________等7个滤镜命令。

6. 亮度是指图像原色的________。亮度的调节实际是对________的调节。

7. 色调是指从________或________的颜色。色调调整实际上就是指将图像的颜色在各种颜色之间进行调整。

8. 对比度是指________,对比度值越大,颜色间差异越大。

9. 饱和度是指图像颜色的________和________,它表示纯色中________成分的相对比例。

二、上机操作题

1. 针对不同图像练习使用各种滤镜工具。

2. 针对不同图像练习使用各种色彩处理命令。

3. 练习各种不同滤镜以及滤镜和其他命令的组合使用。

下篇　案例实训

第七章　Photoshop 图像处理的综合应用

第一节　Photoshop 在景观设计中的作用

一、计算机景观设计表现的程序

任何新设备、新技术的出现都会为一个领域带来一场革命,使用计算机进行景观辅助设计,为景观设计的表现带来了很大的方便,可以使景观设计效果表现得更加真实,表现手法更加方便。

使用计算机进行景观设计效果表现的程序与手绘景观效果图基本类似。手绘景观设计效果图,一般是先绘制线稿,之后渲染着色,最终整体调整。通过计算机进行景观设计效果表现也是一样,先在三维软件中创建景观模型,之后将其导入平面软件中进行色调、明暗的调整以及添加各种配景素材,最后进行细节完善。

一般将景观效果图的制作分为两个部分:前期制作和后期处理。前期制作是在三维软件中创建主体模型并完成渲染输出。而后期处理则是将在三维软件中渲染输出的较为粗糙的三维图进行再加工,最大限度地体现景观的"建筑感"、"艺术感"和"真实感"。一幅景观效果图的成功与否,很大程度取决于设计人员在后期处理工作中能否在对作品的整体把握上达到一个非常高的层次。

景观效果图的一般创作流程如图 7-1 ~ 图 7-3 所示。

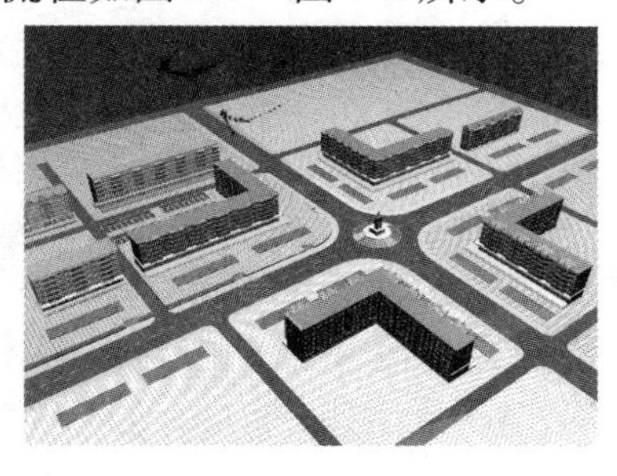

图 7-1　创建模型

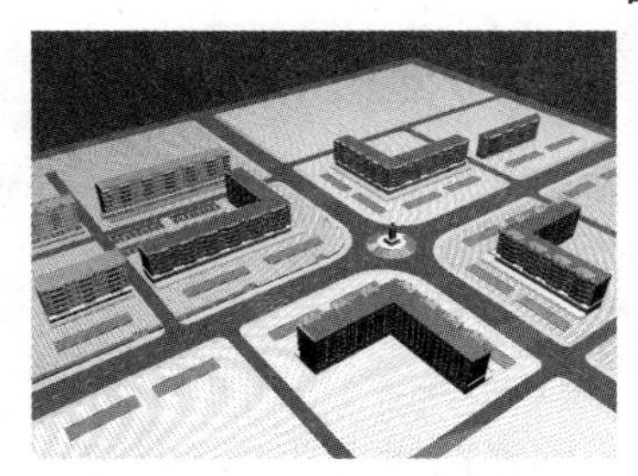

图 7-2　材质、灯光、渲染输出

图 7-3　后期制作

二、Photoshop 在景观设计中的作用

（一）景观效果图的色调、修饰、添加景物处理

虽然三维软件可以轻松地建立景观模型，完成现实中一切景观物件的绘制，但在光色搭配、图纸细节等方面会遇到一些问题，如亮度不够、曝光过度、过于粗糙、缺乏真实感等。利用 Photoshop 就可以很轻松地调整出想要的各种亮度及曝光度，很多情况下，我们只在三维软件中制作大体的景观模型，而各种物件，都可以到 Photoshop 中进行添加。

（二）大面积景观效果图的后期渲染

园林设计效果图等是常见的效果图样式，在制作的过程中，由于面积很大，在前期建模及渲染的时候，无论是对人还是对机器，都有着更高的要求，很难直接通过三维软件完成渲染。所以，要想更好地完成效果图，很多设计人员会选择这样一种方式，即在 3DSMAX 等大型三维软件中只将基本模型和材质建立完整，然后加以主体灯光的渲染，接着直接导出图片，最后导入到 Photoshop 中，进行配景的添加、环境的更改设置，以及人物的添加等操作。

（三）图纸的艺术处理

平面图纸一般多供专业设计人员使用，作为普通用户，很难理解一些专业的符号和构图。当利用 AutoCAD 等软件制作出平面图纸的时候，不可以直接把图纸放到宣传广告上，而应将图纸保存成位图格式，然后导入 Photoshop 中，加以艺术化处理，让每一位非专业用户有一个清晰的了解，使图纸在艺术形式上更加美观。

第二节　图像处理与贴图的制作

一、颜色调整

颜色对于图像来说非常重要，一幅设计图纸若想打动用户，除了科学、合理、艺术的构思外，在图纸的感官形式上也需要有艺术的表现。尤其是效果图，想达到一个满意的效果，色彩处理是很重要的一项工作。在效果图后期制作过程中，往往需要很多素材图片，不是所有的素材都可以直接利用，需要取舍选择、精细调整才可以充分发挥作用。颜色调整，是素材使用的常见工作，素材图片的色相、明度、纯度等要素往往都需要经过调整以后才可以使用。如我们想要一种金碧辉煌的效果，以烘托设计中尊贵的感觉，可是素材图片无法达到表现的目的，这时就需要对现有素材进行颜色调整，以完成任务。

（一）图像的明暗调整

Photoshop 是一个很好的图像处理软件，经过不断的发展，其功能已经非常完善。在 Photoshop 中有很多工具和命令可以对图像的明度进行调整，下面我们介绍几种常见的明暗的调整方法。

1. 色阶调整

色阶调整是调节颜色的重要方法之一。色阶表示图像的高光、中间调和暗调分布情况，且可以对其进行调整。当图像的三种颜色分布有所失衡时，可以利用色阶面板进行

调整。

色阶调整面板主要包括通道、输入色阶、输出色阶等调整选项。通道:在其下拉列表中可以选择要调节的颜色通道。输入色阶:用于控制图像中最亮、最暗和中间过渡色,与三个滑块相对应的分别是三个数值框。调整第一个滑块,数值越大,图片中较暗的颜色就会随之越暗,反之会越亮;调整第二个滑块,数值越大,中间过渡色就会越暗,反之就会越亮;调整第三个滑块,数值增大最暗色变亮,反之就会使最亮色变暗。由于色彩完整的图片中间过渡色较多,所以在对其调整时,中间过渡色是非常重要的。输出色阶:用于调整图像的亮度和对比度,它的调整和输入色阶的操作十分相似。另外,还可以用吸管拾取图片中最暗的颜色、中间过渡色和最亮的颜色。用第一个吸管单击图像后整个图像变暗;用第二个吸管单击图片后,会根据所选择的颜色进行明暗变化,选择的颜色较亮,图片会变亮,反之就会变暗;用第三个吸管单击后就会使整个图像变亮。

实例:使用色阶调整图片的曝光度,如图 7-4 ~ 图 7-6 所示。

图 7-4　打开需要调整的图片

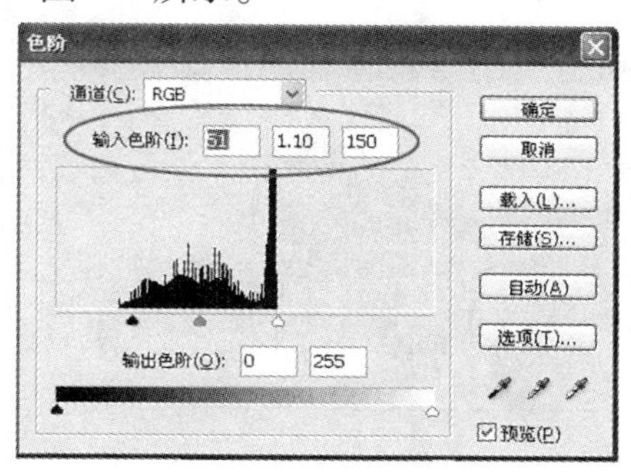

图 7-5　打开色阶面板对色阶进行调整

图 7-6　调整后图片

2. 曲线调整

使用曲线命令可以对图像的色彩、亮度以及对比度进行更加综合和灵活的调整,也可以使用单色通道对图片进行单一颜色的调节。

曲线调整面板主要包括预设、通道等调整选项。预设:是软件为我们设计好的一种调节方式,可以一步达到最终效果,其中有反冲、负片和彩色负片等多种效果。通道:同色阶中通道的作用,在复合通道中是调节图像的明暗对比度,在单色通道中是调节图片的颜色平衡。工具:前者是默认选项,当它被激活时,我们可以通过利用鼠标单击面板中的线条增加控制点,以调整曲线工具的走势;激活后者,移动鼠标,当鼠标变成铅笔形状的时候,我们就可以根据自己的需要来自行绘制曲线的走势了。

实例:利用曲线调整图片的明暗,如图 7-7 ~ 图 7-10 所示。

图 7-7　曲线上扬

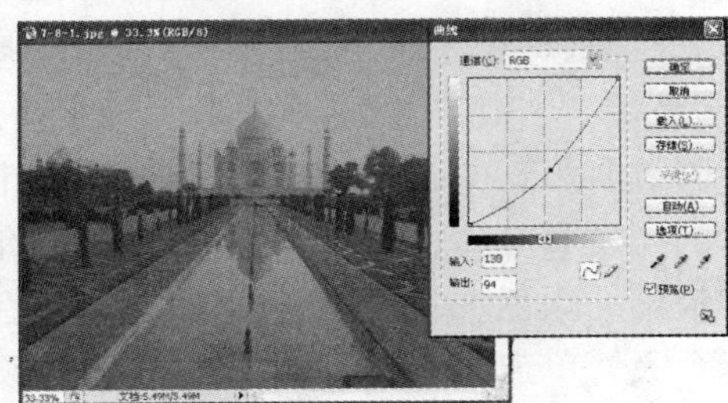

图 7-8　曲线下降

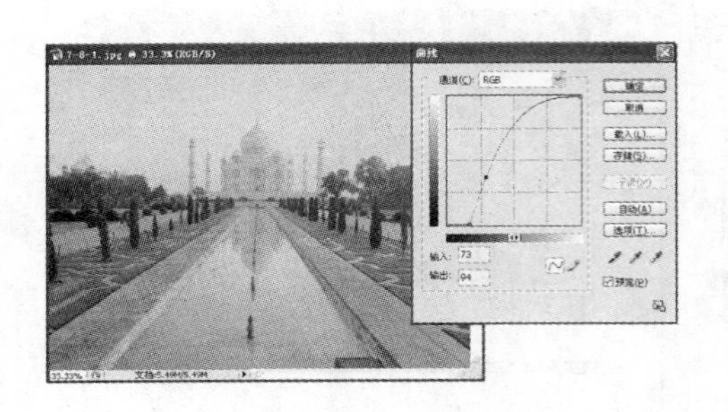

图 7-9　曲线滑块右滑

图 7-10　调整后的图片

通过将曲线上扬,图片变亮;曲线下降,图片变暗。将曲线下面的滑块向右滑时,纯度提高;向左纯度降低。

3. 亮度/对比度调整

调节图片的明亮,还可以用过亮度/对比度进行调整。

亮度/对比度调整,主要是通过推拉亮度和对比度滑块来调节图片色彩亮度和纯度,从而使图片达到想要的效果。向右滑动亮度滑块,图片增亮;反之,变暗。向右滑动对比度滑块,色彩纯度提高;反之,降低。

实例:利用曲线调整图片的明暗,如图 7-11 ~ 图 7-14 所示。

图 7-11　原图片

图 7-12　调整亮度

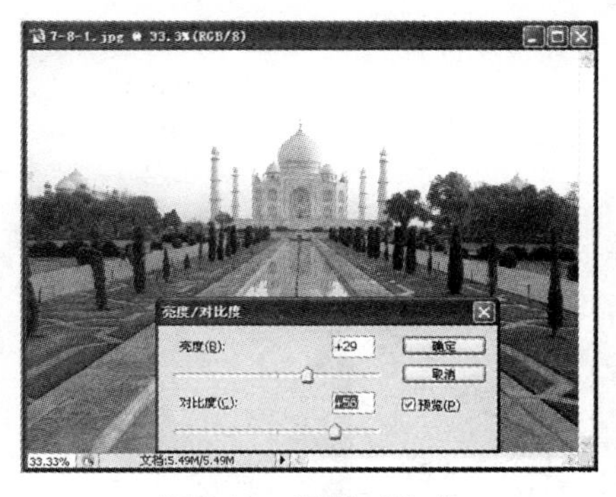

图 7-13　调整对比度

图 7-14　调整后的图片

(二)图像的色彩调整

想让图片达到满意的效果,很大程度来源于对图片的色彩调整,下面我们就介绍几种色彩调整的方法。

1. 色彩平衡调整

色彩平衡是 Photoshop 中最直接的调整颜色工具,同时也是使用方法最简单的工具。

色彩平衡面板主要包括色阶、滑块、色调平衡、保持明度等调节选项。色阶:直接输入数值,随之三个滑块就会根据数值进行相应的改变。滑块:移动滑块偏向哪种颜色,图片就会偏向哪种颜色。色调平衡:包含阴影、中间调、高光选项,选择一项后,与之相对应的图片中最暗、中间调和最亮的颜色将发生明显的变化。应注意的是,一般情况下多选择中间调进行调整,原因为一般一张图片的中间过渡色是最多的,所以这有利于最大限度地改变整张图片的色调。保持明度:选中此项后,调整时图片的对比以及明暗是不会改变的。

实例:色彩平衡处理图片的效果,如图 7-15 ~ 图 7-17 所示。

图 7-15　需要调整的图片

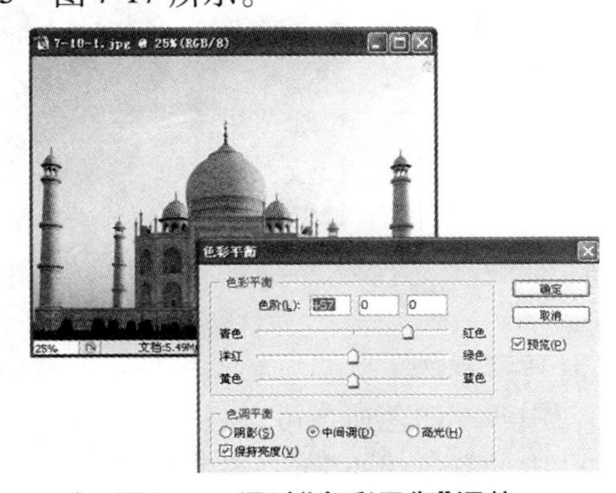

图 7-16　通过"色彩平衡"调整

2. 色相/饱和度调整

色相/饱和度是 Photoshop 最重要的颜色调整命令,通过它可以自如地调整一张图片,达到任意需要的色彩效果。

色相/饱和度面板主要包括编辑、色相、饱和度、明度等调节选项。编辑:主要是选择需要调整的不同颜色,包括全色和 6 个基本色。色相:主要是调整颜色的色相变化。饱和度:在此用来调整颜色的纯度。明度:用于调整颜色的明亮程度。

图 7-17 调整后的效果(更显辉煌)

另外,在面板上还有着色选项和滴管工具。着色:是指单纯的上色,一般用于黑白图片的上色。滴管工具:用于拾取图片中某一种颜色进行上色调整。

实例:通过色相/饱和度调整图片的色彩,如图 7-18 ~ 图 7-20 所示。

图 7-18 需要调整的图片

3. 匹配颜色

使用匹配颜色命令可以将当前选中图像的颜色与另外一个图层图像的颜色或其他图像文件中的颜色相匹配,一般有两种用途:一是图像合成之前对两幅图像进行颜色的匹配;二是利用其修复不正常颜色或实现图像颜色的特殊效果。

匹配颜色面板主要包括图像选项、图像统计等调节选项。图像选项:用于调整匹配颜色后的亮度、颜色强度和消退程度。图像统计:主要是设置匹配颜色的图像来源和所在的图层。

实例:通过匹配颜色调整图片的色彩,如图 7-21 ~ 图 7-24 所示。

第一步,打开需要调整的图片和匹配图片(如图 7-21、图 7-22 所示)。

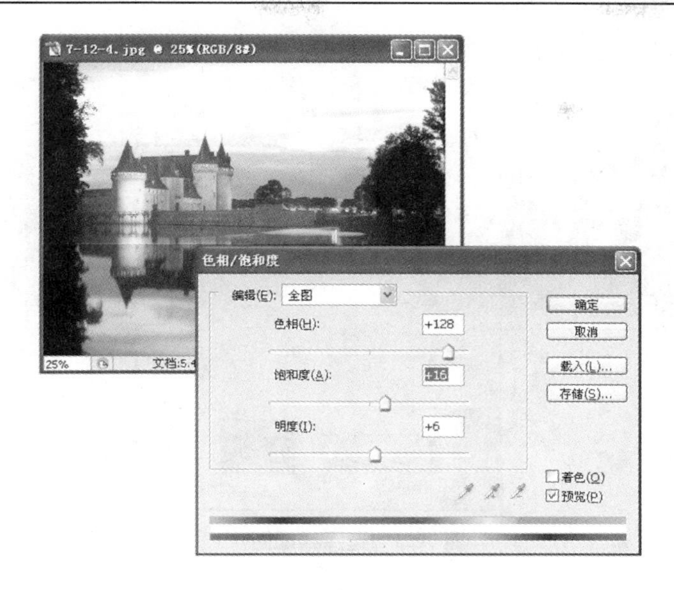

图 7-19　通过"色相/饱和度"进行调整

图 7-20　调整后的图片

图 7-21　需要调整的图片

图 7-22　打开匹配图片

第二步，调出匹配颜色面板，在“源”中选择匹配图片（见图 7-23）。

图 7-23　选择匹配图片

通过匹配颜色调整后，就将原来的图片表现出添加朝霞的效果（见图 7-24）。

图 7-24　添加朝霞的效果

二、细节修饰

在进行效果图绘制过程中，有很多细节需要修饰，才可以实现一个真实、精美的设计表现。图像素材不是全部都能够满足表现的需要，需要对其进行一系列的调整修饰才可以使用。

（一）配景边缘的柔化

在园林效果图制作过程中，需要很多植物、人物、动物、园林小品、建筑、水、云、光线等配景来装点画面，烘托设计环境，渲染效果。这些素材往往需要在其他素材图片上择取。然而，在择取过程中，由于操作、技术等原因，会出现边缘过于粗糙、存在杂色等现象，我们可以使用 Photoshop 将配景的边缘柔化，使其更加自然真实。具体方法如下。

首先打开需要柔化的素材图片，如图 7-25 所示。之后将素材图片的背景抠除，如图 7-26所示。

图 7-25　素材图片

图 7-26　背景抠除

通过放大以后可以看见配景汽车的边缘很不光滑，而且留有原背景图片的杂色，如图 7-27所示。

图 7-27　未进行边缘柔化处理的图片

下面就开始柔化边缘。先调出配景汽车的选区，之后执行选择→修改→收缩命令，如图 7-28 所示，在收缩量中给一个值为“1”（收缩量值可根据图片大小而定）。

执行选择→羽化命令，在羽化半径中给一个值“1”，如图 7-29 所示（羽化半径值可根据图片大小而定）。

最后，反向选择，使用 Delete 键进行删除，即可达到满意效果（见图 7-30）。

（二）利用仿制图章工具修复图像

很多素材图片中都会有不需要的对象，或有划痕等损伤，可以利用仿制图章工具对素材图片进行修复以便使用。具体修复方法如下。

首先，打开需要修复的图像，如图 7-31 所示，在图片中有个人物存在，而我们的设计中不需要这个人物在画面上，因此需要处理掉这个人物。

然后，选择仿制图章工具，按住 Alt 键在距离人物附近用鼠标单击取样，之后将仿制图章工具移动到人物上进行绘制，如图 7-32 所示。

图 7-28　选择菜单中修改命令

图 7-29　设置羽化半径值

图 7-30　配景边缘柔化的效果

图 7-31 需要修复的图像

图 7-32 使用仿制图章工具

反复取样，依次在人物上绘制，就可将画面中不需要的人物去掉了，如图 7-33 所示。但应该注意的是，在绘制工程中尽量避免损伤其他不需要去掉的部分，可以使用选区工具辅助完成。

图 7-33 去掉人物的效果

（三）利用修补工具修复图像

在 Photoshop 中用于修复的工具很多，我们还可以利用修补工具对图像进行修复。比如我们选择的素材图片上有一行文字，如图 7-34 所示。需要将这行文字去掉，同时要使整个图片显得自然真实，我们就可以利用修补工具实现。

图 7-34　带有文字的素材图片

首先，选择修补工具，在文字的周围画上选区，如图 7-35 所示。

图 7-35　在文字周围画上选区

之后将光标放在选区内，按住左键向无文字区域拖曳，即可将画面上不需要存在的文字去掉，画面也会显得非常自然，如图 7-36 所示。

三、贴图的制作

利用计算机进行辅助设计时，除了可以利用现有图片作为素材外，还可以自行制作素材图片，如草地、木板、石面等。这些素材可以作为永久性贴图进行保留，为不同的设计而服务。

图 7-36　去掉文字后的效果

(一)铺装效果

1. 草地效果

任意新建画布,将其背景色和前景色分别调整为较深的绿和较浅的绿,如图 7-37 所示。

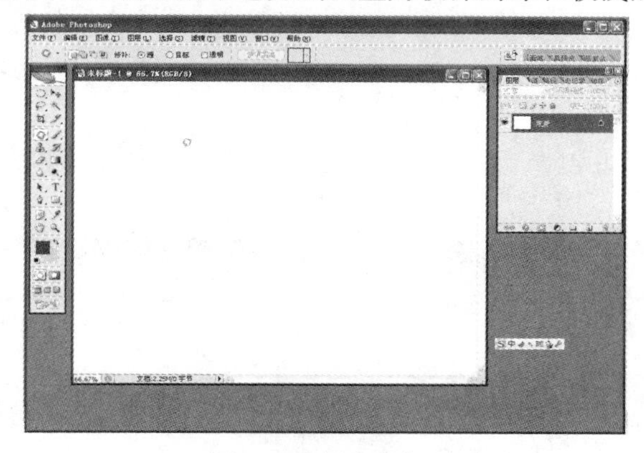

图 7-37　新建画布 1

然后选择滤镜→渲染→纤维命令,调出"纤维"对话框,如图 7-38 ~ 图 7-39 所示。

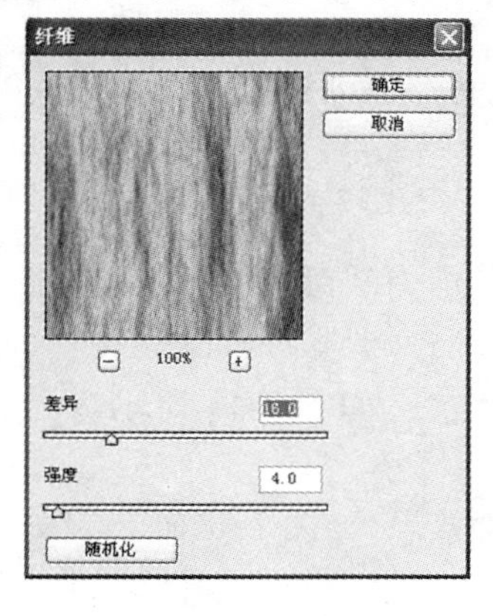

图 7-38　"纤维"对话框 1

图 7-39　纤维图像 1

选择滤镜菜单下的风格化→风命令，在弹出的对话框中，进行如图 7-40 所示设置，之后会出现如图 7-41 所示效果。如果感觉纹理的效果还不是太明显，可以按一到两次 Ctrl + F组合键（重复滤镜），重复执行几次风的滤镜，直到满意为止。

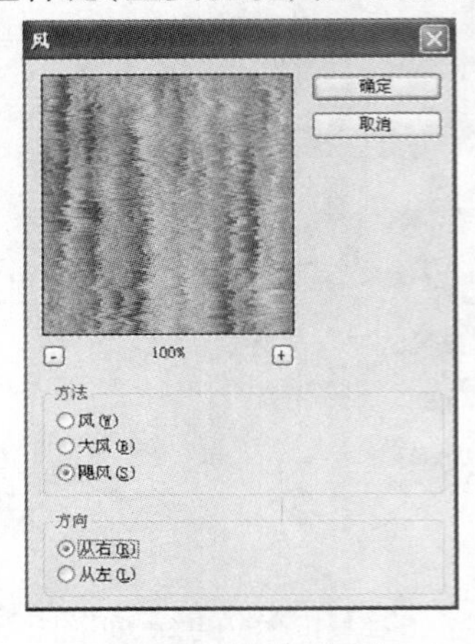

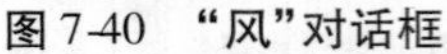
图 7-40　“风”对话框

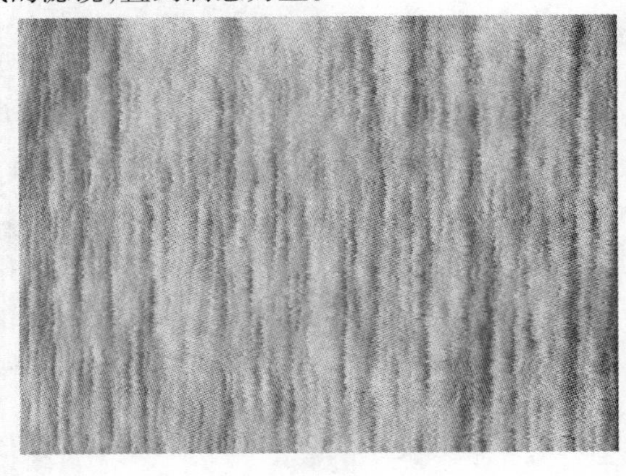

图 7-41　执行风滤镜的效果

之后执行图像→旋转画布→90 度（顺时针）命令，得到如图 7-42 所示效果。

2. 木质地板效果

新建任意画布，画布颜色为白色。将前景色与背景色调整为接近木纹颜色的黄棕色，如图 7-43 所示。

图 7-42　最终效果

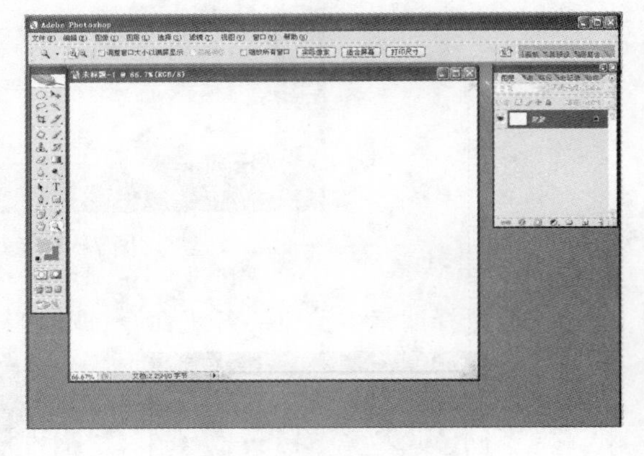

图 7-43　新建画布 2

选择滤镜→渲染→纤维命令，如图 7-44 所示，“差异”和“强度”值可以按照效果需要相应调整。调整后的效果如图 7-45 所示。

在上一步基础上，选择滤镜→杂色→添加杂色命令，如图 7-46 所示。之后选择滤镜→模糊→动感模糊命令，如图 7-47 所示。

新建图层，选择滤镜→渲染→云彩命令，得到云彩效果，如图 7-48 所示。如感觉效果不满意，可按 Ctrl + F 组合键重复滤镜效果，直到满意为止。最后，选中上方图层，将混合模式更改为“柔光”即可得到最后效果，如图 7-49 所示。

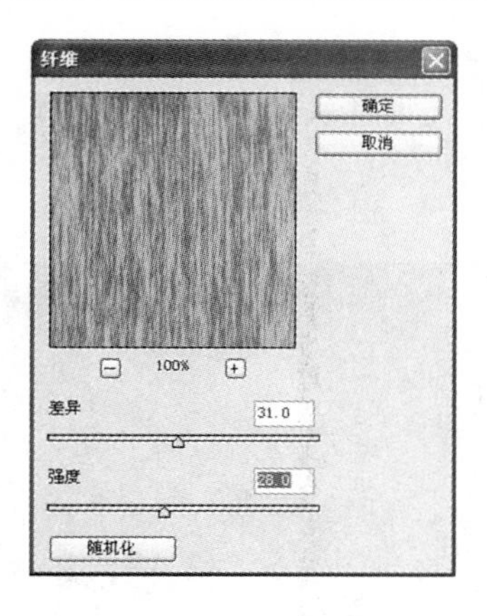

图 7-44　“纤维”对话框 2

图 7-45　调整后的效果

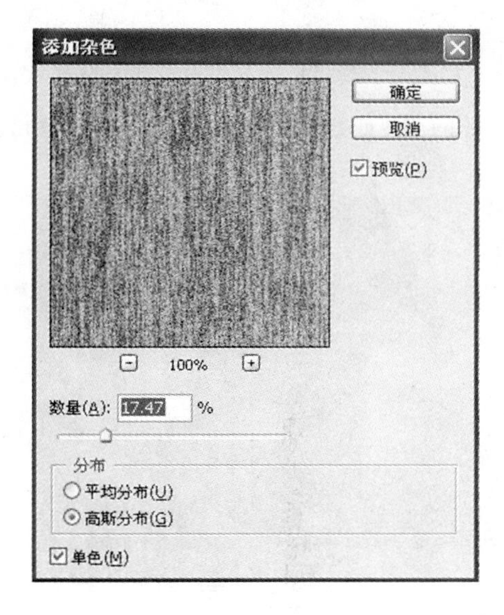

图 7-46　“添加杂色”对话框

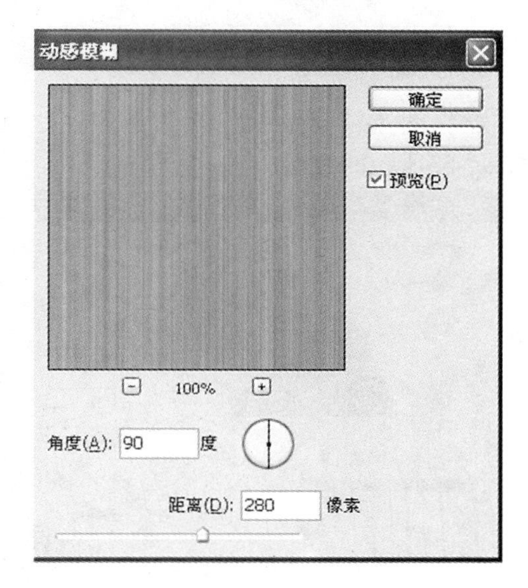

图 7-47　“动感模糊”对话框

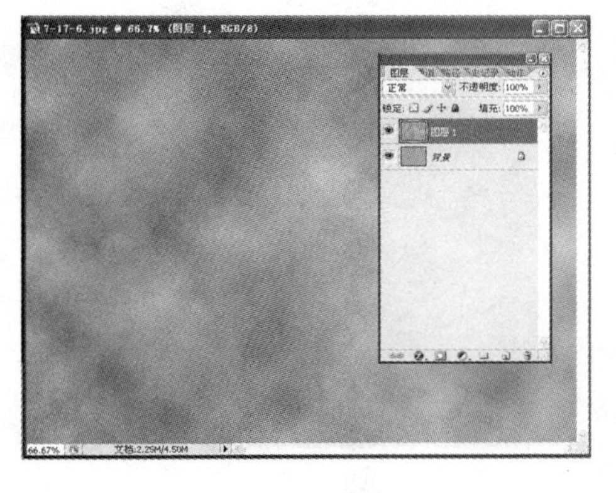

图 7-48　云彩效果

图 7-49　最后效果

3. 大理石效果

新建任意画布，背景为白色，将前景色和背景色定义为默认黑白两色。选择滤镜→渲染→分层云彩命令，如图 7-50 所示。可以连续执行几次 Ctrl + F 组合键，得到如图 7-51 所示的效果。

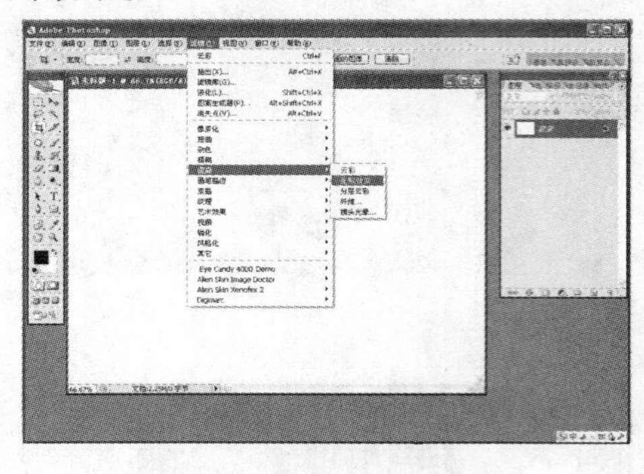

图 7-50　选择分层云彩命令

图 7-51　连续执行分层云彩命令效果

选择图像→调整→色阶命令，调出“色阶”对话框，如图 7-52 所示，调整后会得到如图 7-53所示的效果。

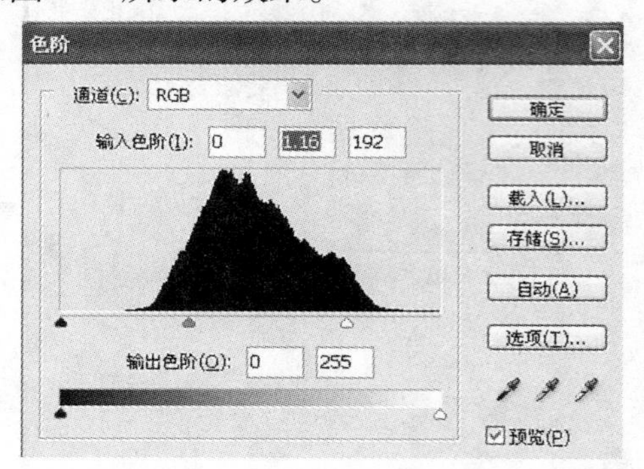

图 7-52　“色阶”对话框

图 7-53　调整后的效果

调出色彩平衡面板，对当前图像进行颜色的调整，如图 7-54 所示。调出的最终效果如图 7-55 所示。

图 7-54　进行颜色的调整

图 7-55　颜色调整后的效果

(二)配景绘制

1. 二维树木绘制

(1)在图纸上用绘图笔、圆规绘制灌木线图,然后用扫描仪等输入工具,扫成电子版底图,也可以直接用钢笔路径工具配合选区等工具直接绘制,如图 7-56 所示。在 Photoshop CS 中打开二维灌木线框图。双击背景图层,将其转为可编辑图层。单击工具箱中的魔棒工具,将图像中的白色背景部分选中,之后用 Delete 键删除,如图 7-57 所示。

图 7-56　绘制灌木线图

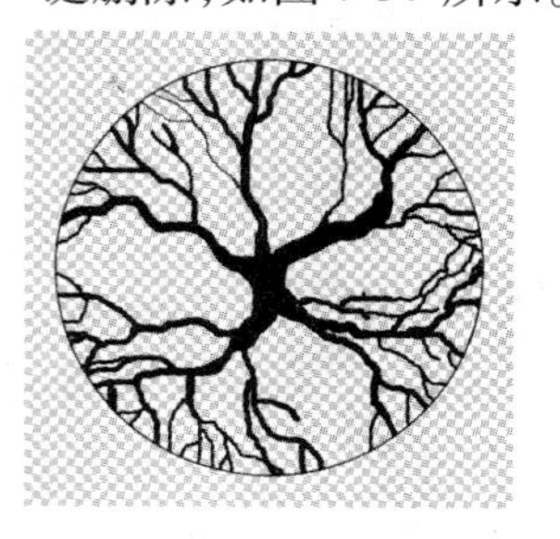

图 7-57　编辑图层

(2)复制当前图层,在生成新的图层中调出树干部分选区,之后将前景色设置为黑褐色,填充前景色,填充后的效果如图 7-58 所示。

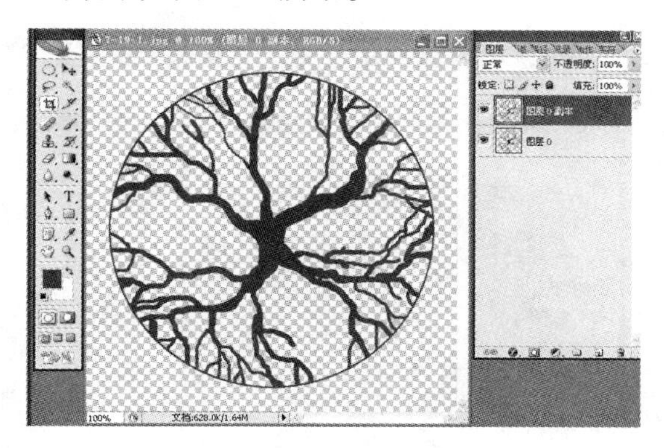

图 7-58　填充后的效果

(3)选择滤镜→画笔描边→喷溅命令,增强树干的效果,如图 7-59 所示。

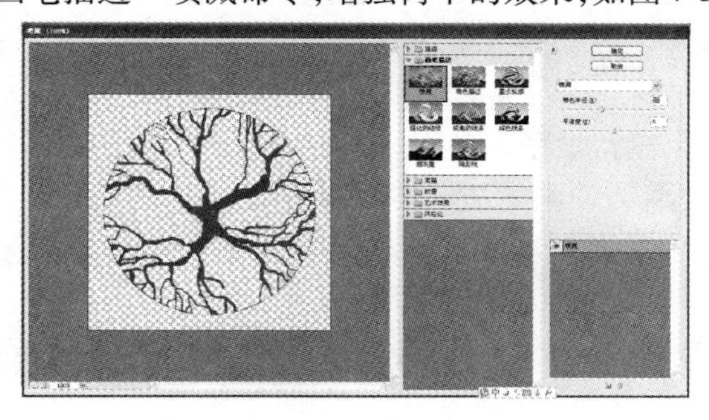

图 7-59　增强树干的效果

(4)新建一个图层,绘制一个圆形选区,选区要稍大于灌木(将图中所有图层都选中,之后使用移动工具将图像上下左右都对齐),之后选择渐变工具。将前景色和背景色设置为暗绿色和亮绿色。设置完毕后使用渐变工具(线性渐变),在选区内由左上向右下拖动鼠标,施加渐变后的效果如图 7-60 所示。

(5)复制已做渐变的图层并将复制的图层拖曳到树干图层下面,如图 7-61 所示。

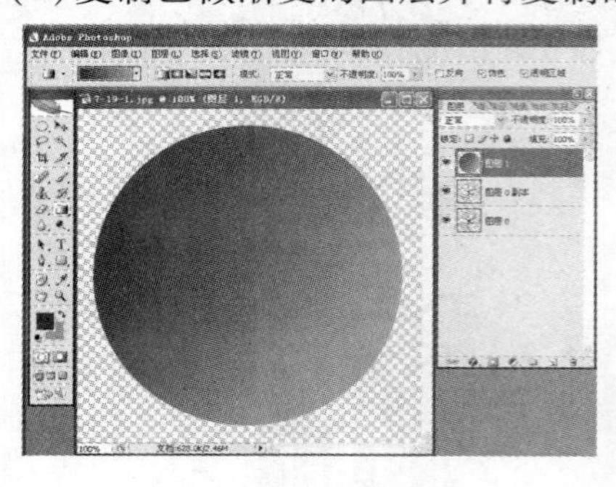

图 7-60　施加渐变后的效果

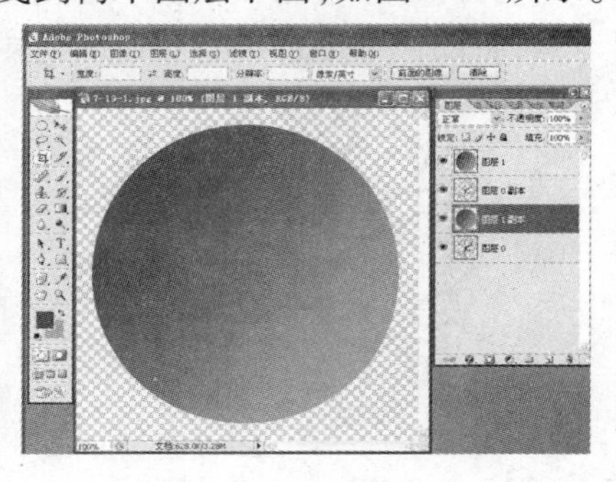

图 7-61　复制并拖曳图层

(6)回到最上面图层,在图层面板上为该图层添加蒙版,之后选择渐变工具,选择径向渐变,由图形的中心向外拖曳渐变,如图 7-62 所示。

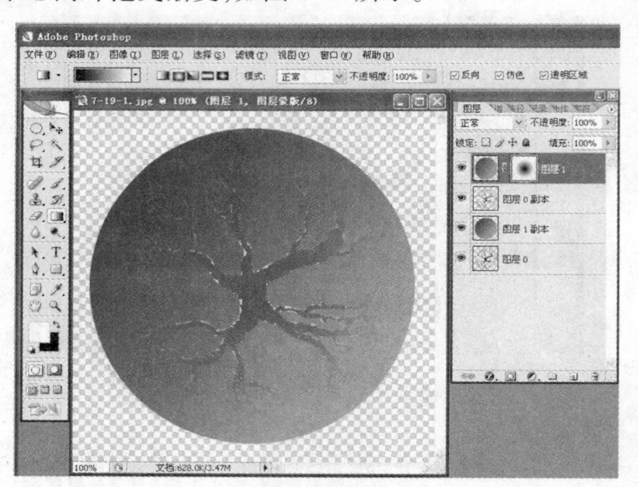

图 7-62　添加蒙版并选择渐变

(7)应用蒙版,之后选择滤镜→杂色→添加杂色命令,如图 7-63 所示。

(8)合并前三个图层,为使灌木更具空间感还可以为其制作背景。调出合并图层的选区,执行选择→羽化命令给一个羽化值,在复制图层下面新建一个图层并填充黑色(为了便于观察可以将最下层填充白色),如图 7-64 所示。

(9)将黑色涂层向左上移动,即可得到最后效果,如图 7-65 所示。

还可以按照此种方式绘制其他树木贴图,如图 7-66 所示。

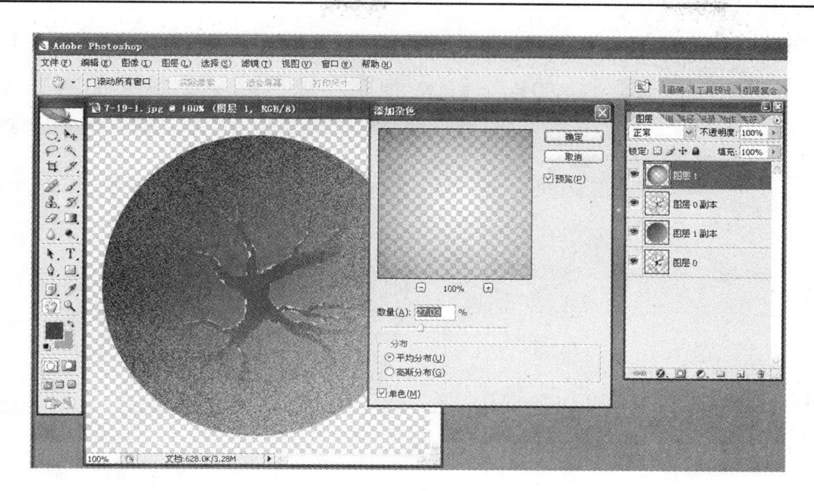

图 7-63 添加杂色

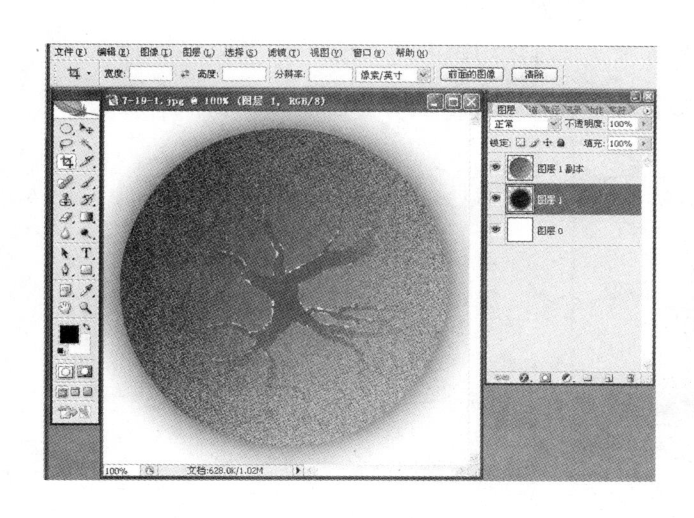

图 7-64 制作背景

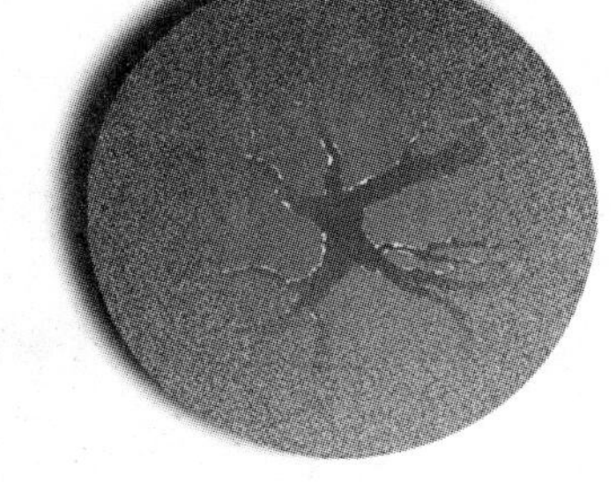

图 7-65 最后效果

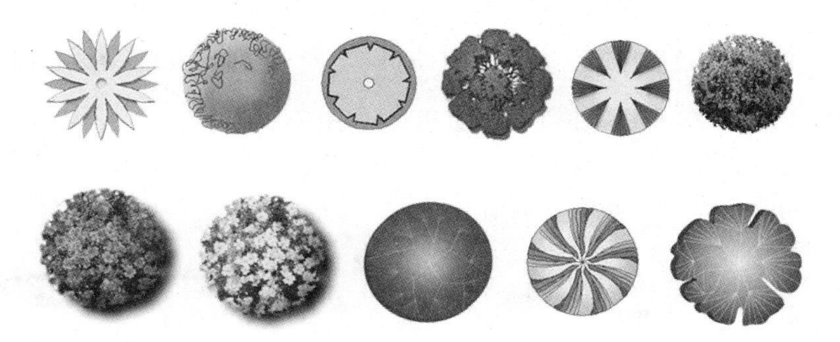

图 7-66 其他树木贴图

2. 二维汽车绘制

(1)新建一画布,新建一图层绘制汽车线框图(也可以稿纸上绘制,后用扫描仪扫成图片后进行编辑），如图 7-67 所示。

（2）使用魔棒工具将图像中的汽车机体、顶棚和货物箱顶部选中，如图 7-68 所示。

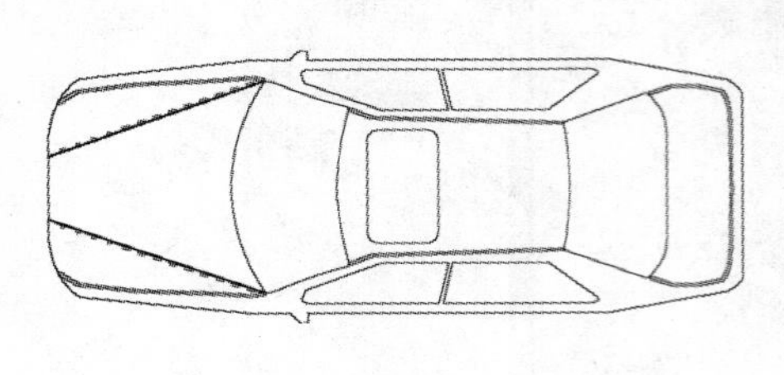

图 7-67　绘制汽车线框图

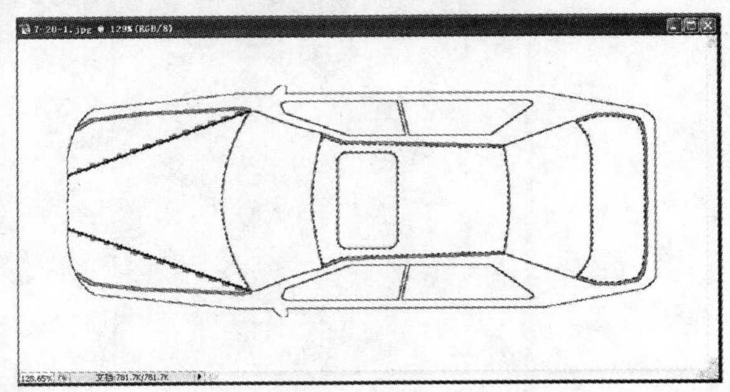

图 7-68　使用魔棒工具

（3）选择渐变工具并对渐变进行设置，如图 7-69 所示。

（4）设置好渐变以后，使用对称渐变在选区内由上到下拉渐变，如图 7-70 所示。

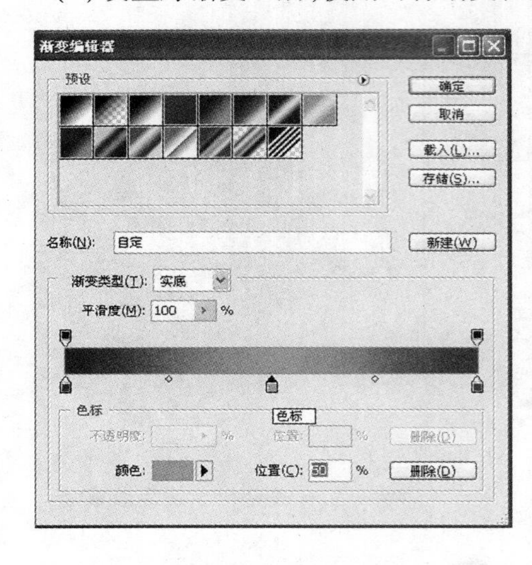

图 7-69　设置渐变

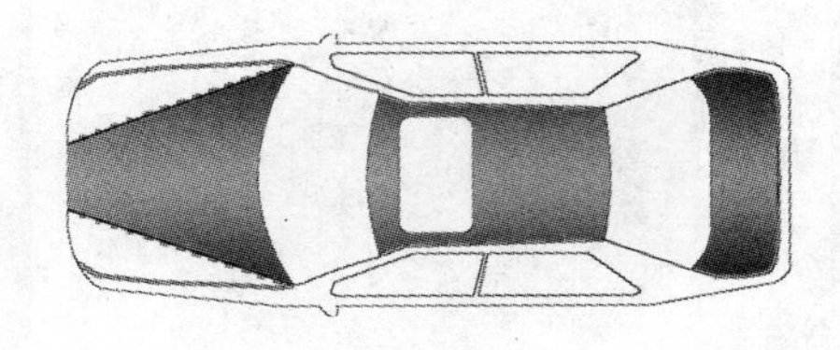

图 7-70　使用“对称渐变”

（5）沿用上步，对车头的余下部分添加渐变，如图 7-71 所示。

（6）继续沿用此方法对车体的余下部分添加渐变，如图 7-72 所示。

（7）按照如图 7-73 所示重新设置渐变。

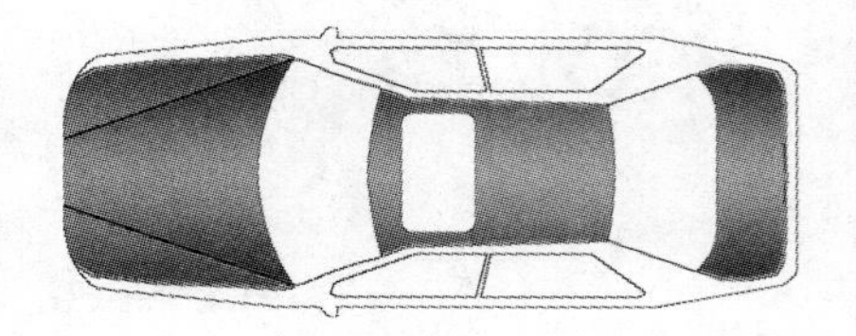

图 7-71　对车头的余下部分添加渐变

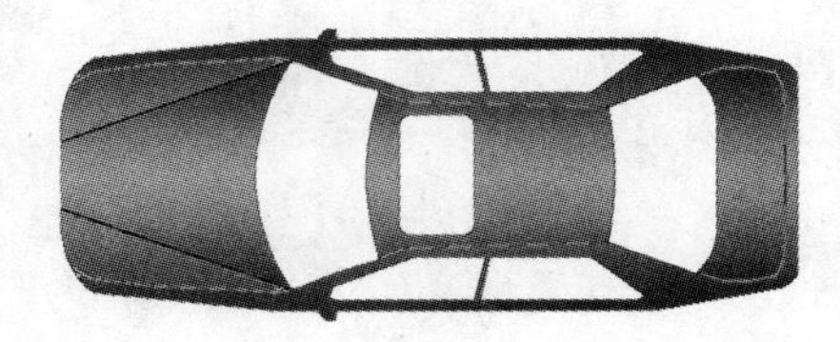

图 7-72　对车体的余下部分添加渐变

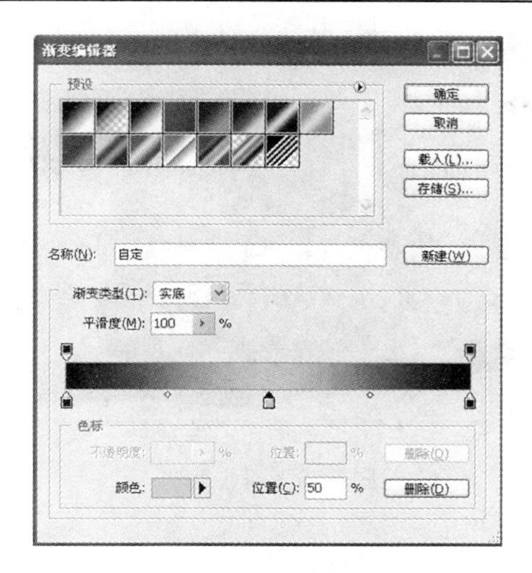

图 7-73　重新设置渐变

(8)设置好渐变以后将车玻璃选中,由上向下拉渐变,效果如图 7-74 所示。

(9)完成车体以后,为增加空间感还可以给车做投影。方法与二维灌木方法一致,投影效果如图 7-75 所示。

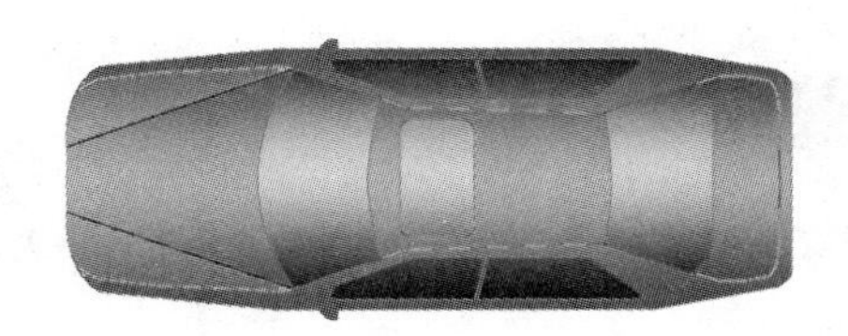

图 7-74　渐变完成效果

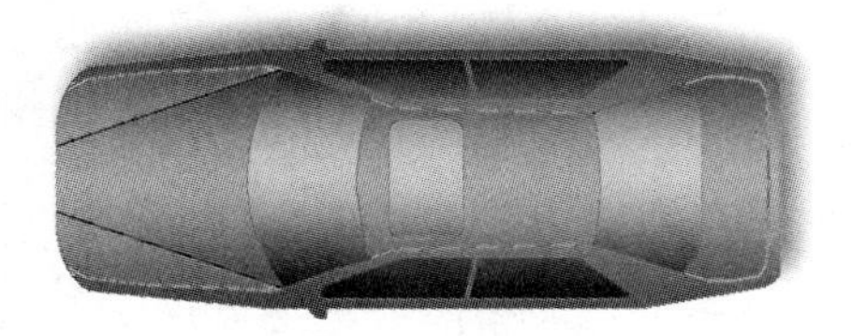

图 7-75　投影效果

3. 运动配景动感效果的制作

(1)打开一张摩托车场景素材图片,如图 7-76 所示。将背景抠除,如图 7-77 所示。

图 7-76　摩托车场景素材图片

图 7-77　抠除背景

(2)使用矩形选区将摩托车的后半部分选中,之后对选区进行羽化处理,如图 7-78 所示。

(3)羽化处理后,选择滤镜→模糊→动感模糊命令,即可得到如图 7-79 所示的最终效果。

4. 制作阴影

为增加景物的真实感,往往要为素材景象如人物、树木、车辆等加上投影。

图 7-78　羽化处理

图 7-79　最终效果

(1)打开一张抠除背景的素材图片,如图 7-80 所示。

图 7-80　抠除背景的素材图片

(2)调出树木的选区,之后执行选择→羽化命令给一个羽化值,如图 7-81 所示。

(3)在上一步的基础上在该图层的下面新建一个图层,并将选区填充为黑色,如图 7-82所示。

(4)使用快捷键 Ctrl + T 自由变换命令,按住 Ctrl 键调节各节点,将黑色填充拖曳到相应的投影位置,如图 7-83 所示。

图 7-81　羽化处理

图 7-82　新建图层并将选区填充为黑色

图 7-83　自由变换命令

注意:投影的位置要考虑整个画面的光照方向和景物的光照方向,二者应该改一致,这样画面才更加真实。

(5)到图层面板,调整投影图层的不透明度,使该图层的不透明度降低,如图 7-84 所示。

(6)如果一个设计效果图中需要多次安插此贴图,应该做好投影,并将景物和投影图层合并后,再复制安插,以便投影方向一致。如图 7-85 所示为绘制好投影的贴图的应用。

图 7-84 调整不透明度

图 7-85 绘制好投影的贴图的应用

第三节 图像的整合

一、抠图

在进行园林设计时往往需要很多素材图片,但不是一张图片上所有的景象都可以被我们所利用,这就需要对图片的景象进行择取,为此我们将介绍一项常见的工作——抠图。抠图质量的好坏、速度的快慢直接关系到整个设计表现的进程,所以就需要根据图片的状态,适当地选择抠图的方法,以便使设计表现顺利进行。下面介绍几种方便快捷的抠图方法。

(一)使用选择工具抠图

1. 套索工具的使用

套索工具箱共包含套索、多边形套索和磁性套索三个工具,在抠图工作中后两个工具用得较多。

1)使用多边形套索抠图

利用多边形套索抠图,抠图效果比较细腻、边缘光滑,但工作速度较慢,不适合大面积作业,而比较适合图像边缘直线条较多的图片。

首先打开一个素材图片,双击背景图层,使之变为可编辑图层。为便于检查抠图效果,可以在图像图层的下面新建一个图层并填充白色,如图 7-86 所示。

图 7-86　抠图素材图片

然后,选择多边形套索工具,沿着图像的边缘将需要删除的部分选取,之后用 Delete 键删除。为方便起见,可以使用放大镜工具将图片放大选取。

切记:一次选取的不宜过多,随选随删,如图 7-87 所示。

图 7-87　选取需删除部分

依次选取并删除,得到最后抠图效果,如图 7-88 所示。

2)使用磁性套索抠图

使用磁性套索抠图方便快捷,速度要远远大于多边形套索抠图,而且也比较适合边缘曲线多、转弯比较多的图片。但图片上景象界限不明显的图片不适合使用其进行抠图。

磁性套索使用方法与多边形套索一致,使用左键先点击一点作为起始点,之后沿着景象边缘拖动鼠标,最后双击左键即可,制造一个选取之后用 Delete 键删除,如图 7-89 所示。

图 7-88　抠图效果

图 7-89　抠图选取

在使用磁性套索时,若有选取不理想之处,可以使用多边形套索进行修复,以达到满意效果。最后得到的抠图效果如图 7-90 所示。

图 7-90　抠图效果

2. 使用钢笔路径工具抠图

路径事实上是矢量式的线条,因此图像无论进行缩小还是放大时,都不会影响它的分辨率或平滑度。编辑好的路径可以保存在图像中，另外路径还可以转化为选择区域，这也就意味着可以选择出更为复杂的选择区域。使用路径工具抠图也是一种常见的抠图办法，而且抠图效果圆润细腻。

钢笔路径工具抠图和套索工具抠图一样，首先打开一张素材图片，用鼠标左键双击背景图层，变为可编辑图层，如图 7-91 所示。

图 7-91　打开素材图片

选择路径工具，用路径勾画出汽车轮廓，如图 7-92 所示。

图 7-92　用路径勾画汽车轮廓

绘制一个封闭的路径以后，到路径面板将路径变为选取，如图 7-93 所示。

按 Ctrl + Shift + I 组合键反向选择，最后用 Delete 键删除背景，得到最终效果如图7-94所示。

3. 使用魔棒工具抠图

魔棒是以图像中相近的色素来建立选取范围，在进行选取时，可以选取图像颜色相同或者颜色相近的区域。在工具箱中选取魔棒工具后，针对选择物体的不同，可以在其属性工具栏中进行设置，魔棒工具经常需要设置的参数值就是容差。容差值用于设置颜色选取范围，其数值可以为 0 ~ 255。数值越小，选取的颜色越接近，即选取的范围越小。

图 7-93　选取

图 7-94　抠图最终效果

使用魔棒进行抠图，适用于色彩比较单一的图片。一般来说，景物与背景区分明而且背景色彩变化不大的图片比较适合用其进行抠图。

首先打开一素材图片，将背景层变成可编辑图层。之后，选择魔棒工具，在需要删除部分点击，选中删除部分，如图 7-95 所示。

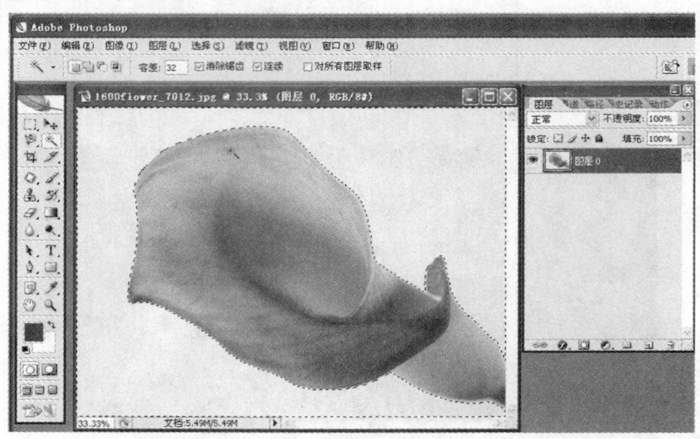

图 7-95　选中删除部分

选中后用 Delete 键删除即可将背景清除掉。如果一次不能全部选中背景，可以使用相加模式，逐渐地扩大选取区域，最后抠图效果如图 7-96 所示。

（二）使用其他工具抠图

若素材图片的景象过于复杂，比如人的发丝，树木的细枝条，花蕊，昆虫的触角、翅脉、天上的云彩，水中的涟漪等，抠除背景很不容易进行。这时我们可以考虑用其他方式解决。

1. 使用色彩范围抠图

选择菜单中的色彩范围命令是一个利用颜色范围来选取图像区域的命令，该命令可以让用户在整张图像或者已经选取过的范围中进行多次选取。

打开一个素材图片，将背景层变为可编辑图层，如图 7-97 所示。

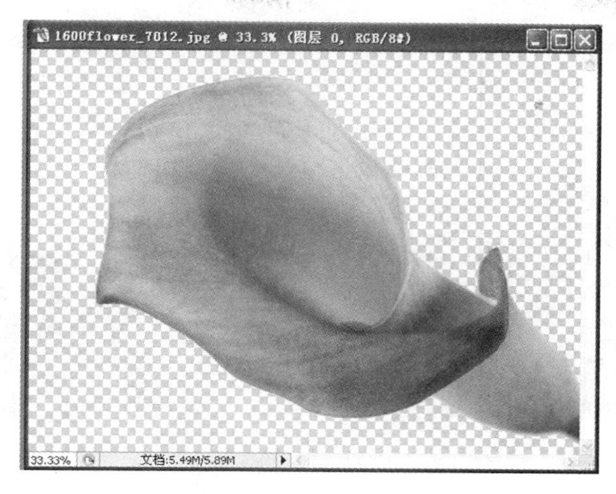

图 7-96　抠图效果

图 7-97　打开素材图片并设置背景层

执行选择→色彩范围命令,调出其对话框,并使用“取样颜色”吸管在图中灌木黑褐色树干上吸取颜色,如图 7-98 所示。

图 7-98　使用“取样颜色”吸管

吸取完成后的效果如图 7-99 所示。

形成一个选择区域以后，按 Ctrl + Shift + I 快捷键反向选择，最后用 Delete 键删除背景，即可得到最后效果，如图 7-100 所示。如有没有被删除的地方，可以使用选区、橡皮擦等工具辅助删除，或再次用颜色范围命令进行选取后删除。

图 7-99　吸取完成后的效果

图 7-100　删除背景的最后效果

2. 使用抽出工具抠图

在有些情况下，图像中需要选取的物体边缘较为复杂，即使花费很大的精力也很难进行准确的选择。滤镜菜单下的抽出滤镜功能强大，可将具有复杂边缘的景物从其背景中分离出来，并将背景删掉。

首先打开一个素材图片，将背景层变为可编辑图层，在该图层下面新建一个图层，并填充黑色（便于观察抠图效果），如图 7-101 所示。

图 7-101　打开素材图片并新建一个图层

选择滤镜→抽出命令，调出“抽出”对话框，使用边缘高光器工具在树木的边缘描出树木的轮廓，如图 7-102 所示。

使用填充工具在所选择区域内进行填充，如图 7-103 所示。

图 7-102 **“抽出”对话框**

图 7-103 **填充**

使用边缘修饰工具，对选取的物体进行修饰。边缘修饰工具可减去不透明度并具有累积效果。另外，使用清除工具还可以提取素材图像中的缝隙。最终的效果如图 7-104 所示。

二、图像的拼接

在我们完成好园林设计表现所需要的素材后，就需要将这些素材合理地安排到画面上，以烘托整个设计效果。图像拼接整合得好坏，直接关系到整个设计效果的表现。下面介绍几种图像整合的办法。

(一) 天空的处理

绘制好设计效果的主要景物以后，为了模拟真实性，让用户产生身临其境的感觉，还需要对效果进一步装饰，首选是添加天空。

(1) 打开使用 3D 绘制建完模并附加了一定材质的设计效果图，如图 7-105 所示。

(2) 使用选择工具将黑色背景清除掉，如图 7-106 所示。

图 7-104　最终的效果

图 7-105　打开设计效果图

(3)打开一张天空素材图片,如图 7-107 所示。

图 7-106　清除黑色背景　　图 7-107　打开天空素材图片

(4)由于图片上有我们不需要的树木、建筑等景物,所以需要我们进行清除处理,使用仿制图章和修补等工具进行处理,如图 7-108 所示。

(5)将处理好的天空图片放到效果图文件中,并使天空图层位于建筑图层下方,如图 7-109所示。

图 7-108 处理不需要的景物

图 7-109 将天空图层置于建筑图层下方

(6)由于天空图片太小,不能覆盖整个背景,所以需要扩大天空图片。注意:不能使用自由变换命令将图片放大,否则会影响整个效果。所以,需要对天空图片进行拼接。

首先复制天空图片,之后使用移动工具将复制的天空图片移向右侧。注意:要使两张图片有一定的衔接,如图 7-110 所示。

图 7-110 拼接图片

(7)由于两张天空图片中间接缝明显,需要将接缝处理掉,使两张图片衔接自然。在上一张图片上建立蒙版,之后使用渐变工具向左拖曳渐变,即会将上一张图片渐变状态删除一部分,从而与下一张图片实现无缝拼接,如图 7-111 所示。

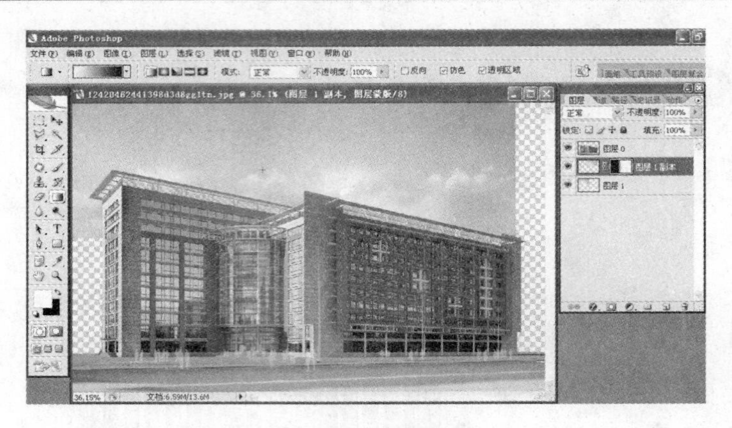

图 7-111 无缝拼接

(8)可以沿用上一步将天空背景逐渐扩大,以完全覆盖背景,最终处理效果如图 7-112所示。

图 7-112 最终处理效果

(二)背景环境的处理

无论是建筑还是绿地,在现实生活中都是不可能孤立存在的,都应该处于一定的环境之中,因此我们在设计表现时,也应该考虑到这一问题。为增加设计表现效果的真实性,在完成主体设计的表现后,还应为设计主体配以一定的环境。我们还以上面的建筑为例先来表现背景环境。

(1)选择一张比较适合设计环境的背景图片,如图 7-113 所示。

(2)在 Photoshop 中打开该图片,将其拖曳到添加完天空的建筑图片中,使背景环境图层处于天空图层之上、建筑图层之下,如图 7-114 所示。

(3)由于背景环境素材图片景物的比例与建筑比例相当,所以可以直接使用“自由变换”将其放大到合适程度,如图 7-115 所示。

(4)可以依照天空处理的方法,使用蒙版和渐变工具将背景环境和天空间的接缝处理掉，实现最终效果，如图 7-116 所示（当然，这只是一个简单的环境添加，大型的园林设计还需要更加复杂的拼接）。

图 7-113　选择背景图片

图 7-114　添加背景环境图层

图 7-115　放大背景环境素材图片

图 7-116　最终的效果

（三）前景环境的处理

延续上一实例，介绍一下添加前景环境。

（1）选择恰当的树木素材图片，并抠除背景，如图 7-117 所示。

图 7-117　选择树木素材图片

（2）将树木拖曳到效果图中，根据主景光线的方向制作投影，并对其大小进行调整，最后安置在恰当位置，如图 7-118所示。树木的大小要考虑到整个设计效果的比例和主题效果的表现，过大会影响到主体的体现，过小会显得不够真实。

图 7-118　添加树木

（3）为增加远近景的层次感，往往要在画面的一角添加一些近景树木的枝叶，增添效果如图 7-119 所示。

（4）依照此法还可以添加其他景物，如车辆、飞鸟等。但添加数量不宜过多，过多会喧宾夺主，影响主体效果的表现。

图 7-119　增添效果

本章小结

本章主要讲解了 Photoshop CS 图像处理的综合应用，首先介绍了 Photoshop CS 在景观设计中的作用，之后对图像处理与贴图的制作、图像的整合进行了重点讲解。其中包括颜色调整、细节修饰、贴图的制作、抠图、图像的拼接等内容。本章还详细地讲述了图像处理的基本方法和处理技巧，以及图像整合前的基础操作和整合技巧，为后续的景观效果图的绘制奠定了坚实的基础。

思考与习题

一、基础操作训练

对于本章所涉及的操作技巧应进行反复练习，以达到熟练掌握的程度，为景观效果图的渲染打下扎实的基础。本章基础操作的内容主要有：

1. 颜色调整练习，主要包括图像明暗和色彩的调整（师生可以有针对性地选择一些色彩有问题的图像，结合本章内容进行练习）。

2. 细节修饰练习，主要针对边缘柔化处理和修复图像进行操作训练。

3. 练习绘制贴图，主要绘制各类铺装和二维配景及阴影和动感效果。

4. 抠图训练，师生针对各种不同特点的图片，恰当地选择抠图方式进行抠图练习。

5. 图像拼接练习，针对下一步要进行的景观效果图绘制内容，对天空、背景、前景等内容进行拼接练习。

二、综合训练

景观效果图的渲染：结合本章内容，对已经绘制好的景观效果图进行环境渲染。综合训练内容包括颜色调整、细节修饰、抠图、添加配景、图像拼接等。

第八章　广场平面彩色效果图制作

第一节　AutoCAD 平面图的输入

一、广场设计平面图分析

图 8-1 为某广场设计平面图。西侧为休闲台阶，处于缓坡绿地之中；东侧为广场，北靠缓坡绿地，设有自然式跌水喷泉、“水意”广场铺装及树阵。该设计将人工与自然相结合，充分体现现代山水园林景观之美。

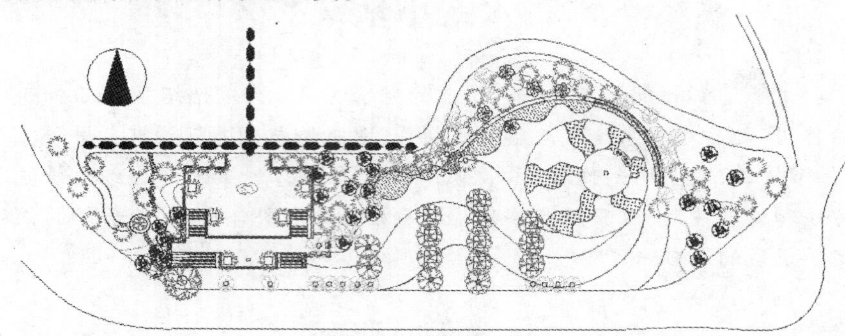

图 8-1　某广场设计平面图

（一）向 Photoshop 输入 AutoCAD 平面图

AutoCAD 通过文件打印机将图形输出为 PostScript 或光栅文件，如 EPS、JPEG、BMP、TGA、TIF 等，在 Photoshop 中可以打开这些文件，进一步处理成平面效果图。EPS 格式是两个软件兼容的一种矢量格式，精度高，是 AutoCAD 向 Photoshop 传递文件的首选。输出方法如下。

1. 图层设置

在 AutoCAD 的图层特性管理器中，将不需要输出的图层设置为不打印或者关闭。如图 8-1 中树木、水体填充图案等所在图层可这样设置，因为树木等图案可在 Photoshop 中用素材更形象地表现。

2. 安装文件打印机驱动

文件打印机是一种虚拟的电子打印机，是用来将 AutoCAD 图形转换成其他文件格式的程序。在本制作中，采用 Adobe PostScript Level 2，输出为 EPS 格式，即 Adobe 的一种矢量图形格式，可以在 Photoshop 等图像处理软件中打开。在 AutoCAD 中，单击文件菜单，然后单击绘图仪管理器，双击“添加绘图仪向导”，单击“下一步”，直到弹出如图 8-2 所示对话框，继续单击“下一步”，直到完成。

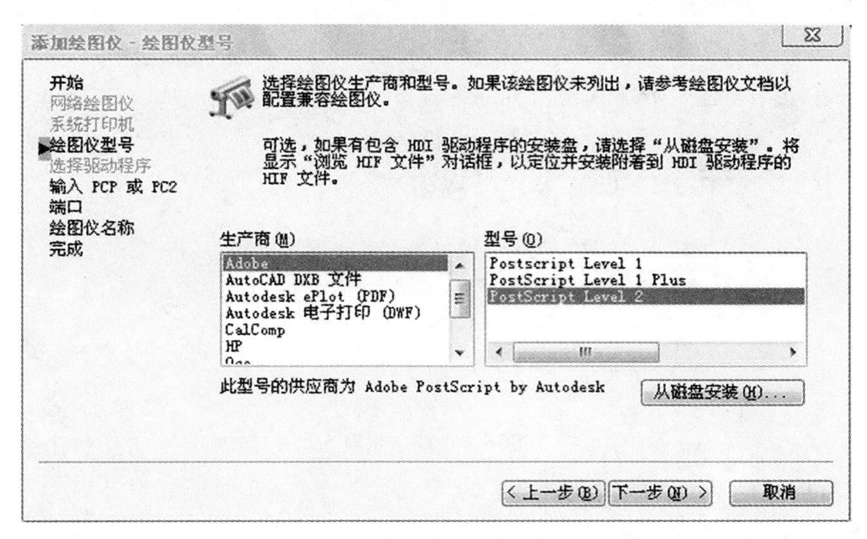

图 8-2　添加绘图仪

3. 设置布局打印

单击文件菜单，然后单击打印，按如图 8-3 所示操作进行虚拟打印。在本制作中，选择图纸尺寸为 A0，因为想让图纸导入 Photoshop 后仍然清晰。打印样式选择“monochrome. ctb”，得到黑白线条图。打印范围选择“窗口”、“居中打印”，得到如图 8-4 所示打印效果。

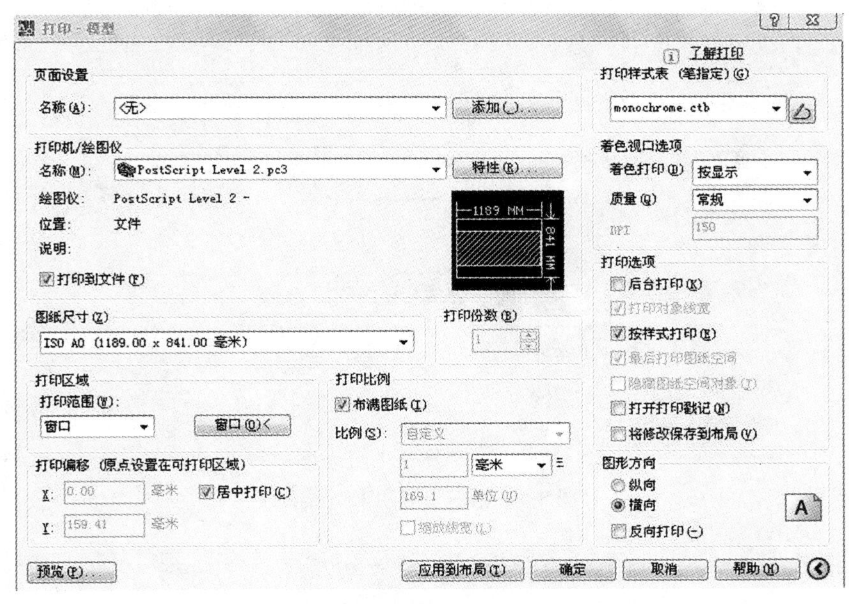

图 8-3　进行虚拟打印

然后进行文件保存得到 EPS 格式即可。注意勾选“打印到文件”，才能进行文件存储。

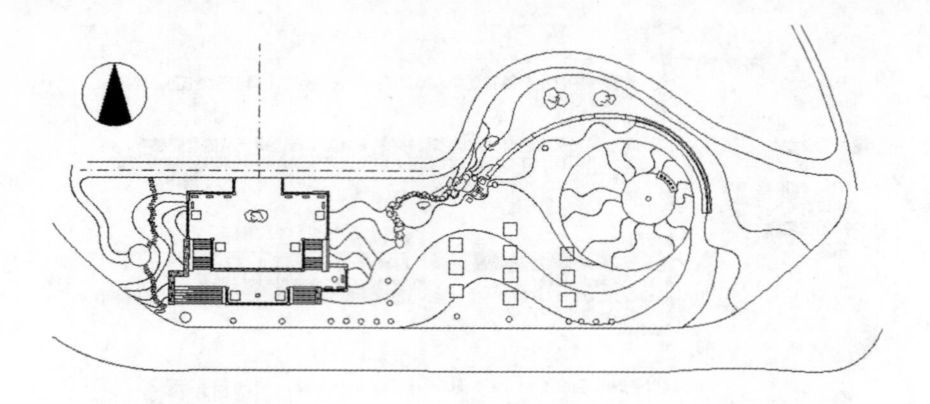

图 8-4 打印效果

(二) AutoCAD 平面图的输入

1. 启动 Photoshop 打开 EPS 文件

在 Photoshop 窗口中灰色图像编辑区空白处双击，打开从 AutoCAD 输出的 EPS 格式文件。

2. 设置栅格化参数

EPS 是矢量图形格式文件，在 Photoshop 中打开时会将其转换为图像，这种图形向图像的转换被称为栅格化，如图 8-5 所示操作，设置栅格化图像的分辨率和色彩模式。

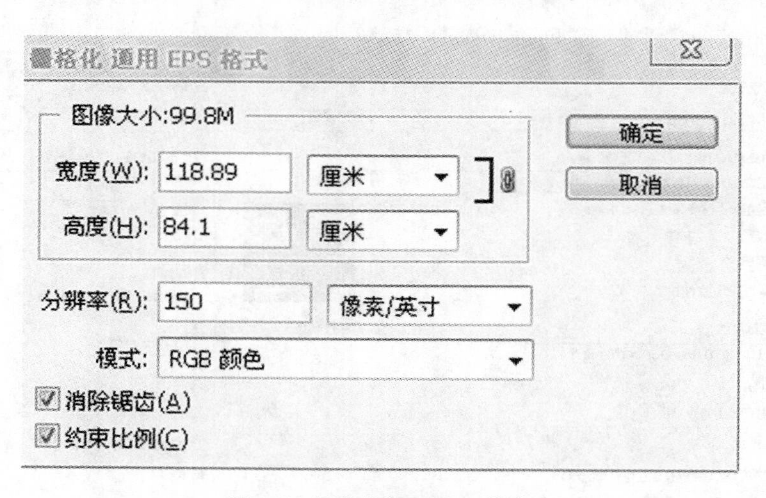

图 8-5 栅格化通用 EPS 格式

3. 新建图层并填充为白色作为背景

打开的图像背景是透明的，难以观察线条的存在（如图 8-6 所示），可新建一个图层并填充为白色作为背景，如图 8-7 所示。在白色背景的衬托下线条非常清晰，由于线条较细，有时看上去像是断线，不必担心。

图 8-6　透明背景

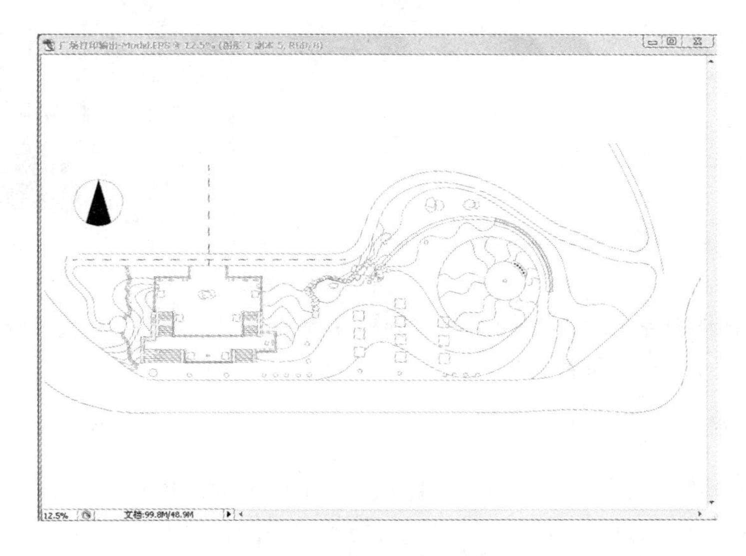

图 8-7　填充白色作为背景

第二节　广场平面彩色效果图制作

规划阶段一般绘制彩色的平面效果图，将场地中的对象分类绘制在不同的图层上，从地坪开始逐层向上绘制，处于上层的对象自然会覆盖下层的对象，下层对象被覆盖部分不必去镂空，对于大面积背景对象，如大片草坪或水面可用颜色渐变替代真实素材。其实，园林平面彩色效果图的制作就像手绘图纸中对用铅笔或墨线笔绘制的黑白图纸进行上色的过程，设计者需要有很好的美术基础和表现技法，设计者本人需要依据对设计效果的预期把握和美术感觉将设计效果予以呈现，否则，做出的效果会因为缺乏美感而大打折扣。

一、创建闭合区域路径

铺装、喷泉水池、缓坡绿地等对象在场地中都是闭合的区域，如果边界简单，可以用魔棒工具等选框工具在范围内单击或拾取获得选区；如果边界复杂则需要先用钢笔工具将这些区域分别描绘成路径，然后将路径作为选区载入，按高度逐层向上填充颜色或图案。

（1）打开底图将其转换成 RGB 工作模式。

（2）描绘设计场地范围。用钢笔工具创建设计场地范围路径，然后调整路径锚点位置，最后命名路径，如图 8-8 所示。

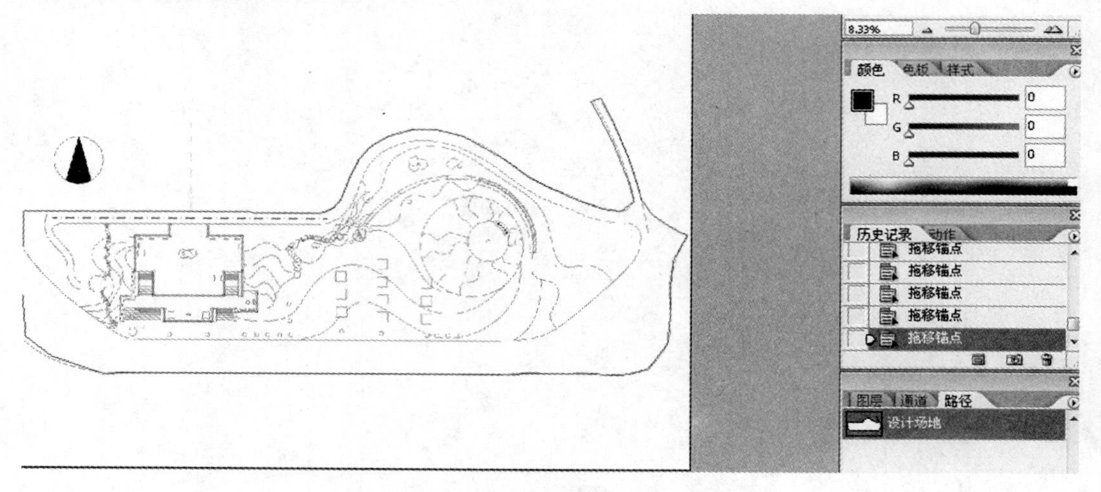

图 8-8　描绘设计场地范围

（3）描绘其他对象的范围路径。依次创建新路径层，用同样的方法描绘缓坡绿地、铺装等区域的路径，并分别命名。

二、喷泉水池

拖动将白色背景层合并后的图层到图层窗口的"创建新的图层"按钮上，松开鼠标，创建一个副本图层，保留最原始的图像效果，便于后面的修改和校正。

用魔棒工具在副本图层上单击获取喷泉水池选区，新建一个图层，命名为"喷泉水池"，然后调整前景色和背景色为适当的蓝色，有一定渐变即可。使用渐变工具进行选区填充，为得到较好效果，也可以使用滤镜工具进行调整，本例使用云彩滤镜。另外，也可以调入水面素材，使用"定义图案"填充，或者用仿制图章工具制作喷泉水池，这可依据设计者本身的设计要求确定。依照同样的方法制作水墙和文化墙，如图 8-9 所示。

三、广场铺装

依照同样的方法制作广场铺装，如图 8-10 所示。铺装一般由一些图案单元重复排列而来，采用图案填充易于操作，可以选用图像中的一个区域，也可选择全图将其定义为图案。为使铺装真实，可以对图层进行投影。

图案填充操作步骤如下：

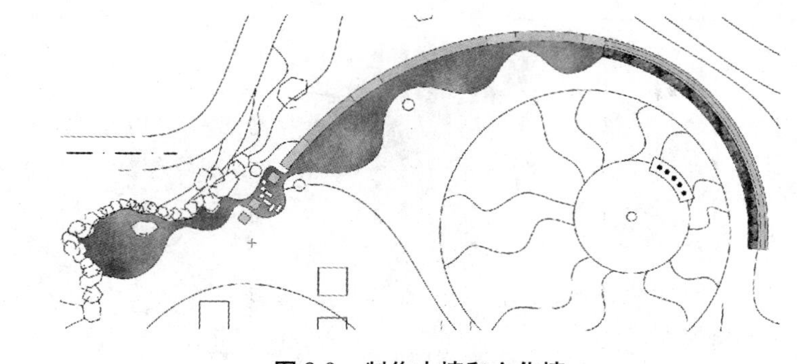

图 8-9　制作水墙和文化墙

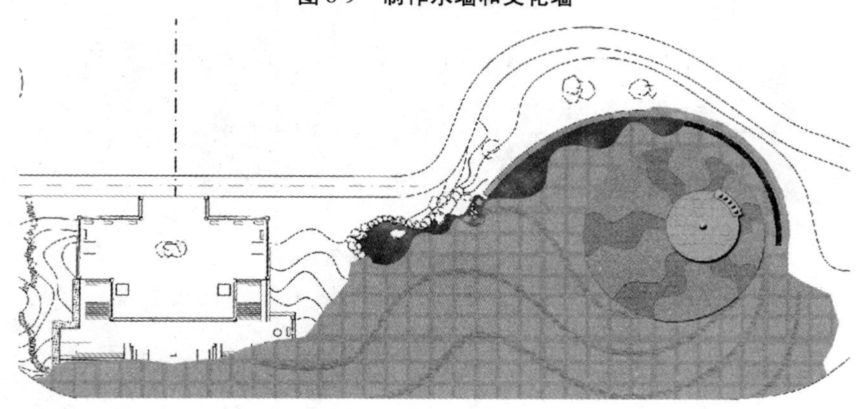

图 8-10　制作广场铺装

(1)打开铺装素材图片文件。

(2)选择图像中某个区域或整幅图像,将其定义为图案。

(3)单击广场平面图窗口标题切换到该窗口。

(4)将广场铺装路径作为选区载入。

(5)创建广场铺装新图层并置于底图之上。

(6)图案填充。

如果图案过于稀疏或稠密,可以在原先铺装素材图片中调整图像大小来重新定义图案,重新填充。

四、平台及汉白玉栏杆

(1)分别将两层平台路径作为选区载入。

(2)创建新图层并置于铺装图层之上。

(3)用颜色填充选区。

(4)添加图层投影样式模拟阴影。

汉白玉栏杆制作方法同平台。制作效果如图 8-11 所示。

五、缓坡绿地及游憩小路

绿地的制作可以用浅绿色渐变模拟,再添加杂色。也可以用真实的草地素材进行图

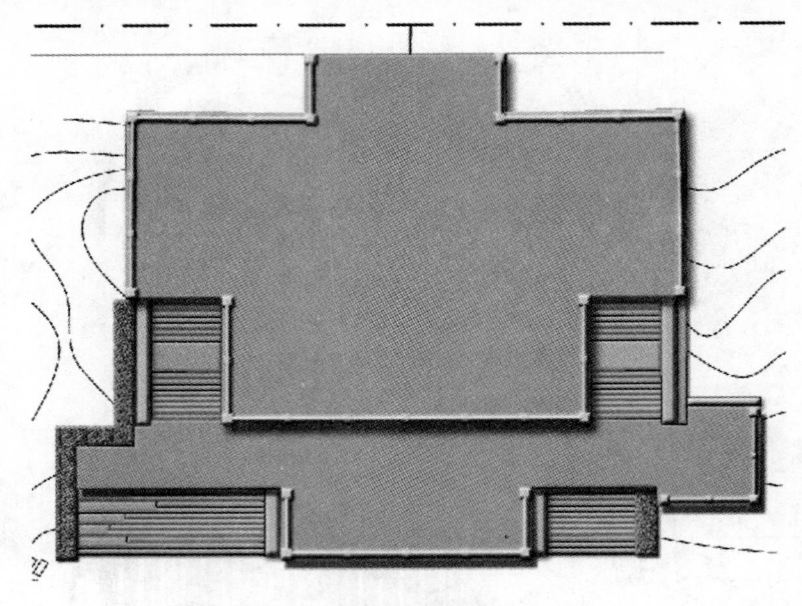

图 8-11　制作平台及汉白玉栏杆

案填充,本例采用这种方法。当然也可以利用仿制图章工具将真实的草坪素材涂抹到选择区域中。缓坡绿地及游憩小路最终效果如图 8-12 所示。

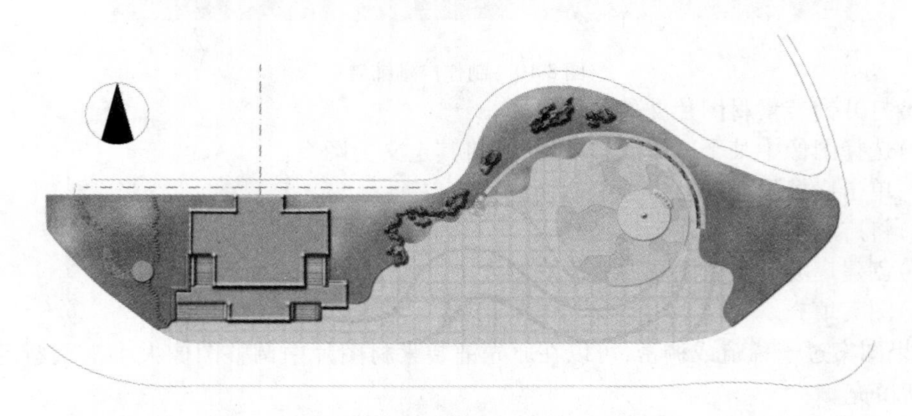

图 8-12　缓坡绿地及游憩小路最终效果

六、树木图例与阴影

平面图中的树木,应该是从空中俯视看到的树木形态,主要有三种表示方法,如图 8-13所示。

(1)真实树木的俯视图片效果逼真,但数量较少,难以获得。

(2)手绘图例符合行业作图标准和习惯,易于接受。

(3)从树木立面图片中取出的圆形树冠区域,易于识别出树种类别。

添加第一种树木符号的方法如下:

第一步,插入 1 个树木图例。

图 8-13　树木形态

单击▸✥,然后拖动树木图例添加到平面图中,Photoshop 自动创建新图层来放置插入的树木符号,并命名图层。

第二步,复制树木图例。

方法 1:单击▸✥,然后按 Alt 键并拖动鼠标左键,复制插入的树木图例图层。每个图例会独占一个新图层,调整好每棵树的位置后,将复制的树木图例图层合并为一层。

方法 2:用选框工具框选树木图例,然后单击▸✥,再按住 Alt 键并拖动鼠标左键,复制包含树木图例的选择区域。这种操作不会自动创建新图层,所复制的符号都在原图层中。

第三步,添加图层投影样式,模拟树冠阴影。

用同样的方法插入更多的树木图例表示更多的树种。

注意:图像素材的使用会使平面图看起来效果更真实一些,作图时要注意运用美学知识,注重图像的整体色调和平面布置。所以,手工绘图是计算机绘图的基础,读者平时应多注重手绘美术技能的培养。

插入树木后最终效果如图 8-14 所示。

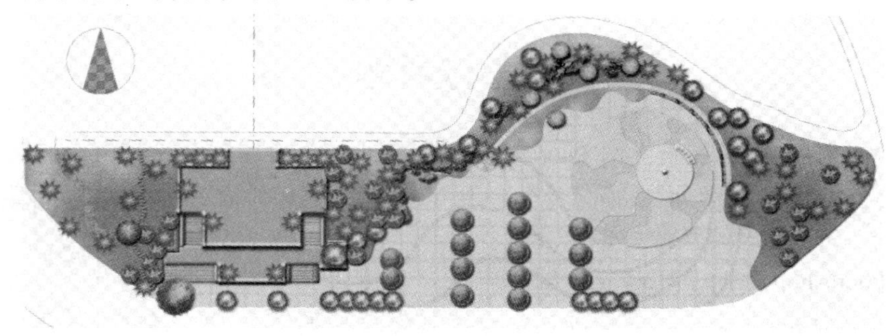

图 8-14　插入树木后的效果

七、周围道路及背景

(1)将外侧道路路径作为选区载入。

(2)创建新图层并置于底层副本图层之上。

(3)用颜色填充选区。

(4)选用合适的前景色和背景色,利用渐变填充工具填充背景,再利用减淡工具制作美观效果。

(5)制作文字和指北针。

最终效果如图 8-15 所示。

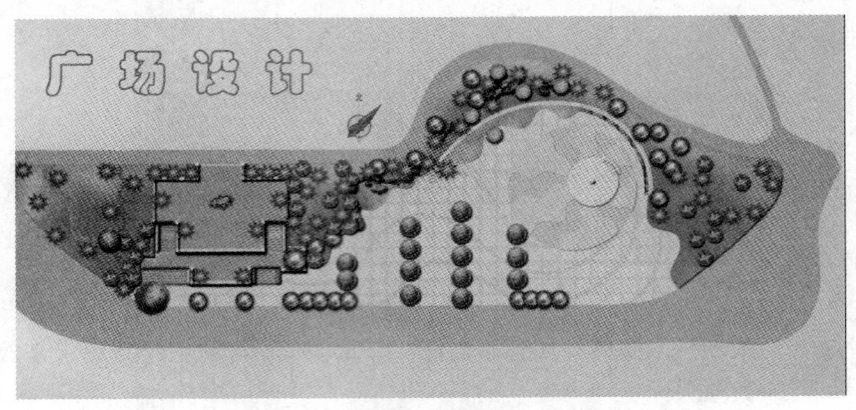

图 8-15 最终效果

本章小结

本章以制作某广场平面彩色效果图为例,讲述园林景观设计平面彩色效果图制作的一般步骤和常用技巧。首先将 AutoCAD 平面图输入到 Photoshop,然后创建闭合区域路径和相应选区,依次制作园林景观设计相关构成要素,比如道路、铺装、水体、建筑及树木、草地等,最后依据美学基础和园林景观设计常识进行图像的修饰和润色。需要说明的是,案例中所使用的都是一些常用的方法,读者在使用和学习时,应多实验其他方法,以获得更加丰富的效果。软件只是工具,读者在学习过程中应更多地注重美术和园林景观设计相关基本知识的学习与掌握。希望读者通过对案例的学习,可以制作出更加精彩的园林景观效果图作品。

思考与习题

1. 将 AutoCAD 平面图输入到 Photoshop 中常用的操作步骤是什么?为使导入到 Photoshop 中的图纸清晰,我们应该如何操作?除了书中所提到的以 EPS 文件格式导入 Photoshop,思考一下,还有其他的操作方法吗?

2. 在 Photoshop 中制作园林设计平面彩色效果图的一般操作步骤是什么?在对设计图形进行填充时,一般会采用哪些方法?为使制作效果更逼真、更立体,可采用什么操作方法?

第九章　园林透视图的后期处理

第一节　3D 渲染图的简单处理

一、去掉黑色背景

3D 文件中对模型的渲染一般设为 TIF 格式，渲染时一般不设置背景，在渲染图片中除了模型外的所有区域都是黑色。这些区域主要包括天空，另外还包括一些树冠、廊架等中间的空隙。因此，在用 Photoshop 对其进行处理时，首先要把这些黑色删除。有人喜欢用魔棒工具，但这种方法容易留下黑色边缘，最好利用 Alpha 通道建立选区。这就要求在 3D 渲染时将图像以 Alpha 通道保存。下面我们将以一个实例给大家讲解。

（一）打开渲染图像文件

在 Photoshop 图像编辑区的空白处双击鼠标，或单击菜单文件→打开命令，打开要处理的 TIF 格式的 3D 渲染图像，如图 9-1（a）所示。我们要得到的处理效果如图 9-1（b）所示。

(a) 处理前

(b) 处理后

图 9-1　图像文件处理

（二）利用 Alpha 通道建立选区

在图层面板中，用鼠标左键单击“背景”图层，按住不放，拖至面板下面的按钮，复制背景图层。用鼠标单击原背景图层，使其蓝色高亮显示，单击选择→载入选区命令，打开如图 9-2 所示对话框。勾选“反相”，单击“确定”，建立选区，如图 9-3 中的白色蚂蚁线。单击原背景图层前面的，将其设为不可见，单击“背景 副本” 图层，使其蓝色高亮显示，接下来将对“背景 副本”图层进行编辑。

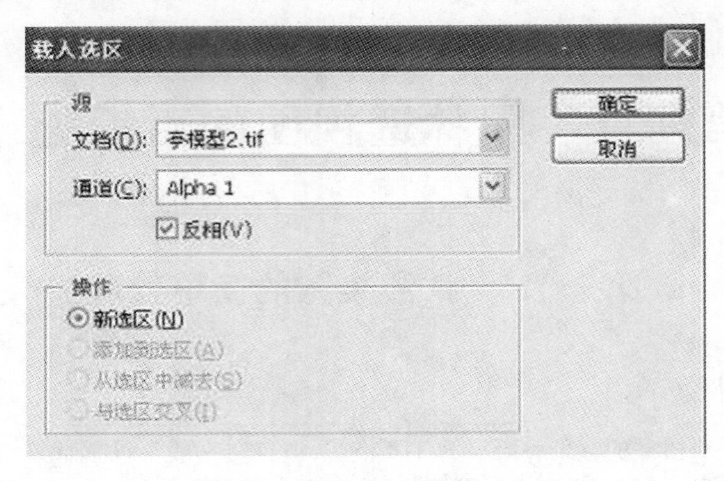

图 9-2　“载入选区”对话框

图 9-3　建立选区

(三)删除黑色区域,得到透明背景

按 Delete 键将黑色区域删除。利用 Ctrl + D 快捷键或鼠标单击选择→取消选择命令,将图中白色蚂蚁线去掉,得到灰白双色的棋盘格样式的透明背景,如图 9-4 所示。

二、设置图像大小,并将图像另存为 PSD 格式文件

(一)裁切画布

一般效果图中的地平线设在接近下方 1/3 处效果较好,本案例中地平线偏高,水域面积有点大,故用裁切工具将下方少量裁掉。

具体方法如下:点击,在图像左上角点击鼠标左键,按住不放,往右下角拖出一矩形框,当把要留下的部分全部框起来时松开鼠标,如图 9-5 所示,按回车键,即可把多余部分裁掉。

图 9-4　删除黑色区域

图 9-5　裁切画布

(二)设置图像大小,并设置分辨率

用 Photoshop 对园林效果图进行后期处理时一定要注意,在刚开始的时候应设置合适的图像大小和分辨率,以防出现后期出图时图像模糊的后果,这一点至关重要。比如 72ppi 的分辨率就能满足计算机屏幕看图清晰的要求,但是打印清晰需要 150 ~ 300ppi 的分辨率。

用鼠标单击图像→图像大小命令,打开如图 9-6 所示对话框。图像的宽度和长度值要根据输出图纸的大小来定,一般打印 2 号图纸需要 4000 ~ 6000 像素的尺寸。图像分辨率过低,出图不清晰,过高则影响图像编辑和打印的速度,分辨率一般设在 150 ~ 300ppi。

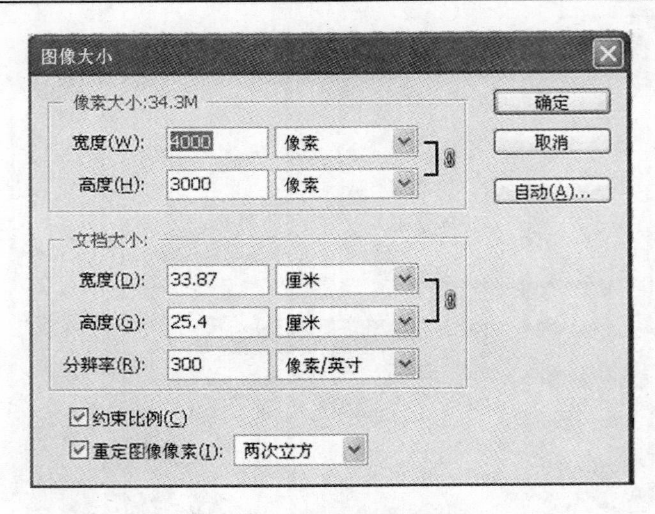

图 9-6 “图像大小”对话框

(三)存储为 PSD 格式文件

PSD 格式是 Photoshop 专用的文件存储格式,它可以完整地保存图像所有图层的信息,方便图像编辑。用鼠标单击文件→保存为命令,找到要存储的文件夹,将文件格式设置为 PSD 格式,如图 9-7 所示。

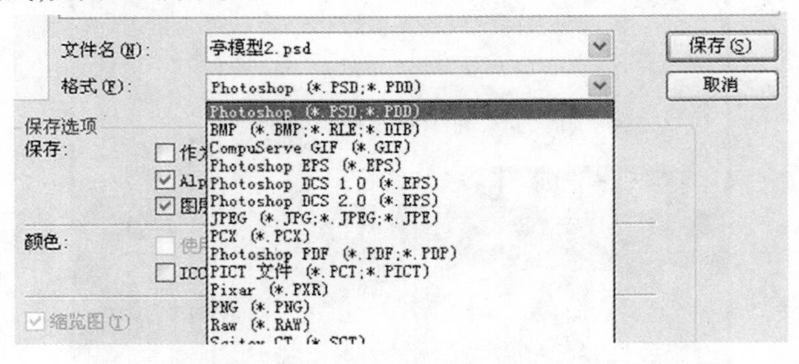

图 9-7 设置文件为 PSD 格式

第二节 添加天空背景

一、背景图像的选择

将 3D 渲染图中的黑色背景去掉后要加入天空背景图片,以初步体现环境的整体色调和氛围,方便后期编辑时与其相吻合。在选择背景图片时最好选择带有远景树丛的图片,这样可以保证效果图的景深和层次感,但也要根据设计方案中真实的周围环境来定。在指定视角中所能看到的硬质景观(如建筑、广场、道路等)和水体尽量在 3D 中建模,Photoshop 重点处理植物景观和配景素材,这样可以保证效果图与真实设计方案相统一。本案例为某公园的“水木清华”景区效果图,重点表现的是湖边木亭和花架所组成的景点,其周围环境为植物景观和少量园路,故选择与这一设计环境类似的背景图片,如

图9-8所示。图中既有天空和云图，又有远景树丛，并且与设计方案中景点真实的周围环境接近。

图9-8　“水木清华”景区效果图

二、在图像中加入天空背景图片

(一)打开天空背景图片

在图像编辑区双击鼠标左键，打开目标天空背景文件。按 Ctrl + A 组合键选择图像或点击工具栏中的矩形选择工具选择整张图片，建立选区。用鼠标单击工具栏中的，在天空图片中任意位置单击鼠标左键，按住不放，拖动至效果图文件中。可以看到，在图层面板中出现了单独一个图层，双击图层名称，将其改名为“天空”，如图9-9所示。

(二)天空背景缩放和地平线

由于所选天空图片与效果图大小不一致，故需要对其进行调整。在天空图片范围内单击鼠标右键，出现如图9-10所示选项，选择“天空”图层。用鼠标左键单击并按住不放，将其拖至左上角刚好与效果图图像左上角重合。单击菜单编辑→自由变换命令，出现有8个小正方形的控制框，将鼠标移至右下角的小正方形，鼠标变成45°倾斜的黑色箭头，单

图9-9　改图层名称

图9-10　选择“天空”图层

击左键并按住其不放往右下拖，将图片放大至与效果图图片大小相等。

在图层面板中将“天空”图层的不透明度设为 60% 左右，如图 9-9 所示，在图层面板上方可以设置不透明度。此时可透过“天空”图层看到 3D 渲染图像中的地平线。移动“天空”图层，使其地平线与 3D 渲染图像中的地平线基本吻合，如图 9-11 所示。调整好后将其透明度重设为 100%。在图层面板中将“天空”图层按住不放拖至“背景 副本”图层的下面。

图 9-11　移动图层

(三)删除 3D 渲染图中的绿地区域

利用魔棒工具在“背景 副本”图层中点选绿地区域，如图 9-12 所示。注意：选择时将屏幕左上角的“工具属性”设置为如图 9-13 所示。按 Delete 键删除，按 Ctrl + D 快捷键取消选择。

图 9-12　选择绿地区域

图 9-13　“工具属性”设置

三、调整整体环境色调

可以看到，加了天空和远景树丛后，图像的整体环境氛围体现出来了。但要注意，3D模型渲染图片中的颜色饱和度较高，与背景图片在整体色调上有差异。所以，添加天空后要将二者整体色调调为一致，确定画面的整体格调。因为本案例中 3D 渲染图整体饱和度过高、色调偏黄，而天空背景色调偏蓝、饱和度较低，所以对 3D 渲染图作如下处理：

选择“背景 副本”图层，单击菜单图像→调整→色相/饱和度命令，弹出如图 9-14 所示对话框，降低其饱和度。

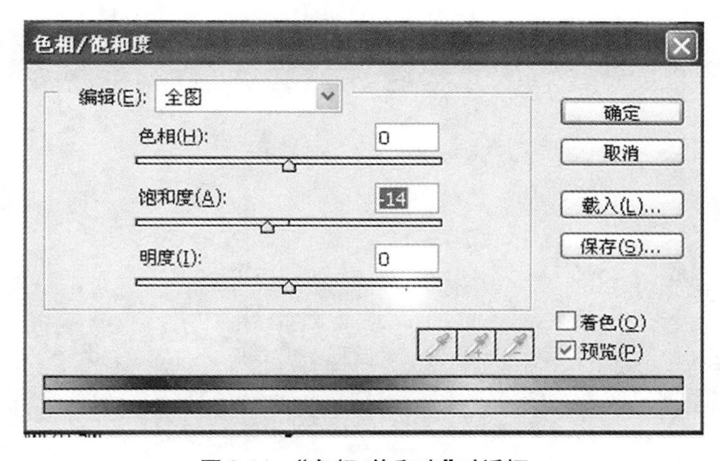

图 9-14　“色相/饱和度”对话框

单击菜单图像→调整→亮度/对比度命令，弹出如图 9-15 所示对话框，提高其亮度和对比度。

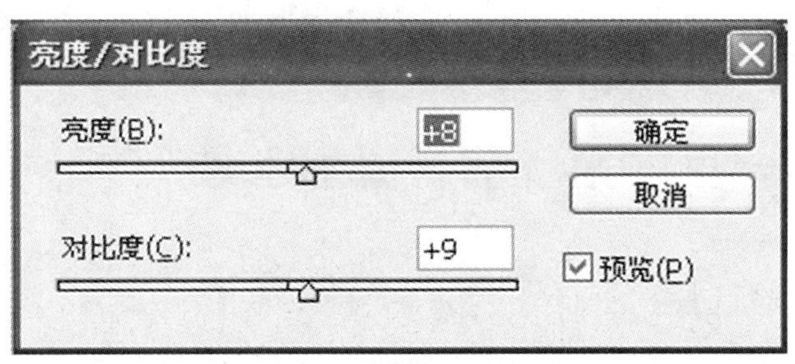

图 9-15　“亮度/对比度”对话框

单击菜单图像→调整→色彩平衡命令，弹出如图 9-16 所示对话框，调整画面偏蓝和偏青。得到如图 9-17 效果。

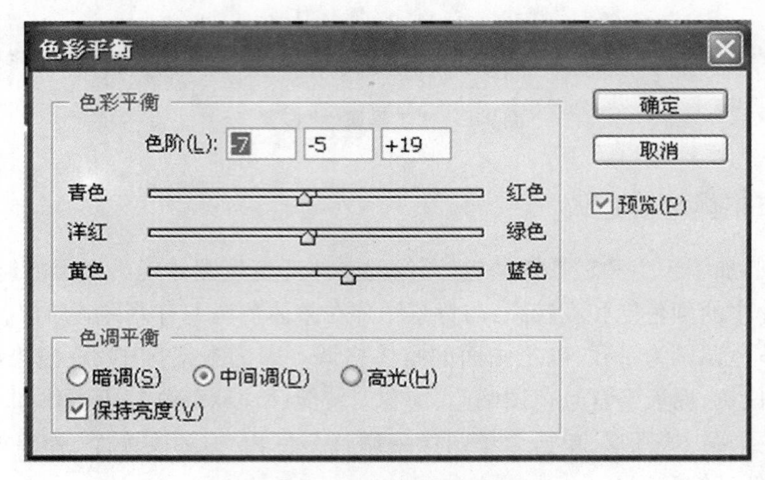

图 9-16 "色彩平衡"对话框

图 9-17 得到的效果

第三节 添加水景

一、水景素材的选择

水是重要的园林要素之一，有了水，园林就有了灵气和生机。效果图中水景的处理对整张图的效果影响很大。在选择水景素材图片时，要注意其透视角度与 3D 渲染图基本一致。本案例选了下面的湖景图片作为水景素材，如图 9-18 所示。

二、在场景中添加水景

(一)打开素材图片

单击菜单文件→打开命令,打开预先选好的湖景图片,如图9-18所示。在该图中用框选工具选择区域。用工具将其拖至效果图中,关闭湖景图片文件。

图9-18　湖景图片

(二)截取所需区域并移至合适位置

此时在图层面板中可以看到一个自动生成的图层。单击该图层,使其蓝色高亮显示。单击菜单编辑→自由变换命令或按Ctrl + T组合键将湖景图片进行缩放,并小心移至适当位置,即使其能覆盖3D渲染图中表示水体的蓝色区域,如图9-19所示。

图9-19　截取所需区域并移至合适位置

(三)按照设计的水体形状截取素材

在3D中我们常常将水体和草地的颜色设为单纯的蓝色和绿色,这是为了方便在Photoshop处理时用魔棒工具快速选取,并改为相应的真实水景或草坪。本案例中3D渲染图中的水体为纯蓝色,因此我们可以用魔棒工具快速选取。

在图层面板中点击“背景 副本”图层,使其蓝色高亮显示。点击工具栏中的魔棒工具,并将其属性设置为如图 9-20 所示。在表示水体的蓝色区域单击鼠标,将其选取。在图层面板中点击湖景图片所在图层,使其高亮显示。如图 9-21 所示,蚂蚁线内的区域使我们想保留的,其余部分要删除。按 Ctrl + Shift + I 组合键或单击菜单选择→反选命令可选中相反的区域,按 Delete 键将其删除,可得到图 9-22,按 Ctrl + D 组合键取消选择。

容差: 40　消除锯齿　连续的　用于所有图层

图 9-20　属性设置

图 9-21　选择区域

图 9-22　按照设计的水体形状截取表材

(四)处理水面色调

如前面添加天空背景一样,如果湖景素材的色调和效果图整体色调不一致的话,也可以单击菜单图像→调整→色彩平衡或色相/饱和度或亮度/对比度命令，对该图层进行调整。

（五）制作临水建筑物的倒影

临水建筑物会在水中形成倒影，在添加倒影时要基本符合透视原理。因倒影在水中，故对其采用模糊、半透明化等处理，且对轮廓线要求不用很精确。本案例中制作平台栏杆的水中倒影的方法步骤如下。

1. 魔棒选区临水建筑物的面

在图层面板中点击“背景 副本”图层，使其蓝色高亮显示。点击工具栏中的魔棒工具，并将其属性设置为如图9-23所示。在平台栏杆的向水一面单击鼠标左键，可得到如图9-24所示的选区。

图9-23　属性设置

2. 制作所选面的倒影

按Ctrl + C组合键复制选区内容，再按Ctrl + V组合键粘贴，可以在图层面板中看到自动生成一个图层。单击编辑→自由变换或按Ctrl + T组合键出现自由变换的矩形框。单击鼠标右键出图9-25中的子菜单，点“垂直翻转”，可得到图9-26中的效果。按回车键结束自由变换。

图9-24　选区

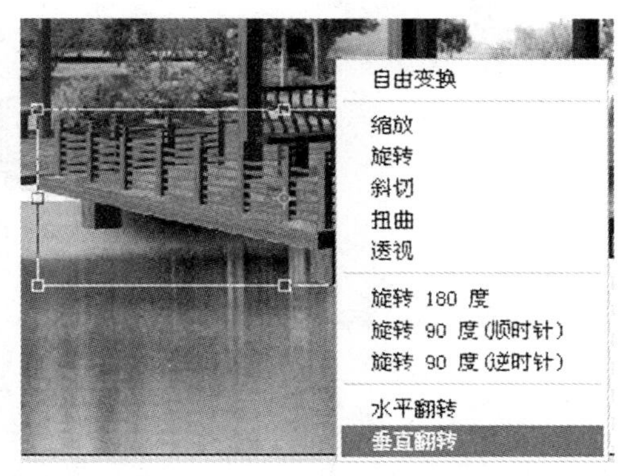

图9-25　子菜单

但它不符合透视原理，需对其进行自由变换中的扭曲处理，做法是按Ctrl + T组合键，再单击鼠标右键，出现图9-27中的子菜单，选择“扭曲”。按住左右两侧的两个小正方形控制点，如图9-28所示，垂直上下移动，调整至如图9-29所示效果。按回车键结束自由变换。

3. 对倒影进行模糊和半透明化处理

水中倒影较虚幻，应作如下处理。首先是动感模糊，按照图9-30中所示路径打开“动感模糊”对话框，参数设置如图9-31所示。其次是半透明化，在图层面板中将倒影所在图层的不透明度设置为80%即可。这样可以得到图9-32中的效果，就完成了倒影处理。然后用相同的方法制作亲水平台两个侧面的倒影，如图9-33所示。

大家现在可以发现一个问题，平台底面也会在水中形成一个倒影，但图中还没有表现

图 9-26　垂直翻转效果

图 9-27　选择“扭曲”

图 9-28　垂直上下移动

图 9-29　移动后效果

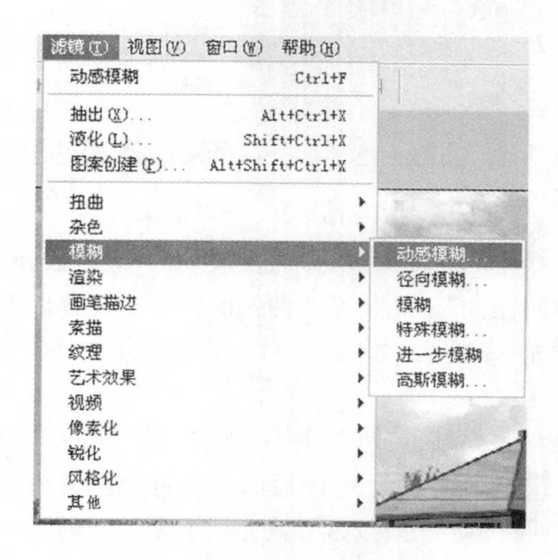

图 9-30　模糊→动感模糊命令

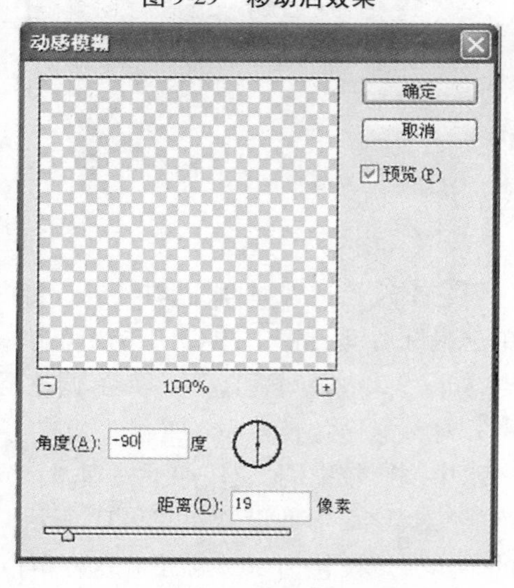

图 9-31　“动感模糊”对话框

图 9-32　模糊和半透明化效果

图 9-33　制作亲水平台两个侧面的倒影

出来。由于平台底面得不到光的直接照射，属于暗面，我们可以采用下面的方法制作底面倒影。用工具☑作如图 9-34 所示的选区。在工具栏的下方前景色/背景色中将前景色设为黑色，在图层面板下方点选按钮▣建立空白图层，按 Alt + Delete 组合键在选区内填充背景色，如图 9-35 所示。将此新建图层的不透明度设为 85%，并进行垂直方向的动感模糊，参数设置如图 9-36 所示。

最终可得到如图 9-37 所示效果。到此为止，就完成了水景倒影的制作。

图 9-34　选区

图 9-35　填充背景色

(六)添加生态驳岸

1. 驳岸素材的选择

驳岸是水景的重要组成部分，也是效果图中水景表现效果的重要影响因素。驳岸有很多种类，如假山石驳岸、自然草坡驳岸、木桩驳岸、规则式驳岸等。在用 Photoshop 绘制驳岸时，一方面，要尊重设计方案中的驳岸效果，选择与之相似的驳岸素材；另一方面，水陆交接处是处理的重点和难点，驳岸要能与水景和陆地过渡自然、完美结合。因此，在选择驳岸素材时要保留一定面积的水体和草地。

2. 打开驳岸素材并截取所需部分

本案例中驳岸为自然式草坡驳岸。单击菜单文件→打开命令，打开素材库中的自然式草坡驳岸，如图 9-38 所示。用工具☑选取图中所需的部分，如图 9-39 所示。注意，要保留一定面积的水体和绿地。

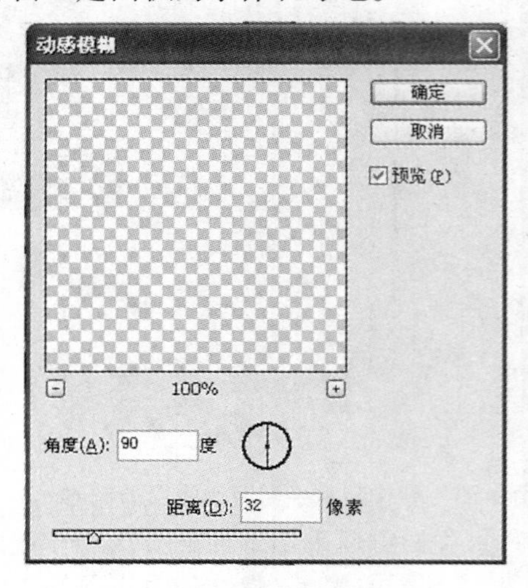

图 9-36　参数设置

图 9-37　所得效果

图 9-38　自然式草坡驳岸素材

图 9-39　选取所需部分

将所选部分复制到效果图文件中，便自动生成一个图层，将其命名为“驳岸”。对该图层按照透视原理进行缩放，并移至适当位置，如图 9-40 所示，使其水岸线与 3D 渲染图基本吻合。由于素材中的水岸线没有设计方案需要表现的水岸线长，为了保证素材的一致性，我们将“驳岸”图层复制，做法有两种：一是按住 Alt 键，选择工具，单击图中的驳岸并按住不放，朝任意位置拖拉，便可生成；二是在图层面板中，点击“驳岸”图层，使其高亮显示，用鼠标左键单击该图层并按住不放，将鼠标移至图层面板下面的图标处，便可生成一个与“驳岸”图层一样的“驳岸 副本”图层。将“驳岸 副本”图层移至合适位置，如图 9-41 所示，然后将两个“驳岸”图层进行拼接并合并。

单击菜单图像→调整→色彩平衡命令，调整“驳岸”图层偏蓝，与效果图整体色调统一。单击工具栏中的橡皮擦工具，工具属性设置如图 9-42 所示。注意，画笔类型是柔角，不是尖角。选中“驳岸”图层，在其外围用橡皮擦擦除清晰的边缘，使其与“水景”图层和 3D 渲染图图层过渡自然，如图 9-43 所示。直至出现如图 9-44 所示效果。注意，图中红色框中所示部分，在制作“驳岸”图层时要使其部分与木平台重合。接下来，选中“背景副本”图层，用魔棒选中木平台与驳岸重叠的部分并将其删除，如图 9-45 所示。最后得到如图 9-46 所示效果。

图 9-40　缩放图层

图 9-41　移动拼接图层

画笔: 250　模式: 画笔　不透明度: 100%　流程: 100%

图 9-42　工具属性设置

图 9-43　使用橡皮擦擦除边缘

图 9-44　使用橡皮擦后效果

图 9-45　选中重叠部分并删除

图 9-46　最终效果

第四节　添加植物

一、添加草坪

如图 9-47 所示，图中右下角线框内需要添加草坪。具体做法如下。

（一）打开草坪文件

单击菜单文件→打开命令，打开草坪文件。在其中用矩形选择工具做如图 9-48 所示的选区。用工具将其移到效果图文件中，自动生成一个新的图层。使用自由变换工具将其缩放并移到合适位置，使其能覆盖需要填充草坪的区域，如图 9-49 所示。

（二）勾选需要填充草坪的目标区域

点击图层面板中的草坪图层前面的眼睛图标，将其设为不可视。点击工具箱中工具，在图中勾选如图 9-50 所示选区。注意，在原有选区基础上增加新的选区可按住 Shift 键。

图 9-47　草坪添加前效果

图 9-48　用矩形选择工具选区

图 9-49　使用自由变换工具

图 9-50　勾选选区

选中草坪图层,并恢复其可视性。按 Shift + Ctrl + I 组合键进行反选,点击 Delete 键即可把不需要的草坪删除,得到如图 9-51 所示效果。

图 9-51　添加草坪效果

第五节　添加乔灌木和人物配景

一、添加乔木

乔木是园林景观的重要组成部分。这一部分要重点掌握植物尺寸、地面投影和水中倒影的制作。

(一)打开乔木素材图片

单击菜单文件→打开命令,打开“乔木 1”图片,如图 9-52 所示。有些素材是 PSD 格式的,树木图例在单独的图层,这种情况下将乔木图层拖至效果图文件即可。有些素材是单一图层,这时需要使用魔棒工具选中其纯色背景,再反选(按 Shift + Ctrl + I 组合键),选中乔木图例,如图 9-53 所示。用工具点击乔木,按住不放,将其拖曳至效果图文件,如图 9-54 所示。此时,系统自动生成一个“乔木”图层,将其命名为“乔木”。

由图 9-53 可见“乔木”图层一部分被其他图层挡住了,为了方便编辑,我们可以按 Shift + Ctrl +]组合键将其移至最上层,并用自由变换对其进行缩放,得到如图 9-55 所示效果。

图 9-52　“乔木 1”图片

图 9-53　选中乔木图例

图 9-54　“乔木”图层被挡住的效果

图 9-55　将“乔木”图层移至最上层

(二)给乔木加绘投影

加绘投影可以增加画面的真实性。加投影时要注意整幅图的日照方向是一致的。如果一张图中有多棵同种树木,为了提高作图效率,我们往往先制作出一棵树的投影,然后将其连同乔木本身一起复制。具体做法如下。

1. 复制新的乔木图层

选中乔木图层,按住 Alt 键,点击工具按钮▸✥,点击乔木并按住不放,将其往旁边拖曳便可生成一个新的乔木图层。

2. 将新图层制作成投影

调整新图层的亮度/对比度值都为 -100,将该图层的不透明度设为 70% 左右,如图 9-56所示。按 Ctrl + T 组合键对阴影进行自由变换,得到图 9-56 中的控制矩形框。在框内单击鼠标左键,在弹出的下拉菜单中选择“扭曲”,点击控制框上面中间的小方形控制点,按住不放,往右下方拖曳,可将投影“铺”在地面上。移动阴影,使其根部与乔木的根部重合,如图 9-57 所示,即可完成树木投影的制作。

图 9-56　新图层中的控制矩形框

图 9-57　制作完成树木投影

3. 将新图层与原乔木图层合并

由于所有乔木都要有投影，所以我们可以将刚才制作好的投影与原乔木图层合并成一个图层，以方便后面复制出相同的树木。如果只想合并现有图层中的部分图层而不是全部，往往先将要合并的图层建立链接关系。如图 9-58 所示，选中“乔木 1 副本”，在要与它合并的图层前的空白小方格中点击鼠标左键，即可建立链接关系。合并链接图层方法有二：一是按 Ctrl + E 组合键；二是单击菜单栏中的图层→合并链接图层命令。

此时乔木和投影在同一个图层内，如果视野范围内还有相同的树木，即可直接复制移动了，如图 9-59 所示。但要注意近大远小的透视原理，将乔木缩放至合适的尺寸。复制一棵乔木并将其移到花架前的滨水绿地，利用自由变换对其缩放至适当尺寸，如图 9-60 所示。

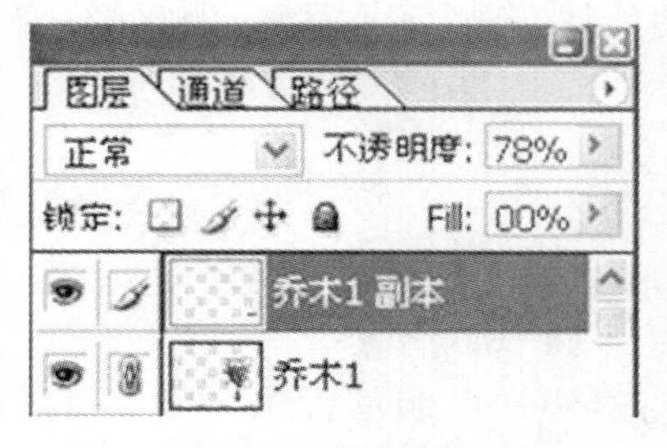

图 9-58　建立链接关系

图 9-59　合并图层效果

以上详细介绍了乔木加绘阴影的方法，其余配景素材，如灌木、人物等加绘阴影方法与上述方法相同，本书不再赘述。

图 9-60　复制乔木至花架前的滨水绿地

(三)给滨水乔木加水中倒影

滨水乔木会在水中形成倒影。与前面制作投影类似,加绘倒影也是先复制出一个相同的乔木图层,再将其处理成水中倒影。

1. 复制新的乔木图层

选中乔木图层,按住 Alt 键,点击工具按钮,点击乔木并按住不放,将其往旁边拖曳便可生成一个新的乔木图层。

2. 将新图层制作成水中倒影

制作水中倒影需要将其垂直翻转,调整成半透明,并利用滤镜里的扭曲工具制作出波纹的效果。具体做法如下。

如图 9-61 所示,按 Ctrl + T 组合键,打开自由变换控制框对新乔木层进行编辑,点击鼠标右键,在下拉菜单中点击"垂直翻转",新乔木层就变成头朝下了。将其移动至根部

图 9-61　选择"垂直翻转"

与原乔木根部对齐，如图 9-62 所示。

将新图层的不透明度设为 40% 左右，如图 9-63 所示。单击菜单滤镜→扭曲→波纹命令，如图 9-64 所示。打开“波纹”对话框，参数设置如图 9-65 所示，可得到如图 9-66 所示效果。按照水中倒影的透视原理，自乔木根部到岸边水草倒影下边缘之间的乔木树干倒影是看不到的，如图 9-67 所示，因此要将这一段删除，即完成了乔木倒影的制作。

图 9-62　垂直翻转后效果

图 9-63　不透明度设为 40% 左右的效果

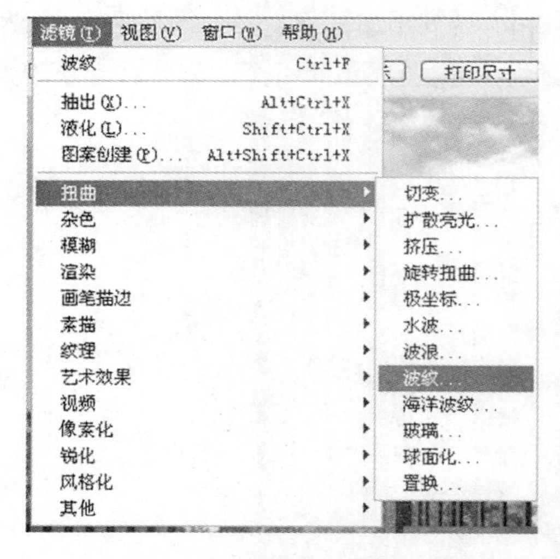

图 9-64　选择滤镜→扭曲→波纹命令

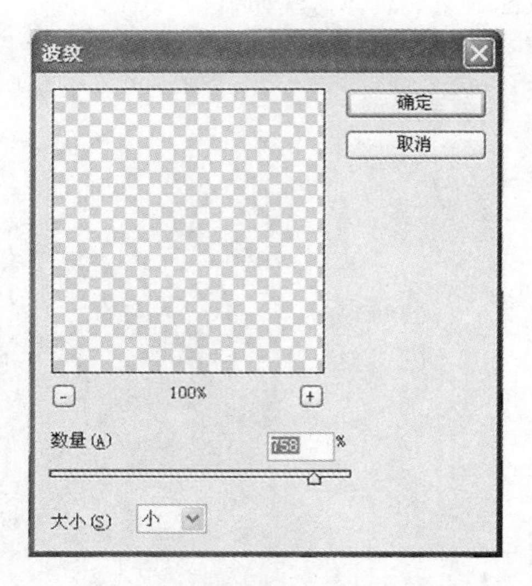

图 9-65　“波纹”对话框中参数设置

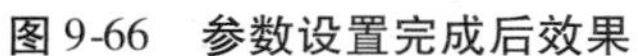

图 9-66　参数设置完成后效果

图 9-67　删除乔木树干倒影

按照与上面相同的方法添加其他乔木和灌木。请大家注意，在添加植物时经常需要改变图层的上下叠放顺序。可以在图层面板中，按住目标图层进行拖曳，也可以利用快捷键。按照 Photoshop 默认的快捷键，按 Ctrl + Shift +] 可以将所选图层置于最上层，按 Ctrl + Shift + [可以将所选图层置于最下层，按 Ctrl +] 可以将所选图层上移一层，按 Ctrlt + [可以将所选图层下移一层。

（四）添加人物

Photoshop 素材库中的人物素材的处理方法与前面所讲的乔木素材处理方法相同，此处不再赘述。有一点需要注意的是，在平视效果图中的所有人物，不论远近，虽然他们的脚位于画面中的不同高度，但是头部基本保持在视平线上下浮动，即“头齐脚不齐”，这样才符合平视效果图的透视原理。依照前面添加乔木的方法添加人物配景，如图 9-68 所示。

图 9-68　添加人物配景效果

第六节　雾化处理

到此为止,效果图的主要内容就完成了。为了突出主景,在效果图绘制完成后,常常用加绘雾化前景的手法。具体做法如下。

将工具栏下方的前景色/背景色中的前景色设置为白色。点击图层面板下方的“创建新的图层”按钮,建立新图层,命名为“雾化前景”。点击工具栏中的画笔工具,将其参数设置为如图 9-69 所示,分别在画面的右下角和左上角画出如图 9-70 所示的水平向笔画。

图 9-69　画笔工具参数设置

图 9-70　在右下角、左上角画出水平向笔画

单击菜单滤镜→模糊→动感模糊命令,弹出“动感模糊”对话框,如图 9-71 所示。可将白色笔画横向延伸和虚化。如果一次操作还达不到理想效果,可以再重复该滤镜操作,即单击滤镜→模糊→动感模糊命令,或者按 Ctrl + F 快捷键重复上一步操作,如图 9-72

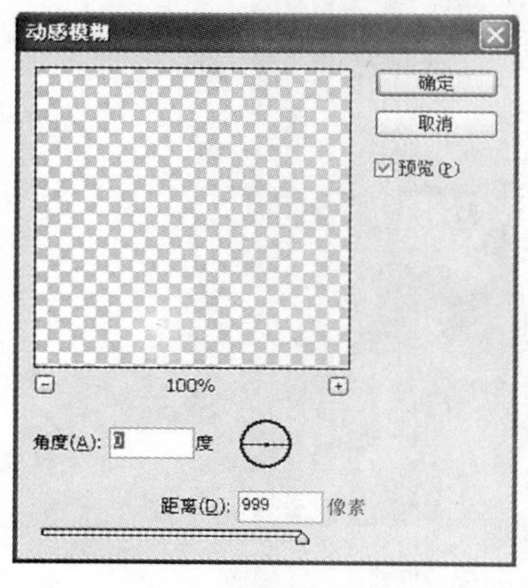

图 9-71　“动感模糊”对话框

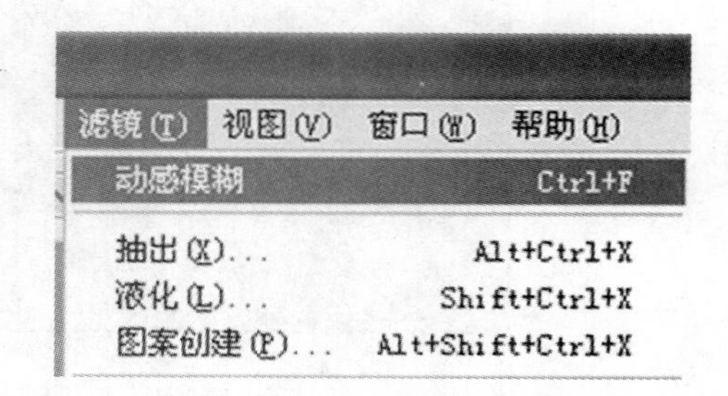

图 9-72　滤镜操作

所示，直至达到如图 9-73 所示效果。

图 9-73　动感模糊滤镜效果

第七节　添加文字说明

一、建立文字图层

为图添加图名，可单击工具栏中的按钮 T.，其工具属性设置如图 9-74 所示。在效果图右下角的雾化区域处单击鼠标左键并按住不放，往右下方拖曳，可生成一个矩形框，如图 9-75 所示。用键盘输入文字："水木清华"景区效果图，点击文字工具属性栏右侧的✓，在图层面板中可以看到自动生成一个文字图层，名为"水木清华"景区效果图，可得到如图 9-76 效果。

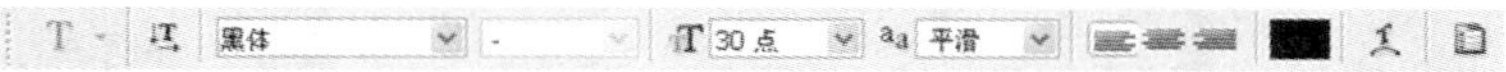

图 9-74　文字工具属性设置

图 9-75　生成矩形框

图 9-76 文字图层效果

二、改变文字图层图层样式

接下来要通过“变形文字”和改变文字图层图层样式，对文字进行艺术处理。

(一) 改变文字图层图层样式

在图层面板的下方点击“图层样式”按钮，可弹出如图 9-77 所示下拉菜单。点击“投影”，可弹出“图层样式”对话框，对“投影”参数设置如图 9-78 所示。单击“图层样式”对话框左侧的“描边”前的小正方形，将其参数设置如图 9-79 所示。单击“确定”按钮，可得到如图 9-80 所示效果。

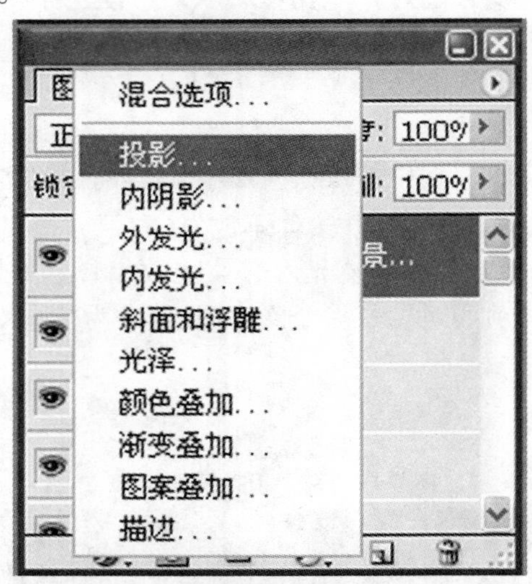

图 9-77 点击“图层样式”按钮出现的下拉菜单

(二) 变形文字

在工具栏中点击按钮 T，在效果图中点击“水木清华”景区效果图中的任意一个字，将该文字图层设成可编辑状态，出现文字编辑矩形框，在框中将全部文字选中。将鼠标置于文字上，单击鼠标右键，出现下拉菜单，如图 9-81 所示，点击其中的“文字变形”，出现“变形文字”对话框，如图 9-82 所示。点击“样式”中的“旗帜”，其参数设置如图 9-83 所示，点击“确定”按钮，可得到如图 9-84 所示文字效果。将文字移至适当位置，最终得到效果图如图 9-85 所示。

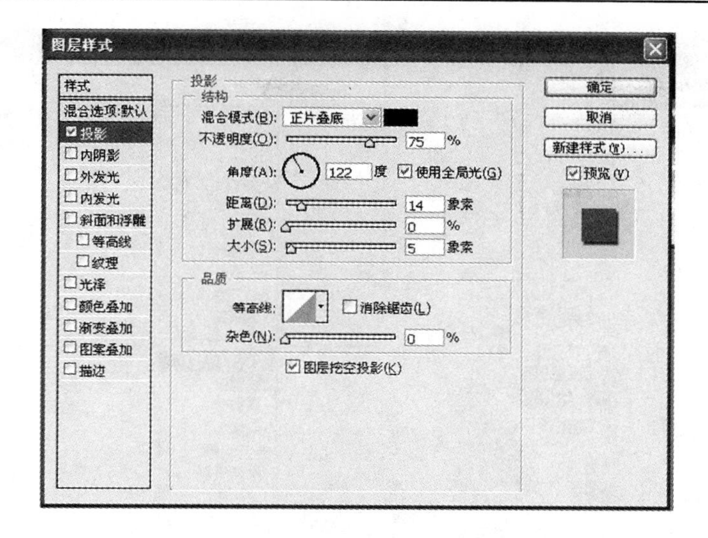

图 9-78　“图层样式”对话框中“投影”参数设置

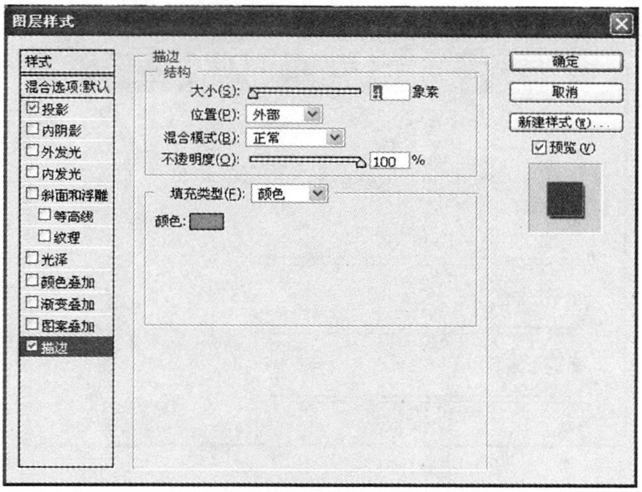

图 9-79　“图层样式”对话框中“描边”参数设置

图 9-80　设置参数后效果

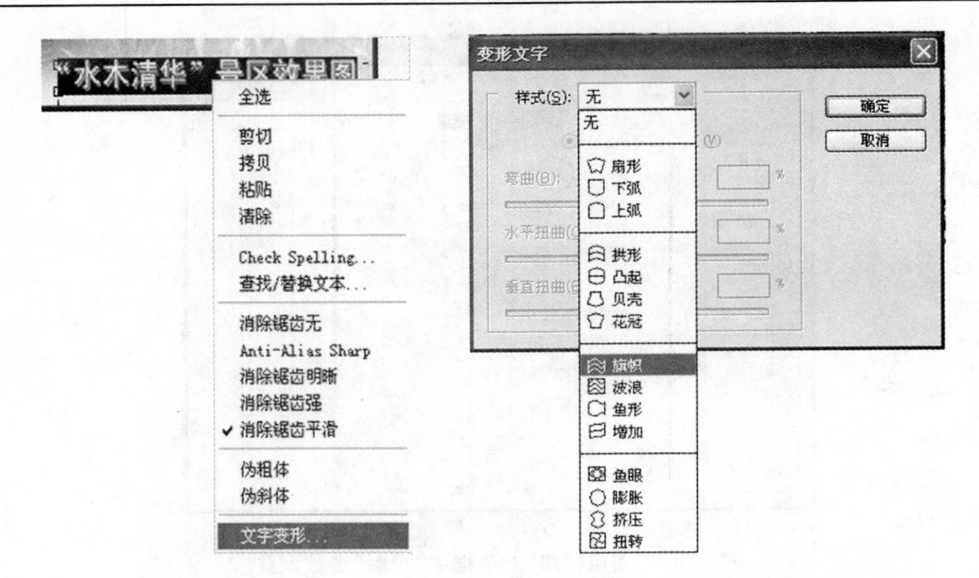

图 9-81　下拉菜单　　　　图 9-82　"变形文字"对话框

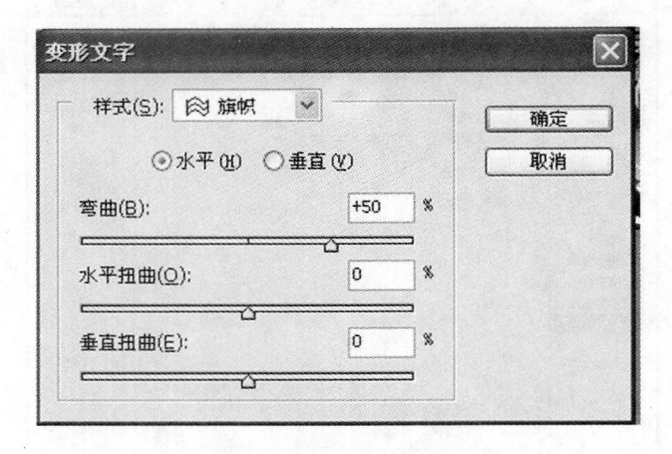

图 9-83　"变形文字"对话框中参数设置

图 9-84　文字效果

图 9-85　添加文字后最终效果

第八节　存储效果图文件

到此为止,整幅效果图制作完毕,接下来将其保存为 JPG 格式图片或 TGA 格式文件,以便下一步打印出图。单击菜单文件→保存为命令,打开“保存为”对话框,如图 9-86 所示。找到要保存的文件路径,修改文件名为:“水木清华”景区效果图。格式选择 JPG 或 TGA 均可。弹出“JPEG 选项”对话框,参数设置如图 9-87 所示。点击“保存”按钮,完成文件存储。

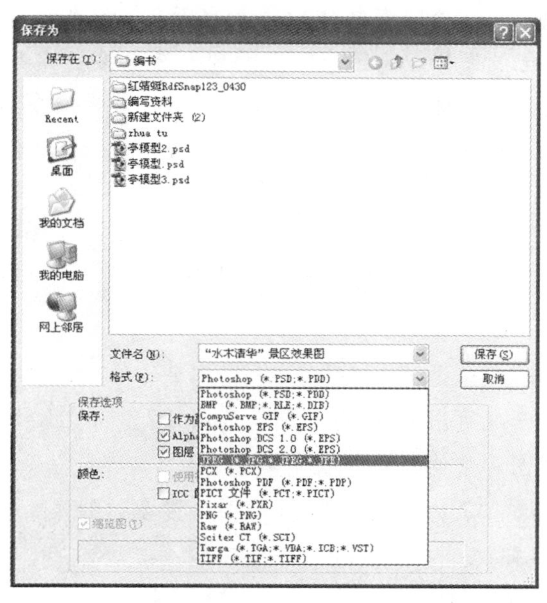

图 9-86　“保存为”对话框

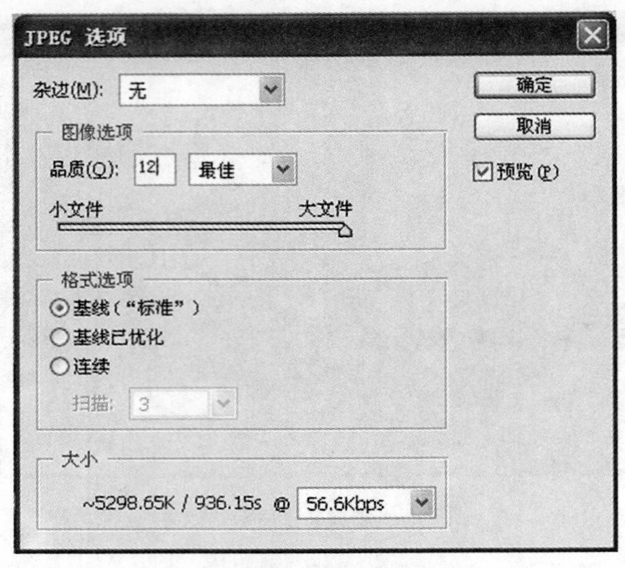

图 9-87 "JPEG 选项"对话框

本章小结

本章主要以一个园林效果图为例完整地讲述了 Photoshop 绘制效果图的过程。总结得出,绘制效果图基本包括以下几大环节:3D 模型的基本处理,添加天空背景,添加远景树丛,添加草地,添加乔灌木(含阴影制作),添加水面(含水边景物倒影制作),整体色调的处理,添加文字或雾化效果等。为了让大家学到一套更多更完整的绘图方法和绘图技巧,本实例尽可能地包含了各种常用的方法技巧。所以,本案例介绍的绘图方法不是最快捷的,但却是最基础的。希望大家能认真学习本章的每一个操作命令,将来才能应用自如。

思考与习题

一、思考题

1. 如何将 3D 模型变成可用 Photoshop 编辑的图片?
2. 如何将 3D 模型图片中的黑色背景完整地去掉?
3. 如果将来要打印成 A2 的彩色图纸,开始要设置多大的像素和分辨率?
4. 如何修改图层名称?
5. 图片缩放用什么快捷键?
6. 图层的"移至最顶层"、"移至最底层"、"上移一层"、"下移一层"分别用什么快捷键?

7. 如何制作树木或人物的阴影？

8. 如何制作岸边景物的倒影？

9. 如何制作效果图的雾化前景效果？

二、上机操作题

按照本章讲述的步骤，上机练习将最初的3D模型导出图绘制成最终的园林景观效果图。

参 考 文 献

[1] 李革文. Photoshop 图形图像处理案例教程[M]. 北京:中国水利水电出版社,2008.

[2] 张健,杨涛,何方. 计算机辅助设计艺术 Photoshop CS 篇[M]. 武汉:武汉理工大学出版社,2006.

[3] 李淑玲. Photoshop CS2 景观效果图后期表现教程[M]. 北京:化学工业出版社,2008.

[4] 李娜,等. Photoshop 实用教程[M]. 北京:北京理工大学出版社,2005.

[5] 王璞. 中文 Photoshop CS 标准教程[M]. 西安:西北工业大学音像电子出版社,2005.

[6] 张立君. Photoshop 图像处理[M]. 北京:中国计划出版社,2007.

[7] 洪光,周德云. Photoshop 实用教程[M]. 大连:大连理工大学出版社,2004.

[8] 王国省,张光群. Photoshop CS3 应用基础教程[M]. 北京:中国铁道出版社,2009.

[9] 张丕军,杨顺花. Adobe Photoshop CS 特效设计[M]. 北京:北京希望电子出版社,2007.

[10] 侯宝中,郭立清,田东启. Photoshop 图像处理案例汇编[M]. 北京:中国铁道出版社,2007.

[11] 朱军. Photoshop CS2 建筑表现技法[M]. 北京:中国电力出版社,2006.

[12] 张莉莉,苏允桥. Photoshop 环境艺术设计表现实例教程[M]. 北京:中国水利水电出版社,2008.

[13] 李鹏程,王炜. 色彩构成[M]. 上海:上海人民美术出版社,2006.

[14] 史喜珍,杨建宏. 三大构成设计[M]. 武汉:武汉理工大学出版社,2007.

[15] 屈永建. 园林艺术[M]. 西安:西北农林科技大学出版社,2006.

[16] 肖创伟. 园林规划设计[M]. 北京:中国农业出版社,2001.

[17] 过远炯. 园林艺术[M]. 北京:中国农业出版社,1996.

[18] 屈永建,陈永贵. 计算机辅助设计在绘制园林表现图中的应用[J]. 西北林学院学报,2001(1).

[19] 邢黎峰. 园林计算机辅助设计教程[M]. 北京:机械工业出版社,2007.

[20] 周维权. 中国古典园林史[M]. 北京:清华大学出版社,1999.

[21] 蒋长虹. 园林美术[M]. 北京:高等教育出版社,2005.

[22] 高志清. 3DSMAX 现代园林景观艺术设计[M]. 北京:机械工业出版社,2009.

[23] 张永君. 3DSMAX 建筑外观表现技法实例详解[M]. 北京:人民邮电出版社,2005.